中国科学院科学出版基金资助出版

分子结构及其代数方法

郑雨军　著

科 学 出 版 社

北　京

内 容 简 介

本书主要介绍分子的李代数理论和应用该理论方法研究分子的振转能级、势能函数以及分子振动纠缠和混沌动力学。全书共 12 章：第 1~3 章介绍分子代数的一些基本概念；第 4~6 章介绍分子振转能级和势能函数的李代数理论方法；第 7~9 章介绍利用动力学李代数理论研究分子的红外多光子过程和表面散射等动力学问题；第 10~12 章介绍分子振动纠缠和混沌动力学等。

本书可供原子与分子物理及其相关领域的研究人员参考，也可作为原子与分子物理和相关专业高年级本科生和研究生教材或参考书。

图书在版编目(CIP)数据

分子结构及其代数方法/郑雨军著. —北京：科学出版社，2013.9

ISBN 978-7-03-038701-1

I. ①分… II. ①郑… III. ①分子结构—研究 IV. ①0561.1

中国版本图书馆 CIP 数据核字 (2013) 第 228724 号

责任编辑：牛宇锋／责任校对：宣 慧
责任印制：张 倩／封面设计：陈 敬

科学出版社 出版
北京东黄城根北街 16 号
邮政编码：100717
http://www.sciencep.com

北京凌奇印刷有限责任公司 印刷
科学出版社发行 各地新华书店经销
*
2013 年 9 月第 一 版 开本: B5(720 × 1000)
2013 年 9 月第一次印刷 印张: 16 3/4
字数: 323 000

POD定价： 88.00元
（如有印装质量问题，我社负责调换）

前 言

对称性在人类认识自然界的历程中是一种有力的工具, 而对物理、化学体系等对称性质的数学表述最适宜的理论方法是群理论. 研究各种量子体系的对称性和相应的守恒量, 可为发现未知的基本动力学方程提供必要的线索. 正像物理学、化学及一般科学意义上的理解, 对称性是 Lie 对称性 (Lie symmetries) 的一种特殊情况. Lie 对称性更为一般的概念起源于对方程变换不变性的考虑: 如果方程有多于一个的解, 那么方程就与对称性相联系. 正因如此, Lie 提出用对称性研究微分方程组及其求解, 这被认为是 19 世纪数学上的一个辉煌. Klein 意识到 Lie 的这一发现的重要性, 提出了一种新的比 Riemann 的观点具有更广泛意义的观点, 即能使人们定义无度量几何. 这具有非常深远的物理结论: Lie 群能定义物理的对称性, 这原则上并不需与物体的尺度保持一致.

随着科学的发展, “对称性”的概念成为一个越来越重要的概念. “对称性”在物理学、化学及其相关领域中的理论和计算中均被广泛使用. 众所周知, “对称性”一词, 在应用到现代物理学后, 就不仅仅局限于几何意义了.

事实上, 物理体系的对称性可分为几何对称性和动力学对称性两种. 几何对称性描述物理现象中的时间和空间性质, 诸如, 空间和时间的平移、空间中的旋转、空间的反射及时间的反演等. 而动力学对称性则描述体系内部与时间和空间无关的其他动力学性质. 例如, 核物理中描述核力电荷无关性的 $SU(2)$ 对称性和描述强子结构的 $SU(3)$ 色对称性等.

对称性的美妙之处, 就在于它与物理系统中的某种可能的不变性相互联系, 这种不变性将直接导致守恒量. 在量子力学中, 这使得人们注意到能谱的特殊简并, 并引入相应的本征态的有意义的标记.

本书是作者在山东大学给研究生讲授分子代数理论及从事该领域研究的基础上, 经补充修改而成.

第 1 章对 Lie 代数的应用作了简要的介绍. 本书涉及的 Lie 代数基本概念在第 2 章作了简单的介绍. 第 3 章简要介绍了有关动力学对称性的概念, 并具体给出了四维谐振子和双原子分子的动力学对称性的有关讨论. 对具体的三原子分子的振动高激发态能级的 Lie 代数计算在第 4 章中给出. 在第 4 章中, 给出了三原子分子的动力学对称性, 以及计算振动高激发态时 Hamilton 量矩阵元的计算和计算程序的说明, 并给出了一些具体分子的计算结果. 第 5 章讨论了三原子分子的势能面. 由第 3 章给出的代数 Hamilton 量, 经过经典化, 得到了三原子分子的全势能面, 并讨论了所得势能面的一些特性. 第 6 章介绍了多原子分子振动能级的 Lie 代数理论. 主要讨论了线性四原子分子的振动能级的计算方案, 并给出了多原子分子的势能函数的一般处理方法. 第 7 章介绍了目前常用的求解含时 Schrödinger 方程的代数理论方法, 为后续章节建立理论基础. 有关的具体应用, 则在其后的两章中给出. 第 8 章给出了研究原子分子红外多光子的过程及其量子控制. 第 9 章给出了动力学 Lie 代数有效集合方法的理论方法. 并用动力学 Lie 代数有效集合理论研究了原子分子散射的具体问题. 第 10 章和第 11 章介绍了 Lie 代数方法, 研究了分子振动的动力学纠缠、基于分子振动作量子计算方面的问题, 以及所对应的经典混沌动力学. 在最后一章 (第 12 章), 介绍了基于分子振动的量子计算的问题.

在本书的写作过程中, 得到了梅良模先生、丁世良教授、解士杰教授、关大任教授、任维义教授、王怀玉教授给予的热情鼓励和支持. 感谢孟庆田博士、王晓艳博士、冯东太博士、王美山博士、冯海冉博士、翟良君博士等, 他们在写作过程中对作者给予了帮助. 同时, 感谢中国科学院科学出版基金对本书的出版资助.

在编写过程中, 作者查阅了大量有关文献, 尽量将其精华吸收到本书中. 但鉴于作者的学识水平, 书中难免有不当之处, 恳请读者批评指正.

郑雨军

2013 年 2 月于济南

目　录

第1章 引 言

1.1 简 述

作为研究分子结构及其相关动力学性质的主要手段之一, 分子光谱学已被证明是非常有效且能提供高精度分子结构信息的技术手段[1]. 它与其他领域以及激光技术等有着密切的联系, 因此说它是一个古老而又极其活跃的领域.

近年来, 随着激光及其他技术的发展, 一些新的光谱技术手段也得到空前发展, 如单分子光谱技术[2]、二 (多) 维光谱[3]、相干光谱[4] 等. 这些新的光谱技术, 为人们探索 (复杂) 分子结构及相关 (量子) 动力学过程和现象提供了新的技术手段. 光谱学在研究物质结构、光的本性、物质和光的相互作用等方面有着重要的作用. 从 1666 年牛顿用三棱镜对太阳光的分解开始, 到 1913 年 Bohr 成功地把 Planck 的量子论应用于解氢原子问题, 这一古老而又充满挑战性的学科都是人类认识原子分子和物质结构的主要手段之一. 特别是, 近年来在单分子光谱、多维光谱及相干光谱等方面的迅速发展, 为人类从全新的视角认识微观世界提供了强有力的手段.

在量子力学建立以后, 人们利用量子理论研究双原子和多原子分子的光谱, 在理论和实验上都有了巨大的进展. 特别是激光技术的发展, 给分子光谱学带来了新的活力[2~5].

分子光谱学主要用于研究分子结构及相关物理特性和机理. 研究电磁辐射与分子的相互作用, 能得到分子结构及其动力学过程的丰富资料, 由此可以了解许多有关的物理和化学现象. 分子是由原子组成的一个复杂体系, 它内部不同类型的运动反映在不同的光谱波段上. 大体上说来, 分子的紫外和可见光谱直接反映其中电子在电子能态间的跃迁. 同时, 分子的振动和转动能量作为微扰效应被观察到. 在红外区, 直接观测的是振动光谱, 它的微扰是转动能量. 在上述这些光谱区, 原子核的效应也可在它们的高分辨光谱中表现出来. 在微波区 (波长 1mm ~ 30cm), 分子在转动能态之间的跃迁可直接观测到, 而原子核的效应可作为它的微扰.

研究分子的电子光谱可以了解分子中电子结构, 从而了解各态物质的分子光谱性质及分子中化学键的本质; 研究分子的振动光谱可以测得原子核间的作用及分子的离解能; 研究分子的转动光谱可以测得原子核间的平衡距离等.

分子光谱学的应用是非常广泛的. 除用于研究分子结构等理论外, 在技术上有其广泛的应用. 例如, 分子振动的红外和 Raman 光谱用于确定混合物中某特殊官能团的存在与否, 检测同质异构体和杂质、复杂分子中内部能量的转移、分子间的能量交换、光化学等.

在理论处理方面, 分子光谱依赖于 Hamilton 量的形式. 其典型的过程如下: 先把电子和核运动方程分离, 即所谓 Born-Oppenheimer 近似, 然后解核势能面的 Schrödinger 方程. 如果体系多于两个原子, 势能面将是复杂的函数[5]. 当然, 可以使用已有的解析函数对势能面作近似. 其中一个被广泛使用的近似是力场方法. 在该方法中, 只考虑对平衡位置的一个小的坐标位移, 得到势能面的谐振子近似. 很显然, 随着实验技术 (如激光泛频光谱、分子光解 Raman 光谱、受激辐射泵等技术) 的发展, 分子远离其平衡位置的“大振幅”运动越来越受到人们的关注. 因此, 该方法在考虑分子振动高激发能级时, 即会遇到“灾难性”的困难. 此外, 该方法需要大量的参数来获得有意义的结果. 因此, 为避免该方法中的缺点, 人们使用“半经验”展开, 即展成振动和转动量子数的级数, 其中一个著名的展开就是 Dunham 级数[6]. 但是, 这种方法有两个缺点: 一是没有可使用的 Hamilton 算符 (至少不是直接的); 二是对多原子分子, 需要大量的参数. 虽然这些参数可以通过拟合大量的实验数据而得到, 但并非总是可以的. 因此, 在分子光谱中, 除了数值理论方法和实验的进展外, 有一些基础性的课题尚待解决. 这就需要人们探索其他方法, 其中分子的代数模型 (振子模型) 就是其中之一.

与此相联系的分子势能面, 在理解分子的许多现象时, 如分子光谱、分子 (反应) 动力学、分子结构等, 起着十分重要的作用. ab initio 方法给出了分子的数值势能面, 但对于经典或量子的动力学计算来说, 如何获得解析势能面仍然是人们所面临的一个非常重要的问题.

1.2 Lie 代数方法应用简介

Lie 在 20 世纪研究对微分方程的求解时, 考虑了方程变换的不变性. 也就是说, 对一个方程, 如果在变量的变换及其反变换下, 方程保持不变, 那么就说该方程在上述变换和恒等变换下形成一个不变群, 由此提出了算子的求解方法, 后人称为 Lie 代数 (Lie algebra)[7]. 该理论方法后经 Weyl[7]、Wigner[8, 9]、Racah[10, 11] 等的努力, 随着量子力学及基本粒子理论的发展而被广泛应用, 并引起人们的高度关注.

Lie 代数方法最早用来处理角动量等量子力学中的问题, 并发展了处理氢原子的代数方法 [12~16]. 这一理论方法和 Schrödinger 提出的微分方程方法几乎同时产生, 随着人们对微观世界的认识, 对称性尤其是动力学对称性越来越引起了人们的兴趣. 因为这些系统的 Hamilton 量的明显表达式是未知的, 人们只能对其对称性作某种程度的假设.

特别是, 基于动力学对称性成功地解决了强子的结构等问题, 进一步发展了与动力学紧密相连的 Lie 代数方法的应用. 理论物理学家们曾试图探索用一些非紧

Lie 代数对基本粒子分类, 但这种希望没有实现 (实际上紧 Lie 群的 Lie 代数才能完成这一分类), 却发现非紧 Lie 群作为原子物理的动力学群是非常恰当的. 现在, 各种各样的紧群, 特别是它们的原型、幺正群, 甚至它们的 Lie 代数, 应用于原子核物理及原子分子物理中.在研究原子核结构时, 又使得 Lie 代数理论的应用向前迈进了一步.特别是"玻色子相互作用模型"的成功[6, 17, 18], 并在随后成功地推广到复杂原子核体系, 更引起了人们用 Lie 代数处理多体问题的兴趣.Lie 代数和 Lie 群早期的应用是原子的壳层结构[19~21], 其后又应用于原子核的壳层结构[20~24], 在基本粒子领域中有着广泛的应用[24, 25].

Iachello 等[26~30] 将处理原子核能谱的方法成功地移植到分子问题中.证明了用 $U(4)$ 代数处理双原子分子振–转能谱的可能性. Iachello 和 Oss [29] 提出了处理分子 (伸缩) 振动能谱的 $U(2)$ 代数模型, 并成功地处理了多原子分子, 如八面体分子和苯环体系的伸缩振动. 该方法的主要思想与 Iachello 和 Levine 提出的 $U(4)$ 代数思想是一致的.即分子中的每一个键引入一 $U(2)$ 代数描述其伸缩振动, 然后, 找到合适的动力学对称性, 求得它们的伸缩振动能谱. Frank 等[31~35] 提出了 symmetry-adapted(对称性匹配代数模型) 代数模型, 进而, 建立了代数模型和空间的明显的关系.1993 年, Bonatsos 等[36, 37] 依据描述变形原子核和超变形原子核 (deformed nuclei and superdeformed nuclei) 的q 变形振子 (q-deformed oscillator) 所具有的动力学对称性 $SU_q(2)$, 建立了双原子分子的q 变形振子模型.

上述代数模型只能用来描述分子的伸缩振动能谱, 鉴于此, Iachello 和 Oss[38] 提出了用 $U(2)$ 代数也可描述分子的弯曲振动, 并用这种方法研究了 C_2H_2、XY_4 等样品分子体系. 但是, 也还是忽略了伸缩和弯曲振动之间的 Fermi 共振相互作用. 由于 Fermi 共振相互作用为分子内能量转移的一种机制和在描述分子激发的完全振动方面有着重要的作用. Halonen 等[39] 和 Lukka 等[40] 曾用简单的局域模型分别研究了弯曲的 XY_2 分子和金刚石型的 XH_3 分子的振动并考虑了 Fermi 共振相互作用项. Ma 及其同事[41~43] 用玻色算子模型描述弯曲的 XY_2 分子和 XH_4 分子的完全振动中考虑了 Fermi 共振相互作用项.

同时, 由于量子群 (quantum groups)和量子代数 (quantum algebra) 比 Lie 群和 Lie 代数有更丰富的结构, 也开始受到人们的关注, 并用来研究了一些体系.

Lie 群和 Lie 代数在量子力学中起着重要作用[44, 45], 其应用范围包括基本量子场论, 基本粒子对称性和守恒定律、特殊函数理论[46]、角动量理论. 现在, Lie 代数在理论化学中亦有相当广泛的应用[47].

Lie 代数方法不仅在处理能谱方面具有广阔的应用前景, 在处理分子散射等一些含时问题[48~50] 中, 也同样显示出是一种有用的方法.Guan 等[51~55] 用 Lie 代数方法成功地处理了分子的气相散射、 电荷转移、分子的多光子过程等问题. 同时, Lie 代数方法也被用来研究原子与分子物理的其他一些问题[56].

由于原子核及粒子的对称性, 在处理与此有关的问题时很自然地可以使用群论, 特别是连续群. 群论用于量子力学后成为特别有效的数学工具, 作为其直接的结论, 至少在涉及对称性的问题时, 要比微分形式有其明显的适用性[57].

更有意义的是, “相互作用玻色子模型”的成功, 能基于动力学对称性来建立一些理论模型. 该方法移植到分子问题中后, 人们对动力学对称性的理解向前迈进了一大步. 从一般的空间对称性到动力学对称性类似于从静态到动态, 从而可以获得体系的有关信息. 事实上, 力学对称性可以包含物理系统的简并特性以及描述不同态跃迁的完全力学体系. 在这些方面, 都可以用 Lie 群和 Lie 代数实现. 因此, Lie 群、Lie 代数是一种非常有用的数学工具.

其实, $U(4)$ 代数非常适合描述三原子分子, 这不仅仅是 $U(4)$ 代数完全描述的是三维情形, 而且 Fermi 相互作用可以由 Majorana 算子的非对角项给出, 而不需要再引进另外一个代数. 同时, 从 $U(4)$ 代数 Hamilton 量出发, 可以得到分子的全势能面[58~63].

1.3 量子力学代数实现

在量子力学中, 主要介绍了量子力学的微分算符形式, 即 Schrödinger 方程和矩阵形式. 有时, 也称量子力学的矩阵形式为量子力学的代数实现. 另外, 在某些问题的数值计算时, 也采用量子力学的另外一种表示形式, 即路径积分.

这一节简要说明量子力学的代数形式.

对不考虑自旋的体系, 一般采用玻色产生 $a_\kappa^\dagger$ 和湮灭 a_κ 算符表示比较方便. 玻色产生 $a_\kappa^\dagger$ 和湮灭 a_κ 算符满足如下对易关系:

$$\begin{cases} \left[a_\kappa, a_{\kappa'}^\dagger\right] = \delta_{\kappa\kappa'}, \\ \left[a_\kappa, a_{\kappa'}\right] = 0, \\ \left[a_\kappa^\dagger, a_{\kappa'}^\dagger\right] = 0, \end{cases} \tag{1.1}$$

其中, $\kappa, \kappa' = 1, 2, \cdots, n+1. n$ 是体系的空间自由度.

一般情况下, 用玻色子算符的双线形算符 $a_\kappa^\dagger a_{\kappa'}$ 对物理体系作展开. 特别是, 体系的 Hamilton 量可展开如下:

$$\mathcal{H} = \mathcal{H}_0 + \sum_{\kappa\kappa'} \epsilon_{\kappa\kappa'} a_\kappa^\dagger a_{\kappa'} + \frac{1}{2} \sum_{\kappa\kappa'\rho\tau} u_{\kappa\kappa'\rho\tau} a_\kappa^\dagger a_{\kappa'}^\dagger a_\rho a_\tau + \cdots, \tag{1.2}$$

其中, $\epsilon_{\kappa\kappa'}$, $u_{\kappa\kappa'\rho\tau}$, $\cdots$ 是展开系数, 表征了所研究体系的特性.

另外, $a_\kappa^\dagger a_\kappa$ 是玻色子 κ 的数算符. 体系的总的玻色子数是 $N = \sum_\kappa a_\kappa^\dagger a_\kappa$, N 与 Hamilton 量对易.

如果体系的 Hamilton 展开式 (1.2) 中不包含形如 $a_\kappa^\dagger a_{\kappa'}^\dagger$ 和 $a_\kappa a_{\kappa'}$ 的项, 体系的态是 Fock 态的形式, 即

$$|\Psi\rangle = \frac{1}{\mathcal{N}} a_\kappa^\dagger a_{\kappa'}^\dagger \cdots |0\rangle, \tag{1.3}$$

$\mathcal{N}$ 是归一化常数.

其实, 玻色子算符的双线性算符 $G_{\kappa\kappa'} = a_\kappa^\dagger a_{\kappa'}$ 满足如下的对易关系:

$$[G_{\alpha\beta}, G_{\mu\nu}] = G_{\alpha\nu}\delta_{\beta\mu} - G_{\mu\beta}\delta_{\nu\alpha}, \tag{1.4}$$

以及 Jacobi 恒等式. 因此，玻色子算符的双线性算符 $G_{\kappa\kappa'}$ 构成 Lie 代数, 是 $U(n+1)$ 酉代数, 记为 G.

另外, 如果对体系的 Hamilton 展开式 (1.2) 进行重新组合后, 可以写成体系对应代数 G 及其子代数 $G \supset G' \supset G'' \supset \cdots$ 的 Casimir 算子 $C, C', C'', \cdots$ 之和, 即

$$\mathcal{H} = \mathcal{H}_0 + \alpha C + \alpha' C' + \alpha'' C'' + \cdots \tag{1.5}$$

则称体系具有动力学对称性 (dynamical symmetry). 如果体系具有动力学对称性, 那么体系所有的物理量可以解析的求出, 这对分析体系的实验数据将是非常有用的.

参 考 文 献

[1] Herberg G. Molecular Spectra and Moleclar Structure. New York: van Nostrand Reinhold, 1945

[2] Barkai E, Brown F L H, Orrit M, et al. Theory and Evolution of Single-Molecule Signals. Shanghai: World Scientific, 2008

[3] Cho M. Two-Dimensional Optical Spectroscopy. London: CRC Press, 2009

[4] Noda I, Ozaki Y. Two-Dimensional Correlation Spectroscopy. New York: John Wiley & Sons Ltd, 2004

[5] 吴征铠, 唐敖庆. 分子光谱学专论. 济南：山东科学技术出版社, 1999

[6] Dunham J L. The energy levels of a rotating vibrator. Phys. Rev., 1932, 41: 721

[7] Weyl H. Gruppentheorie and Quantenmechanik. Leipzig: Hirel, 1931

[8] Wigner E. Gruppentheorie. Brunswick: Vieweg, 1931

[9] Wigner E. On the consequences of the symmetry of the nuclear hamiltonian on the spectroscopy of Nuclei. Phys. Rev., 1937, 51: 106

[10] Racah G. Theory of complex spectra II. Phys. Rev., 1942, 62: 438

[11] Racah G. Theory of complex spectra IV. Phys. Rev., 1949, 76: 1352

[12] Adams B G, Cizek J, Paldus J. Lie algebraic methods and their applications to simple quantum systems. Adv. Quantum Chem., 1988, 19: 1

[13] Fock V. Zur theorie des Wasserstoffatoms. Z. Phys., 1936, 98: 145

[14] Bargmann V. Zur theorie des Wasserstoffatoms. Z. Phys., 1936, 99: 576

[15] Arima A, Iachello F.Collective nuclear states as representations of a SU(6) group. Phys. Rev. Lett., 1975, 35: 1069

[16] Iachell F, Arima A. The Interact Boson Model. Cambridge: Cambridge University Press, 1987

[17] Arima A, Isacker V P. The Interacting Boson-Fermion Model. Cambridge: Cambridge University Press, 1991

[18] Rach G. Group theory and spectroscopy. Ergeb. Exakt Naturwiss, 1965 37: 28

[19] Rach G. Theory of complex spectru IV. Phys. Rev., 1949, 76: 1352

[20] Jahn H A. Theoretical studies in nuclear structure I. Proc. Roy. Soc. (Lond.) A, 1950, 201: 516

[21] Flowers B H. The classification of states of the nuclear f-shell. Proc. Roy. Soc. (Lond.) A, 1952, 210: 497

[22] Flowers B H, Studies in jj-coupling I. Proc. Roy. Soc. (Lond.) A, 1952, 212: 245

[23] Elliott J P. Collective motion in the nuclear shell model I. Proc. Roy. Soc. (Lond.) A, 1958, 245: 128

[24] Behrends R E, Dreitlein J, Fronsdal C, et al. Simple groups and strong interaction symmetries. Rev. Mod. Phys.,1962, 34: 1

[25] Barut A O. Dynamical Groups and Generalized Symmetries in Quantum Theory. Christchurch: University of Canterbury Publications, 1972. 2

[26] Iachello F. Algebraic methods for molecular rotation-vibration spectra. Chem. Phys. Lett., 1981, 78: 581

[27] Iachello F, Levine R D. Algebraic approach to molecular rotation-vibration spectra I. Diatomic molecules. J. Chem. Phys., 1982 77: 3046

[28] van Roosmalen O S, Iachello F, Levine R D, et al. Algebraic approach to molecular rotation-vibration spectra. II. Triatomic molecules. J. Chem. Phys., 1983, 79: 2515

[29] Iachello F, Oss S. Model of n coupled anharmonic oscillators and applications to octahedral molecules . Phys. Rev. Lett., 1991, 66: 2976

[30] Iachello F, Levine R D. Algebraic Theory of Molecules. Oxford: Oxford University Press, 1994

[31] Frank A, Lemus R, Bijker R, et al. A general algebraic model for molecular vibrational spectroscopy. Ann. Phys., 1996, 252: 211

[32] Pėrez-Bernal F, Arias J M, Frank A, et al. Laser excitation spectra and Franck-Condon factors for Bi2X1 Σ +g → A(0+u). J. Mol. Spectos., 1997, 184: 1

[33] Frank A, Lemus R, Bijker R, et al. Revista mexicana de fisica 42. Suplemento, 1996, 1: 73

[34] Frank A, Lemus R. The O(4) wave functions in the vibron model for diatomic

molecules. J. Chem. Phys., 1986, 84: 2698

[35] Pèrez-Bernal F, Bijker R, Frank A, et al. On the relation between algebraic and configuration space calculations of molecular vibrations. Chem. Phys. Lett., 1996, 258: 301

[36] Bonatsos D, Daskaloyannis C. Model of n coupled generalized deformed oscillators for vibrations of polyatomic molecules. Phys. Rev. A, 1993, 48: 3611

[37] Alvarez R N, Bonatsos D, Smirnov Y F. Q-deformed vibron model for diatomic molecules. Phys. Rev. A, 1994, 50: 1088

[38] Iachello F, Oss S. Algebraic model of bending vibrations of complex molecules. Chem. Phys. Lett., 1993, 205: 285

[39] Halonen L, Carrington J T. Radiative lifetime and quenching of the 1^2A_1 state of the CH_3O radical. J. Chem. Phys., 1988, 88: 171

[40] Lukka T, Kauppi E, Halonen L. Fermi resonances and local modes in pyramidal XH_3 molecules: an application to arsine (AsH_3) overtone spectra. J. Chem. Phys., 1995, 102: 5200

[41] Hou X, Xie M, Ma Z. Boson-realization model applied to highly excited vibrations of H_2O. Phys. Rev. A, 1997, 55: 3401

[42] Ma Z, Hou X, Xie M. Boson-realization model for the vibrational spectra of tetrahedral molecules. Phys. Rev. A, 1996, 53: 2173

[43] Hou X, Ma Z. U(2) algebraic model applied to stretching vibrational spectra of tetrahedral molecules. Int. J. Theor. Phys., 1998, 37: 857

[44] Schiff L I. Quantum Mechanics(3rd ed.). New York: McGraw-Hill, 1968

[45] Bohm D. Quantum Mechanics. New York: Spinger, 1979

[46] Miller W. Lie Theory and Special Function. New York: Academic Press, 1968

[47] Chisholm C D H. Group Theoretical Techniques in Quantum Chemistry. New York: Academic Press, 1976

[48] Alhassid Y, Gũrsey F, Iachell F. Group theory approach to scattering. Ann. Phys., 1983, 148: 346

[49] Ojha P C. SO(2,1) Lie algebra and the Jacobi-matrix method for scattering. Phys. Rev. A, 1986, 34: 969

[50] Alhassid Y, Levine R D. Connection between the maximal entropy and the scattering theoretic analyses of collision processes. Phys. Rev. A, 1978, 18: 89

[51] Guan D, Ding S, Yang B, et al. Lie algebraic approach to the collinear collisions between two diatomic molecules. Int. J. Quantum Chem., 1997, 65: 159

[52] Guan D, Yi X, Ding S. Application of the Lie algebraic approach to diffractionally and rotationally inelastic molecule – surface scattering. Int. J. Quantum Chem., 1997, 63: 981

[53] Guan D, Yi X, Ding S, et al. Lie algebraic method for vibrational and rotational

transitions in inelastic collisions of a molecule with a solid surface. Chem. Phys., 1997, 218: 1

[54] Guan D, Yi X, Ding S, et al. Charge transfer in gas-surface scattering: the three electronic state system. Chem. Phys., 1998, 233: 35

[55] Guan D, Yi X, Ding S, et al. A dynamical Lie algebraic method for quantum reactive scattering. Science in China (Series B), 1998, 41: 460

[56] 吴国祯. 分子高激发振动. 北京: 科学出版社, 2008

[57] Oss S. Algebraic models in molecular spectroscopy. Adv. Chem. Phys., 1996, 93: 455

[58] Ding S, Zheng Y. Lie algebraic approach to potential energy surface for symmetric triatomic molecules. J. Chem. Phys., 1999, 111: 4466

[59] Zheng Y, Ding S. Saddle points of potential-energy surfaces for symmetric triatomic molecules determined by an algebraic approach. Phys. Rev. A, 2001, 64: 032720

[60] Zheng Y, Ding S. Algebraic method for determining the potential energy surface for nonlinear triatomic molecules. Chem. Phys., 1999, 247: 225

[61] Zheng Y, Ding S. Algebraic approach to the potential energy surface for the electronic ground state of ozone. Chem. Phys., 2000, 255: 217

[62] Zheng Y, Ding S. Potential energy surface for linear triatomic molecules: an algebraic method. J. Math. Chem., 2000, 28: 193

[63] Zheng Y, Ding S. Potential energy surface and highly excited vibrational lines of NO_2 via algebraic approach. Int. J. Quant. Chem., 2008, 108: 1059

第 2 章 Lie 代数基本知识

本章简要给出 Lie 代数有关的一些基本概念, 要用到的与此相关的深入 Lie 群和 Lie 代数的一些基础内容可参阅文献 [1]~[5].

2.1 群的定义

如果一个集合 G 中的元素 $X_1 = \mathcal{I}, X_2, \cdots, X_n$ 在某种 "乘法" 运算规则 (称为群乘法) 下, 满足如下 4 个要求, 就说它们构成了一个群 G:

(1) 单位元. 在集合 G 中, 存在一个单位元 $\mathcal{I}$, 对于群中的任意元素 X_i, 有

$$X_i\mathcal{I} = \mathcal{I}X_i = X_i. \tag{2.1}$$

(2) 封闭性. 集合 G 中的任何两个元素的乘积, 对应于集合 G 中的一个唯一元素.

(3) 存在逆. 集合 G 中的任何一个元素 X_i, 都存在一个逆元素 X_i^{-1}, 使得

$$X_iX_i^{-1} = X_i^{-1}X_i = \mathcal{I}. \tag{2.2}$$

(4) 结合律. 如果三个或更多的元素在群乘法下, 其相乘的先后次序无关, 即

$$X_i(X_jX_k) = (X_iX_j)X_k = X_iX_jX_k. \tag{2.3}$$

如果集合 G 中的元素个数是无限的, 则称为无限群; 如果个数是有限的, 则称为有限群. 如果集合中的元素是连续的, 则称为连续群.

2.2 Lie 群

在 2.1 节介绍的群的定义中, 假设群元素 X_κ 可以用 r 个参数 α_i 表征, 即

$$X = X(\alpha_1, \alpha_2, \cdots, \alpha_r). \tag{2.4}$$

通常, 单位元 $\mathcal{I}$ 用一组 0 参数表征, 即 $\mathcal{I} = X(0, 0, \cdots, 0)$.

群运算的封闭性要求, 任意两个群元群乘积也是该群的一个元素, 即

$$X(\gamma) = X(\alpha)X(\beta) = X(\gamma(\alpha, \beta)), \tag{2.5}$$

也就是 $\gamma = f(\alpha, \beta)$.

如果这个函数是所有函数 α 和 β 的连续可微函数, 那么群参数 γ 的连续性就有了保证. 对单位元, 满足

$$\gamma = f(\gamma, 0) = f(0, \gamma). \tag{2.6}$$

如果元素的逆 $X(\alpha)^{-1} = X(\alpha')$ 存在, 则要求参数 α' 是参数 α 的连续可微函数.

另外, 由群的结合律

$$X(\alpha)\left(X(\beta)X(\gamma)\right) = \left(X(\alpha)X(\beta)\right)X(\gamma), \tag{2.7}$$

要求

$$f\left(\alpha, f(\beta, \gamma)\right) = f\left(f(\alpha, \beta), \gamma\right). \tag{2.8}$$

满足上述要求的连续群, 称为 Lie 群.

2.3 无穷小算子

考虑 n 维空间中的一点 $\boldsymbol{X} = (x_1, x_2, \cdots, x_n)$ 经变换 $\mathcal{T}_a$ 变换成点 $\boldsymbol{X}' = (x_1', x_2', \cdots, x_n')$. 变换 $\mathcal{T}_a$ 由 r 个参数标定

$$\boldsymbol{a} = (a_1, a_2, \cdots, a_n). \tag{2.9}$$

由此,

$$\boldsymbol{X}' = \boldsymbol{X}\mathcal{T}_a = f(\boldsymbol{X}, \boldsymbol{a}). \tag{2.10}$$

考虑此空间中的无穷小变化 $\boldsymbol{X} \to \boldsymbol{X} + \mathrm{d}\boldsymbol{X}$, 对函数 $F(\boldsymbol{X})$ 诱导出变换 $F(\boldsymbol{X}) \to F(\boldsymbol{X}) + \mathrm{d}F(\boldsymbol{X})$. 则

$$\begin{aligned}\mathrm{d}F(\boldsymbol{X}) &= \frac{\partial F}{\partial x_i}\mathrm{d}x_i \qquad (2.11)\\ &= \frac{\partial F}{\partial x_i}\sum_{\sigma}\left.\frac{f^i(\boldsymbol{x}, \boldsymbol{a})}{\partial a^{\sigma}}\right|_{\boldsymbol{a}=0}\delta a^{\sigma}\\ &\equiv \frac{\partial F}{\partial x_i}U_{\sigma}^i\delta a^{\sigma}\\ &= \delta a^{\sigma}U_{\sigma}^i\frac{\partial F}{\partial x_i}\\ &\equiv \delta a^{\sigma}\delta a^{\sigma}X_{\sigma}F.\end{aligned}$$

即算子

$$X_{\sigma} = U_{\sigma}^i\frac{\partial}{\partial x_i}. \tag{2.12}$$

把算子 X_σ 称为无穷小算子, 实现无穷小变换 $\boldsymbol{X} \to \boldsymbol{X} + \mathrm{d}\boldsymbol{X}$ 的算子 S_a 是

$$S_a = 1 + \delta a^\sigma X_\sigma. \tag{2.13}$$

$SO(2)$ 转动群的无穷小算子

作为一个简单的例子, 计算 $SO(2)$ 转动群的无穷小算子.

$SO(2)$ 转动群是一个单参数 θ 的群, 只有一个无穷小算子. 其无穷小变换是

$$\begin{cases} x' = x - y\delta\theta, \\ y' = x\delta\theta + y. \end{cases} \tag{2.14}$$

即

$$\begin{cases} \delta x = -y\delta\theta, \\ \delta y = x\delta\theta. \end{cases} \tag{2.15}$$

因此, 有

$$\begin{cases} U(x) = \dfrac{\delta x}{\delta\theta} = -y, \\ U(y) = \dfrac{\delta y}{\delta\theta} = x. \end{cases} \tag{2.16}$$

由此得到 $SO(2)$ 转动群的无穷小算子

$$\begin{aligned} X &= U(x)\frac{\partial}{\partial x} + U(y)\frac{\partial}{\partial y} \\ &= -y\frac{\partial}{\partial x} + x\frac{\partial}{\partial y}. \end{aligned} \tag{2.17}$$

在角动量的量子理论中, 定义 $J_z = -\mathrm{i}\left(x\dfrac{\partial}{\partial y} - y\dfrac{\partial}{\partial x}\right)$, 因而, $SO(2)$ 转动群的无穷小算子可表示为

$$X = \mathrm{i}J_z. \tag{2.18}$$

相应的无穷小变化的算子 S_θ 是

$$S_\theta = 1 + \mathrm{i}\delta\theta J_z. \tag{2.19}$$

2.4 Lie 代 数

对于一个 r 个参数的 Lie 群, 有 r 个无穷小算子与之相联系, 而后者由交换性质所表征. 这 r 个无穷小算子张成了一个 r 维 (实) 向量空间. 代数理论利用的是

代数结构. 适于描述普通的量子力学问题的代数结构是 Lie 代数结构. 通常, 用 $[\cdot,\cdot]$ 表示对易关系, 即

$$[A,B] \equiv AB - BA, \tag{2.20}$$

如果一组算符 $\{X\}$ 在对易关系下是封闭的, 则称这组算符构成一个 Lie 代数. 也就是说, 对代数 G 中的任一算符 (记作 $X \in G$), 有

$$[X_\alpha, X_\beta] = \sum_\kappa C^\kappa_{\alpha\beta} X_\kappa, \quad C^\kappa_{\alpha\beta} = -C^\kappa_{\beta\alpha}, \tag{2.21}$$

表征所给代数的常数 $C^\kappa_{\alpha\beta}$ 叫 Lie 结构常数.

代数元 X_a, X_b, X_c 满足 Jacobi 恒等式

$$[[X_a, X_b], X_c] + [[X_b, X_c], X_a] + [[X_c, X_a], X_b] = 0. \tag{2.22}$$

满足条件式 (2.21) 和式 (2.22), 就说这 r 个无穷小算子张成了相应 Lie 群的一个 Lie 代数. 对应于每一个 Lie 群, 都有一个 Lie 代数.

如果存在一个正整数 n, 使得

$$X^{(n)} = 0, \tag{2.23}$$

那么 Lie 代数 X 称为可解 Lie 代数.

有关 Lie 代数的一个熟知的例子是角动量代数

$$[J_x, J_y] = \mathrm{i}J_z, \quad [J_y, J_z] = \mathrm{i}J_x, \quad [J_z, J_x] = \mathrm{i}J_y. \tag{2.24}$$

式 (2.24) 构成三维特殊正交代数 $SO(3)$. 同每一个 Lie 代数相联系, 存在一个变换群, 其产生子就是构成 Lie 代数的各个算符. 同代数 (2.24) 相关的群称为三维实正交变换群, 亦即转动群 $SO(3)$. 为同量子力学的微分方程形式联系起来, 可用算符 $\hat{X}$ 的一个实现作为微分算符. 其中角动量算符的一个实现是

$$\begin{cases} \hat{J}^2 \rightarrow -\dfrac{1}{\sin^2\theta}\left[\sin\theta\dfrac{\partial}{\partial\theta}\left(\sin\theta\dfrac{\partial}{\partial\theta}\right) + \dfrac{\partial^2}{\partial\phi^2}\right], \\ \hat{J}_z \rightarrow -\mathrm{i}\dfrac{\partial}{\partial\phi}. \end{cases} \tag{2.25}$$

若定义 $\hat{J}_\pm = \hat{J}_x \pm \hat{J}_y$, 则

$$\hat{J}_\pm = \mathrm{e}^{\mathrm{i}\phi}\left(\frac{\partial}{\partial\theta} + \mathrm{i}\cot\theta\frac{\partial}{\partial\phi}\right). \tag{2.26}$$

如果算符 X 的集合 G 的一个子集合 G' 对某一对易关系也是封闭的, 则它构成的代数称为 Lie 子代数. 换句话说, 两个元素的对易关系是相同元素的线性组合, 用

数学描述

$$\text{如果} X \in G, \quad Y \in G', \quad G \supset G', \tag{2.27}$$
$$[Y_a, Y_b] = \sum_c C_{ab}^c Y_c.$$

在一些情况下, 子集合 G' 是平庸的, 例如, 对角动量 $\hat{J}$ 沿固定轴 z 的分量 $\hat{J}_z$ 形成一个角动量代数 $SO(3)$ 的一个子代数, 因为

$$[\hat{J}_z, \hat{J}_z] = 0. \tag{2.28}$$

同这个代数相联系的群称为二维实正交群, 而 $\hat{J}_z$ 是其相应的产生子. 这个实正交群及其相应的代数可用 $SO(2)$ 表示. 因此,

$$SO(3) \supset SO(2). \tag{2.29}$$

在此特殊情况下, 代数 (2.28) 是平庸的. 因算符 $\hat{J}_z$ 显然同自身对易. 由对易算符构成的代数称为 Abelian 代数。

2.5 Casimir 不变算子

对每一个 Lie 代数, 可以建立一组称为 Casimir 算子的算符. 设算符 $\hat{C}$ 同所有的代数元都对易, 即

$$\left[\hat{C}, \hat{X}_\alpha\right] = 0 \quad (\text{对所有}\alpha), \tag{2.30}$$

那么这组算符 $\hat{C}$ 就称为 Casimir 不变算子, 它们是由算符 $\hat{X}_\alpha$ 的幂构成的, 因而有线性、二次、三次等 Casimir 不变算子. 通常情况下用 $\hat{C}$ 的下标来表示其次数, 如 $\hat{C}_2$ 表示二次 Casimir 不变算子.

例如, 可以定义二次 Casimir 算子的形式如下:

$$C_2 = g^{\rho\sigma} X_\rho X_\sigma. \tag{2.31}$$

根据 Schur 引理 (Schur's lemma), 与群的所有元素都对易的算子是恒等算子的一个常数倍. 因此, 由定义式 (2.30) 知: Casimir 不变算子与运动常数有关, 对它们的研究有着重要的意义.

一个代数的独立的 Casimir 不变算子的个数称为代数的秩. 容易发现, 利用对易关系 (2.24), 算子

$$\hat{C}_2(SO(3)) = \hat{J}_x^2 + \hat{J}_y^2 + \hat{J}_z^2 = \hat{J}^2, \tag{2.32}$$

同 $\hat{J}_\alpha(\alpha = x, y, z)$ 都对易, 即

$$[\hat{J}^2, \hat{J}_\alpha] = 0, \tag{2.33}$$

所以, $SO(3)$ 的 Casimir 算子就是众所周知的角动量的平方 (Hamilton 量转动不变时, 它是运动常数). 可以证明 $SO(3)$ 只有一个 Casimir 算子, 因而是一秩代数. 代数理论的一个重要的问题是建立算符所作用的表示. 不可约表示就是用一组量子数所标记的表示. 对任一代数可以精确地知道用多少量子数来表示。Lie 代数的张量表示由一组整数表示成

$$[\lambda_1, \lambda_2, \cdots, \lambda_n], \quad \lambda_1 \geqslant \lambda_2 \geqslant \cdots \geqslant \lambda_n. \tag{2.34}$$

2.6 Casimir 算子的本征值

运用代数理论研究物理学、化学等问题时, 一个重要的问题就是要构造代数的表示. 即代数元所能作用的线形矢量空间. 由前面几节可知, Lie 代数可用一组 (半) 整数表示, 即式 (2.34). 如果是整数, 则称为张量表示; 如果是半整数, 则称为旋量表示.

因为 Casimir 算子与其所有代数元对易, 因此, Casimir 算子在其不可约表示 $[\lambda_1, \lambda_2, \cdots, \lambda_n]$ 基 $|\lambda_1, \lambda_2, \cdots, \lambda_n\rangle$ 下是对角的, 可写为

$$C|\lambda_1, \lambda_2, \cdots, \lambda_n\rangle = f(\lambda_1, \lambda_2, \cdots, \lambda_n)|\lambda_1, \lambda_2, \cdots, \lambda_n\rangle, \tag{2.35}$$

$f(\lambda_1, \lambda_2, \cdots, \lambda_n)$ 就是对应于 Casimir 算子 C 的本征值.

Lie 群 Casimir 算子的本征值, 已经作了计算. 表 3.3 给出了部分 Casimir 算子的本征值.

参 考 文 献

[1] Wybourne B G. Classical Groups for Physicists. New York: John Wiley & Sons Ltd, 1974

[2] Hamermesh M. Group Theory and its Application to Physical Problems. New York: Addison-Eesley, 1962

[3] 马中骐. 群论及其在物理中的应用. 北京: 科学出版社, 2012

[4] Iachello F, Levine R D. Algebraic Theory of Molecules. Oxford: Oxford University Press, 1994

[5] Frank A, van Isacker P. Algebraic methods in Molecular and Nuclear Structure Physics. New York: John Wiley & Sons Ltd, 1994

第 3 章　动力学对称性

本章介绍动力学对称性的概念, 在本书中要用到的与此相关的 Lie 群和 Lie 代数的一些基础内容可参阅本书的第 2 章, 有关的详细讨论也可以参考本章所列文献 [1]~[6]. 3.2 节和 3.3 节分别给出了四维谐振子的动力学对称性和双原子分子的动力学对称性.

正像物理学、化学及一般科学意义上的理解, 对称性是 Lie 对称性的一种特殊情况[7, 8]. Lie 对称性更为一般的概念起源于对方程变换不变性的考虑：如果方程有多于一个的解, 那么方程就与对称性相联系. 这使人们注意到, 可用 Lie 群定义无度量几何, 并具有非常深远的物理结论：Lie 群能定义物理体系的动力学对称性, 这原则上并不需要与物体的尺度保持一致[9].

随着科学的发展, “对称性”的概念成为一个越来越重要的概念. “对称性”在物理学、化学及其相关的领域中被广泛使用. 众所周知, “对称性”一词, 在应用到现代物理学后, 就不仅仅局限于几何意义了.

事实上, 物理体系的对称性可分为几何对称性和动力学对称性两种. 几何对称性描述物理现象中的时间和空间性质. 例如, 空间和时间的平移、空间中的旋转、空间的反射及时间的反演等. 而动力学对称性则描述体系内部与时间和空间无关的其他动力学性质, 如核物理中描述核力电荷无关性的 $SU(2)$ 对称性和描述强子结构的 $SU(3)$ 色对称性等.

对称性的美妙之处, 就在于它与物理系统中的某种可能的不变性相互联系, 这种不变性将直接导致守恒量. 这在量子力学中, 使得人们注意到能谱的特殊简并, 并引入相应的本征态的有意义的标记[10, 11].

在量子力学中能级有简并的情况下, 通常是选择一组守恒量完备集来标定诸简并态. 这相当于群表示理论中寻找体系的 (动力学) 对称群的一个合适的子群链, 并用各子群的不可约表示标记, 亦即用其 Casimir 算子本征值区分各个简并态[6, 10].

Levine [7] 详细讨论了与实际和近似过程相关的动力学对称性及其确定, 论述了实际分子问题中存在一与振动周期同量级的中间时间标度：快变量可以取平均, 而慢变量则可以用 Sudden 近似处理. Levine 认为, 其结果是一个自洽过程, 且可以从变分原理导出. Wulfman [8] 阐述了 Schrödinger 方程与几何对称性的关系.

3.1　二维谐振子动力学对称性

用自然单位, 二维谐振子 Hamilton 量可写成

$$\mathcal{H}=\sum_{i=1}^{2}\left(\hat{x}_i^2+\hat{p}_i^2\right), \tag{3.1}$$

利用正则对易关系式

$$[\hat{x}_i,\hat{p}_j]=\mathrm{i}\delta_{ij},\quad i,j=1,2, \tag{3.2}$$

用动力学变数 $(\hat{x}_i,\hat{p}_i)$ 可将 $\mathcal{H}$ 改写成

$$\begin{aligned}\mathcal{H}&=\frac{1}{2}\sum_{j=1}^{2}(x_j-\mathrm{i}p_j)(x_j+\mathrm{i}p_j)+1\\&=\frac{1}{2}\sum_{j=1}^{2}|x_j+\mathrm{i}p_j|^2+1.\end{aligned} \tag{3.3}$$

因此, 除了一个常数项 1 外, $\mathcal{H}$ 可视为二维 (复) 空间的一个"矢量" $(x_j+\mathrm{i}p_j)$ $(j=1,2)$ 的模方. 在二维 (复) 空间的幺正变换 $\mathcal{U}$ $(\mathcal{U}^\dagger=\mathcal{U}^{-1})$ 下

$$x_j+\mathrm{i}p_j\longrightarrow x_j'+\mathrm{i}p_j'=\mathcal{U}(x_j+\mathrm{i}p_j)\mathcal{U}^{-1}, \tag{3.4}$$

$\mathcal{H}$ 具有如下不变性:

$$\mathcal{H}\longrightarrow\mathcal{H}'=\mathcal{U}\mathcal{H}\mathcal{U}^{-1}=\mathcal{H}, \tag{3.5}$$

即

$$[\mathcal{U},\mathcal{H}]=0.$$

这种幺正变换下的对称性, 即二维各向同性谐振子的动力学对称性, 记为 $U(2)$, 是由 Hamilton 量式 (3.1) 的特点所确定的.

引进产生和湮灭算符

$$a_j^\dagger=\frac{1}{\sqrt{2}}(x_j-\mathrm{i}p_j),\quad a_j=\frac{1}{\sqrt{2}}(x_j+\mathrm{i}p_j),\quad j=1,2,$$

容易证明

$$[a_i,a_j]=0,\quad [a_i^\dagger,a_j^\dagger]=0,\quad [a_i,a_j^\dagger]=\delta_{ij},\quad i,j=1,2. \tag{3.6}$$

此即玻色子产生和湮灭算符的基本对易式. 利用玻色子产生和湮灭算符, $\mathcal{H}$ 可以写成

$$\mathcal{H}=(\hat{N}+1), \tag{3.7}$$

其中

$$\hat{N}=\sum_{i=1}^{2}N_i=\sum_{i=1}^{2}a_i^{\dagger}a_i. \tag{3.8}$$

另外, 利用玻色子产生和湮灭算符, 可以构成 4 (2^2) 个下列形式的双线性算符:

$$a_i^{\dagger}a_j \quad (i,j=1,2). \tag{3.9}$$

显然它们能保证玻色子数 N 不变, 即玻色子数 N 为守恒量

$$[a_i^{\dagger}a_j,\hat{N}]=[a_i^{\dagger}a_j,\mathcal{H}]=0. \tag{3.10}$$

这 4 个算符构成群 $U(2)$ 的 Lie 代数.

把双线性算符 $a_i^{\dagger}a_j$ 进行适当的线性组合, 使之为厄米算符, 可作为体系的守恒量. 当然, 这种线性组合并不是唯一的. 如果把 $\hat{N}=\sum\limits_{i=1}^{2}a_i^{\dagger}a_i$ (或 $\mathcal{H}$) 除外, 则其余 3 ($=2^2-1$) 个线性独立的算符构成群 $SU(2)$ Lie 代数.

例如, 可以组合成如下的守恒量:

$$\left\{\begin{aligned}\mathcal{H}&=(a_1^{\dagger}a_1+a_2^{\dagger}a_2+1),\\Q_1&=(a_1^{\dagger}a_1-a_2^{\dagger}a_2),\\Q_{12}&=(a_1^{\dagger}a_2+a_2^{\dagger}a_1),\\L_z&=-\mathrm{i}(a_1^{\dagger}a_2-a_2^{\dagger}a_1),\end{aligned}\right. \tag{3.11}$$

其中, L_z 为角动量; Q_1 和 Q_{12} 决定了该二维谐振子平面椭圆轨道的偏心率 $\left(\sim\sqrt{Q_1^2+Q_{12}^2}\right)$ 以及椭圆长轴在平面中的指向 (Q_{12}/Q_1).

3.2 四维谐振子的 $SU(4)$ 对称性

为了容易理解, 在本节给出一个简单明了的例子：四维谐振子的 $SU(4)$ 对称性[4, 5, 10].

在二次量子化表象中, 采用自然单位四维谐振子的 Hamilton 量可写成

$$\mathcal{H}=\frac{1}{2}(s^{\dagger}s+a_x^{\dagger}a_x+a_y^{\dagger}a_y+a_z^{\dagger}a_z+2). \tag{3.12}$$

显然, 用四维幺正矩阵 $U(4)$ 对其作变换时, $\mathcal{H}$ 是不变的. 也就是说它的动力学对称性群是 $U(4)$.$U(4)$ 群也就是这一情形下的简并群. 因此, 可以借助 $U(4)$ 的子群链提供三个简并量子数. 同时, 也能借助 $U(4)$ 的不可约表示提供一个非简并量子数, 即数算符 $\hat{N}=s^{\dagger}s+\sum\limits_{x,y,z}a_r^{\dagger}a_r$, 它可取一切非负整数.

为方便计, 引入球面张量 $a_\mu^\dagger$ (a_μ), $(\mu=1,0,-1)$:

$$a_x^\dagger=\frac{1}{\sqrt{2}}(a_{-1}^\dagger-a_1^\dagger),\quad a_y^\dagger=\frac{\mathrm{i}}{\sqrt{2}}(a_{-1}^\dagger+a_1^\dagger),\quad a_z^\dagger=a_0^\dagger. \tag{3.13}$$

引入的球面张量 $a_\mu^\dagger$ (a_μ) 满足如下的对易关系:

$$[s,s^\dagger]=1,\quad [a_\mu,a_\nu^\dagger]=\delta_{\mu\nu},\quad [a_\mu,s^\dagger]=0,\quad [a_\mu,a_\nu]=[a_\nu,s]=0. \tag{3.14}$$

$U(4)$ 群的无穷小算子包含如下 16 种形式:

$$s^\dagger s-\frac{1}{4},\quad a_\mu^\dagger a_\nu,\quad s^\dagger a_\nu,\quad a_\nu^\dagger s,\quad \mu,\nu=1,0,-1. \tag{3.15}$$

把它们重新组合, 其中一个给出数算符 $\hat{N}$, 其余 15 种独立形式可写成

$$s^\dagger s-\frac{1}{4}\hat{N},\quad a_\mu^\dagger a_\nu-\frac{1}{4}\hat{N}\delta_{\mu\nu},\quad s^\dagger a_\mu,\quad a_\mu^\dagger s \tag{3.16}$$

上述 15 个算符可用来构成幺模子群 $SU(4)$ 的无穷小算符. 用 $SU(4)$ 子群 $SO(4)$ 的 6 个无穷小算符, 可组成两个一秩张量:

$$\begin{cases} M(1\mu)=-\mathrm{i}(s^\dagger\tilde{a}_\mu+a_\mu^\dagger s),\\ L(1\mu)=\sqrt{2}(a^\dagger\tilde{a})_{1\mu}. \end{cases} \tag{3.17}$$

考虑 $\mathcal{H}$ 的如下动力学群链

$$SU(4)\supset SO(4)\supset SO(3)\supset SO(2) \tag{3.18}$$

的本征态.

在群链式 (3.18), $SO(3)\supset SO(2)$ 提供简并量子数 $(l,\ m)$, 而 $SU(4)$ 的不可约表示则提供量子数 N. 还缺一个简并量子数, 应由 $SO(4)$ 的不可约表示来提供. 为此, 只需选取一个由 $SU(4)$ 的无穷小算子组成的不变量即可. 这可取为

$$\begin{aligned} \varLambda&=M^2+L^2\\ &=\hat{N}(\hat{N}+2)-\left\{s^\dagger s^\dagger-\sqrt{3}(a^\dagger a^\dagger)_0\right\}\left\{ss-\sqrt{3}(\tilde{a}\tilde{a})_0\right\}, \end{aligned} \tag{3.19}$$

其中 $s^\dagger s^\dagger-\sqrt{3}(a^\dagger a^\dagger)_0$, 也就是 ${s^\dagger}^2+{a_x^\dagger}^2+{a_y^\dagger}^2+{a_z^\dagger}^2$, 是一种 $SO(4)$ 不变量. 因而它与 M, L 对易, 当然也就与 $\varLambda^2$ 对易. 一般把它看作“四维对”的产生算符.

当把该算符作用于态矢量 $|N,\varLambda'^2,l,m\rangle$ 时, $\varLambda'$ 及 l、m 都不变, 只是使 N 增加 2, 其物理意义表示增多了一个四维对. 反之以 $ss-\sqrt{3}(\tilde{a}\tilde{a})_0$ 作用后, 如果不为零, N 值就减 2, 表示消灭了一个四维对. 在 N 为有限的态 $|N,\varLambda'^2,l,m\rangle$ 中, 四维对的

数目不可能是无限的, 因此重复地以此对消灭算符作用若干次后, 必然得到零, 即是说存在确定的非负整数 k, 使

$$\left[ss-\sqrt{3}(\tilde{a}\tilde{a})_0\right]^k |N,\Lambda'^2,l,m\rangle \neq 0, \tag{3.20}$$

$$\left[s^\dagger s^\dagger-\sqrt{3}(a^\dagger a^\dagger)_0\right]^{k+1} |N,\Lambda'^2,l,m\rangle = 0, \tag{3.21}$$

这表明, 在 $|N,\Lambda'^2,l,m\rangle$ 中, 四维对的数目是确定的, 即有 K 对. 或者, 从物理上讲, 未配对振动量子的数目 $\sigma=N-2k$ 是确定的. 根据式 (3.19)~ 式 (3.21) 有

$$\Lambda'^2=\sigma(\sigma+2). \tag{3.22}$$

在一定 N 下, σ 的允许值为

$$\sigma=N,N-2,N-4,\cdots,$$

这表示未配对振动量子数 σ 是由 $SO(4)$ 群的不可约表示提供的简并量子数. 为以后方便, 把 $|N,\Lambda'^2,l,m\rangle$ 记为 $|N,\sigma,l,m\rangle$.

在一定的 σ 下, 由于 M_x, M_y, M_z 是厄米算符, 式 (3.19) 表明 $l(l+1)\leqslant\sigma(\sigma+2)$. 另外, 以 M_x 作用于 $|N,\sigma,l,m\rangle$ 时, σ 不变, 但 l 可以改变 1 , 可见 l 的允许值是

$$l=0,1,2,\cdots,\sigma.$$

至此, 构成 $SU(4)\supset SO(4)\supset SO(3)\supset(2)$ 态矢量 $|N,\sigma,l,m\rangle$ 的问题就解决了.

3.3 双原子分子的 $U(4)$ 代数模型

在 3.2 节所建立的有关动力学的概念的基础上, 本节介绍双原子分子的动力学 $U(4)$ 代数模型[1, 12, 13].

3.3.1 Hamilton 量的二次量子化形式

很明显, 对双原子分子的完全描述, 应当在三维空间中. 其坐标 (r,θ,ϕ) 的选取如图 3.1 所示.

选取四个玻色子产生算符 $a_\mu^\dagger$ 和相应的湮灭算符 a_ν $(\nu=1,2,3,4)$. 它们满足通常的对易关系

$$[a_\mu,a_\nu^\dagger]=\delta_{\mu\nu},\quad [a_\mu,a_\nu]=[a_\mu^\dagger,a_\nu^\dagger]=0. \tag{3.23}$$

由量子力学的理论可知: 系统的 Hamilton 量可按玻色子算符双线性展开[12, 13]:

$$\mathcal{H}=\mathcal{H}_0+\sum_{\mu\nu}\epsilon_{\mu\nu}a_\mu^\dagger a_\nu+\frac{1}{2}\sum_{\mu\nu\rho\tau}u_{\mu\nu\rho\tau}a_\mu^\dagger a_\nu^\dagger a_\rho a_\tau+\cdots, \tag{3.24}$$

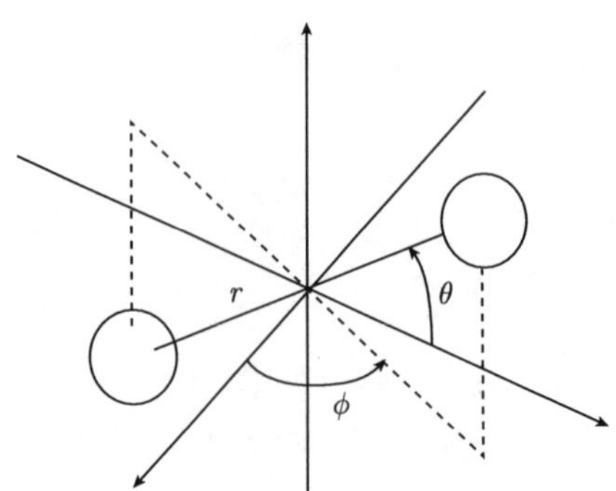

图 3.1 双原子分子的空间坐标[1]

其中$\sum_{\mu\nu}\epsilon_{\mu\nu}a_\mu^\dagger a_\nu$为单体项, $\frac{1}{2}\sum_{\mu\nu\rho\tau}u_{\mu\nu\rho\tau}a_\mu^\dagger a_\nu^\dagger a_\rho a_\tau$为双体项. 展开系数$\epsilon_{\mu\nu}$, $u_{\mu\nu\rho\tau}$, $\cdots$表征了所研究体系的特性.

为方便计, 引入双线性积

$$G_{\mu\nu}=a_\mu^\dagger a_\nu \quad (\mu,\nu=1,2,3,4), \tag{3.25}$$

则上述 Hamilton 量可写成

$$\mathcal{H}=h_0+\sum_{\mu\nu}\epsilon'_{\mu\nu}G_{\mu\nu}+\frac{1}{2}\sum_{\mu\nu\rho\tau}u'_{\mu\nu\rho\tau}G_{\mu\rho}G_{\nu\tau}+\cdots, \tag{3.26}$$

其中双线性算符 $G_{\mu\nu}$ 的对角算符可以认为是数算符; 非对角算符是“位移”符 (shift operator), 它把一个玻色子从 ν 位移到 μ 位.

双线性算符 $G_{\mu\nu}$ 满足如下的对易关系:

$$\begin{aligned}[G_{\mu\nu},G_{\rho,\tau}]&=[a_\mu^+a_\nu,a_\rho^\dagger a_\tau]\\&=a_\mu^\dagger a_\rho^\dagger[a_\nu,a_\tau]+a_\mu^\dagger[a_nu,a_\rho^\dagger]a_\tau\\&\quad+a_\rho^\dagger[a_\mu^\dagger,a_\rho]a_\nu+[a_\mu^\dagger,a_\rho^\dagger]a_\tau a_\nu\\&=a_\mu^\dagger a_\tau\delta_{\nu\rho}-a_\rho^\dagger a_\nu\delta_{\mu\tau}\\&=G_{\mu\tau}\delta_{\nu\rho}-G_{\rho\nu}\delta_{\mu\tau}.\end{aligned} \tag{3.27}$$

考虑到分子的转动性, 引入球面张量算符是方便的. 即把 $a_\mu^\dagger$ 分成一个标量算符 $\sigma^\dagger$ 和一个矢量算符, 并把它记成一阶球张量的形式 $\pi_\mu^\dagger$ $(\mu=1,0,-1)$. 相应的湮灭算符的张量形式为

$$\begin{aligned}\tilde{\sigma}&=\sigma,\\\tilde{\pi}_\mu&=(-)^\mu\pi_{-\mu},\end{aligned} \tag{3.28}$$

其对易关系如下：

$$\begin{aligned}
[\sigma,\sigma^{\dagger}] &= 1, \quad [\sigma,\sigma] = 0,\\
[\sigma^{\dagger},\sigma^{\dagger}] &= 0, \quad [\pi_{\mu},\pi_{\mu'}^{\dagger}] = \delta_{\mu\mu'},\\
[\pi_{\mu},\pi_{\mu'}] &= 0, \quad [\pi_{\mu}^{+},\pi_{\mu'}^{+}] = 0,\\
[\sigma,\pi_{\mu^{\dagger}}] &= 0, \quad [\sigma,\pi_{\mu}] = 0,\\
[\sigma^{\dagger},\pi_{\mu}^{\dagger}] &= 0, \quad [\sigma^{\dagger},\pi_{\mu}] = 0.
\end{aligned} \tag{3.29}$$

由双线性算符的对易关系和前面的讨论知：这 16 个双线性算符 $G_{\mu\nu} = a_{\mu}^{\dagger}a_{\nu}$ 生成四维酉群 $U(4)$. 应用 Lie 群的理论即可简单地构造出相应的基:

$$a_{\mu}^{\dagger}\cdots a_{\mu'}^{\dagger}|0\rangle. \tag{3.30}$$

另外, 由于算符 $a_{\mu}^{\dagger}(a_{\mu'})$ 满足玻色子对易关系, 基式 (3.30) 是全对称的. 因此, 也可以用 $U(4)$ 群的全对称表示 $[N]$ 作为基.N 即是总玻色子数.

3.3.2 动力学对称性

事实上, Hamilton 量的展开式 (3.26) 还是非常一般的展开. 为了简单地应用 Lie 代数理论, 不考虑其一般的展开, 而只考虑其相应某些群链的展开, 并把 Hamilton 量表示成相应群链的 Casimir 算子的组合. 这就是所谓的动力学对称性. 因此, 在这一情况下, 可以得到物理量的明显表达式, 并可以直接与实验比较.

按照群论的一般约化理论, $U(4)$ 代数所有可约的动力学性均可定出. 按照 Master 和 Plumner [14] 的建议, 对双原子分子可以只考虑如下的两种对称性:

$$U(4) \supset U(3) \supset O(3) \supset O(2), \tag{3.31}$$

$$U(4) \supset O(4) \supset O(3) \supset O(2). \tag{3.32}$$

Iachello 等[1, 12, 13] 建议, 对一般的双原子分子的情况, 考虑动力学对称性群链式 (3.32).

根据张量积及标积的定义

$$\begin{aligned}
W_{\mu}^{(\lambda)} &= [T^{(\lambda_1)} \times S^{(\lambda_2)}]_{\mu}^{(\lambda)}\\
&= \sum_{\mu_1\mu_2} \langle\lambda_1\mu_1\lambda_2\mu_2|\lambda\mu\rangle T_{\mu_1}^{(\lambda_1)} S_{\mu_2}^{(\lambda_2)},
\end{aligned} \tag{3.33}$$

$$\begin{aligned}
T^{(\lambda)} \cdot S^{(\lambda)} &= (-1)^{\lambda}\sqrt{2\lambda+1}[T^{(\lambda)} \times S^{(\lambda)}]_{0}^{(0)}\\
&= \sum_{\mu} (-1)^{\mu} T_{\mu}^{\lambda} S_{\mu}^{\lambda},
\end{aligned} \tag{3.34}$$

其中 T^{λ}_{μ} 表示 λ 阶张量 μ 分量, $\langle\lambda_1\mu_1\lambda_2\mu_2|\lambda\mu\rangle$ 是 Clebsch-Gorden 系数, 可以构造出群链式 (3.32) 的各子群的产生子. 各子群产生子明显的表达式及其含义分别列于表 3.1 和表 3.2.

表 3.1　各子群产生子的张量积形式

产生子	表达式	物理意义
$\hat{n}_\sigma$	$[\sigma^+\times\sigma]^{(0)}_0$	σ 振子数
$\hat{n}_a$	$-\sqrt{3}[a^+\times a]^{(0)}_0$	a 振子数
$\widehat{\boldsymbol{J}}$	$-\sqrt{2}[a^+\times a]^{(1)}_\mu$	角动量
$\widehat{\boldsymbol{D}}$	$[a^+\times\sigma+\sigma^+\times a]^{(1)}_\mu$	偶极矩算子
$\widehat{\boldsymbol{R}}$	$-\mathrm{i}[a^+\times\sigma-\sigma^+\times a]^{(1)}_\mu$	偶极矩算子
$\widehat{\boldsymbol{Q}}$	$[a^+\times a]^{(2)}_\mu$	四偶极矩算子

表 3.2　各子群的产生子

Lie 群	产生子
$U(4)$	$\hat{n}_\sigma,\hat{n}_a,\widehat{\boldsymbol{J}},\widehat{\boldsymbol{D}},\widehat{\boldsymbol{R}},\widehat{\boldsymbol{Q}}$
$U(3)$	$\hat{n}_a,\widehat{\boldsymbol{J}},\widehat{\boldsymbol{Q}}$
$O(4)$	$\widehat{\boldsymbol{J}},\widehat{\boldsymbol{D}}$
$O(3)$	$\widehat{\boldsymbol{J}}$

依照标准的 Lie 群理论, 可以求出相应的各 Lie 群的 Casimir 算子的本征值. 有关典型群的 Casimir 算子的本征值列在表 3.3 中.

表 3.3　经典群的二次 Casimir 算子的本征值*

Cartan 记号	经典群	标记	Casimir 算子的本征值
	$U(n)$	$[l_1,l_2,\cdots,l_n]$	$\sum_{i=1}^{n}l_i(l_i+n+1-2i)$
A_n	$SU(n+1)$	$[l_1,l_2,\cdots,l_n=0]$	$\sum_{i=1}^{n}(l_i-l/n)(l_i+2n-2i-l/n)$
B_n	$SO(2n+1)$	$[l_1,l_2,\cdots,l_n]$	$\sum_{i=1}^{n}l_i(l_i+2n-2i+1)$
C_n	$Sp(2n)$	$[l_1,l_2,\cdots,l_n]$	$\sum_{i=1}^{n}l_i(l_i+2n-2i+2)$
D_n	$SO(2n)$	$[l_1,l_2,\cdots,l_n]$	$\sum_{i=1}^{n}l_i(l_i+2n-2i)$

* $l\equiv\sum_{i=1}^{n}l_i$.

因此, Hamilton 量可以写成群链式 (3.32) 的各子群的 Casimir 算子的组合:

$$\mathcal{H}=\mathcal{H}_0+AC_2(O4)+BC_2(O3)+\cdots,\tag{3.35}$$

其中 $C_i(\wp)$ 表示群 $\wp$ 的 i 阶 Casimir 算子.

动力学对称性群链 (3.32) 也构成了体系的完全描述. 可以按照 Lie 群的理论来构造其表示基. 由于这里用玻色子算符表示分子的振动态, 因而对应于 $U(4)$ 群的表示是全对称表示, 即

$$[N] = \underbrace{\square\square\square\cdots\square}_{N\text{个}}, \tag{3.36}$$

这里 N 是总的振动态数 (称为振子数), $O(4)$ 群的表示则是对称表示, 用一个数 ω 标记即可, 记为 $(\omega, 0)$, 否则需两个数 (ω_1, ω_2) 给出, 量子数 j 和 m 分别表示角动量及其分量.

其相应的基为

$$\begin{array}{ccccccccc} | & [N] & & (\omega,0) & & j & & m & \rangle \\ & \downarrow & & \downarrow & & \downarrow & & \downarrow & \\ & U(4) & \supset & O(4) & \supset & O(3) & \supset & O(2) & . \end{array} \tag{3.37}$$

为方便计, 记 $|N, \omega, j, m\rangle \equiv |[N]\ (\omega, 0)\ j\ m\rangle$.

由 Lie 群的知识知, 上述群量子数的约化关系是

$$\omega = N, N-2, N-4, \cdots, 1 \text{ 或 } 0, \quad (N = \text{奇数或偶数}),$$

$$j = \omega, \omega-1, \omega-2, \cdots, 0,$$

$$m = -j, -j+1, \cdots, j-1, j.$$

Hamilton 量的本征值可以在基 $|N, \omega, j, m\rangle$ 下求得.

由于 Hamilton 量是按动力学对称性群链 (3.32) 中各子群的 Casimir 算子展开的, 因此计算 Hamilton 量的本征值即为求基 (3.37) 下各子群 Casimir 的本征值. 在该基下各子群的 Casimir 是自然对角的. 各种典型群的 Casimir 算子及其本征值参见表 3.3. 在只考虑一次 Casimir 算子时, Hamilton 量的本征值为

$$E = E_0 + A\omega(\omega+2) + BJ(J+1). \tag{3.38}$$

如果不考虑分子的转动 $(B = 0)$, 在一次幂 Caimir 算子近似下, 分子的振动能级为

$$E = E_0 + A\omega(\omega+2). \tag{3.39}$$

引入分子的振动量子数 μ,

$$\mu = \frac{1}{2}(N-\omega), \tag{3.40}$$

则

$$\begin{aligned} E(\mu) &= E_0 + A(N-2\mu)(N-2\mu+2) \\ &= E_0' - 4A(N+2)\left(\mu+\frac{1}{2}\right) + 4A\left(\mu+\frac{1}{2}\right)^2. \end{aligned} \tag{3.41}$$

而所熟悉的 Dunham 展开式 (到二次项) 为

$$G(\mu) = G_0 + \omega_e\left(\mu+\frac{1}{2}\right) - \omega_e\chi_e\left(\mu+\frac{1}{2}\right)^2. \tag{3.42}$$

比较上述两式, 得

$$\begin{cases} \omega_e = -4A(N+2), \\ \omega_e\chi_e = -4A. \end{cases} \tag{3.43}$$

由此可以定出

$$N+2 = \frac{1}{\chi_e} = \frac{\omega_e}{\omega_e\chi_e}. \tag{3.44}$$

对于一般的情况, 分子的振–转 Hamilton 量可写为

$$\mathcal{H} = \mathcal{H}_0 + \sum_{h,k} y_{hk}\left[C_2(O4)\right]^h\left[C_2(O3)\right]^k, \tag{3.45}$$

相应的振–转能级为

$$E = E_0 + \sum_{h,k} y_{hk}\left[\omega(\omega+2)\right]^h\left[J(J+1)\right]^k. \tag{3.46}$$

3.4　有关的对易关系

为方便得到协调的对易关系式, 在 $\hat{\boldsymbol{J}}$ 和 $\hat{\boldsymbol{R}}$ 中分别引入了因子 $-\sqrt{2}$ 和 $-\mathrm{i}$, 并选择 $SU(3)$ 群的同位标量因子为 $+1$. 同时注意到对易关系式 (3.29), 可得到如下的展开式

$$X_Q^{(K)} = (-1)^{Q+1}\sqrt{2K(K+1)}\sum_q T(10)_q^1 T(01)_{Q-q}^1 \times \begin{pmatrix} 1 & 1 & K \\ q & Q-q & -Q \end{pmatrix}, \tag{3.47}$$

其中 $T(10)$ 和 $T(01)$ 是 $SO(3)$ 的 Elliott [4, 5] 记号, $\begin{pmatrix} j & k & l \\ p & q & r \end{pmatrix}$ 是 $3-j$ 符号. $K=1, Q=0,\pm1$ 对应于 $\hat{\boldsymbol{J}}$, $K=2, Q=0,\pm1,\pm2$ 对应于 $\hat{\boldsymbol{Q}}$, 同时应用 $3-j$ 符号恒

等式

$$\begin{pmatrix} j_1 & j_2 & j_3 \\ m_1 & m_2 & m_3 \end{pmatrix}\begin{pmatrix} l_1 & l_2 & l_3 \\ m_1' & m_2' & m_3' \end{pmatrix}$$

$$=\sum_{l_3}(2l_3+1)(-1)^{l_1+l_2+l_3+j_1+j_2-j_3-m_1-m_1'} \tag{3.48}$$

$$\times\begin{Bmatrix} j_1 & j_2 & j_3 \\ l_1 & l_2 & l_3 \end{Bmatrix}\begin{pmatrix} l_2 & j_1 & l_3 \\ m_1' & m_1 & m_3' \end{pmatrix}\begin{pmatrix} j_2 & l_1 & l_3 \\ m_2 & m_1' & -m_3' \end{pmatrix}.$$

由此, 可以计算出表 3.1 中各力学量的非零对易关系[15]:

$$[J_\mu, J_\nu] = (-1)^{1+\mu+\nu}\sqrt{6}\begin{pmatrix} 1 & 1 & 1 \\ \mu & \nu & -\mu-\nu \end{pmatrix} J_{\mu+\nu}; \tag{3.49}$$

$$[D_\mu, D_\nu] = (-1)^{1+\mu+\nu}\sqrt{6}\begin{pmatrix} 1 & 1 & 1 \\ \mu & \nu & -\mu-\nu \end{pmatrix} J_{\mu+\nu}; \tag{3.50}$$

$$[J_0, D_{\pm 1}] = \pm D_{\pm 1};\quad [J_{\pm 1}, D_{\mp}] = \mp D_0;\quad [D_0, J_{\pm 1}] = \pm D_{\pm 1}; \tag{3.51}$$

$$[J_\mu, Q_\nu] = (-1)^{\mu+\nu}\sqrt{30}\begin{pmatrix} 2 & 2 & 1 \\ \nu & -\mu-\nu & \mu \end{pmatrix} Q_{\mu+\nu}; \tag{3.52}$$

$$[Q_\mu, Q_\nu] = (-1)^{\mu+\nu}\sqrt{\frac{15}{2}}\begin{pmatrix} 2 & 2 & 1 \\ \mu & \nu' & -\mu-\nu \end{pmatrix} J_{\mu+\nu}; \tag{3.53}$$

$$[R_\mu, R_\nu] = (-1)^{1+\mu+\nu}\sqrt{6}\begin{pmatrix} 1 & 1 & 1 \\ \mu & \nu & -\mu-\nu \end{pmatrix} J_{\mu+\nu}; \tag{3.54}$$

$$[J_0, R_{\pm 1}] = \pm R_{\pm 1};\quad [J_{\pm 1}, R_{\mp 1}] = \mp R_0;\quad [R_0, J_{\pm 1}] = \pm R_{\pm 1}; \tag{3.55}$$

$$[D_{\pm 1}, R_{\pm 1}] = 2\mathrm{i}Q_{\pm 2};\quad [D_{\pm 1}, R_0] = \sqrt{2}\mathrm{i}Q_{\pm 1};\quad [D_0, R_{\pm 1}] = \sqrt{2}\mathrm{i}Q_{\pm 1}; \tag{3.56}$$

$$[D_{\pm 1}, R_{\mp 1}] = -\mathrm{i}\left(\frac{2}{3}n_a - 2n_\sigma - \sqrt{\frac{2}{3}}Q_0\right); \tag{3.57}$$

$$[D_0, R_0] = \frac{2}{3}\mathrm{i}\left(n_a - 3n_\sigma + \sqrt{6}Q_0\right). \tag{3.58}$$

参 考 文 献

[1] Iachello F, Levine R D. Algebraic Theory of Molecules. Oxford: Oxford University Press, 1994

[2] Frank A, Van Isacker P, Algebraic Methods in Molecular and Nuclear Structure Physics. New York: John Wiley & Sons Ltd, 1994

[3] Wybourne B G. Classical Groups for Physicists. New York: John Wiley, 1974

[4] Elliott J P, Dawber P G. Symmetries in Physics. Vol.1. Great Britain: The Maciillan Press Lted, 1979

[5] Elliott J P, Dawber P G. Symmetries in Physics. Vol.2. Great Britain: The Maciillan Press Lted, 1979

[6] Hamermesh M. Group Theory and its Application to Physical Problems. New York: Addison-Eesley, 1962

[7] Levine R D. Dynamical symmetries. J. Phys. Chem., 1985, 89: 2122

[8] Wulfman C. Dynamical symmetries of Schröedinger equations and geometrical symmetries of calssical total energy surface. J. Phys. Chem. A, 1998, 102: 9542

[9] Klein F. Elementary Mathematics From An Advanced Standpoint. New York: Dover, 1939

[10] Schiff L I. Quantum Mechanics, (3rd ed). New York: McGraw-Hill, 1968

[11] Bohm D. Quantum Mechanics. New York: Spinger, 1979

[12] Iachello F. Algebraic methods for molecular rotation-vibration spectra. Chem. Phys. Lett., 1981, 78: 581

[13] Iachello F, Levine R D. Algebraic approach to molecular rotation-vibration spectra. I. Diatomic molecules. J. Chem. Phys., 1982, 77: 3046

[14] Matsen F A, Plummer O R. In Group theory and Its Application. New York: E. M. Loebl, 1968

[15] Zheng Y, Ding S. Algebraic description of stretching and bending vibrational spectra of H_2O and H_2S. J. Mol. Spectro., 2000, 201: 109

第 4 章　三原子分子的振转能级的代数方法

在这一章, 讨论三原子分子的动力学对称性及其相应的约化关系, 并具体给出三原子分子的振动高激发态能谱的计算.

4.1　三原子分子代数 Hamilton 量

在第 3 章中, 引入玻色子算符 $a_{\mu}^{\dagger}$, $a_{\mu'}$ $(\mu,\mu'=1,2,3,4)$ 构造了双原子分子的动力学对称群 $U(4)$, 并阐明了在相应的基下, 双原子分子 Hamilton $\mathcal{H}$ 可以对角化, 从而求得双原子分子的振转能谱.

对三原子分子, 有 6 个内自由度, 可表示为 $\boldsymbol{r}_1$, $\boldsymbol{r}_2$, 对三原子分子的每一个键引入一个 $U(4)$ 群, 因此三原子分子的动力学对称性群就是两个 $U(4)$ 群的直积. 即

$$U^{(1)}(4)\otimes U^{(2)}(4). \tag{4.1}$$

引入两套玻色子算符 $a_{i\mu}^{\dagger}$, $a_{i\mu}$ $(i=1,2;\ \mu=1,2,3,4)$. 它们满足如下的对易关系:

$$\begin{aligned}
&[a_{1\mu},a_{2\mu'}^{\dagger}]=0, \quad [a_{1\mu},a_{2\mu'}]=0, \quad [a_{2\mu},a_{1mu'}^{\dagger}]=0,\\
&[a_{2\mu}^{\dagger},a_{1\mu'}^{\dagger}]=0, \quad [a_{i\mu},a_{i\mu'}^{\dagger}]=\delta_{\mu\mu'}, \quad [a_{i\mu},a_{i\mu'}]=0,\\
&[a_{i\mu},a_{i\mu}^{\dagger}]=0, \quad i=1,2.
\end{aligned} \tag{4.2}$$

同样, 群 $U^{(1)}(4)\otimes U^{(2)}(4)$ 可由如下的 32 $(=2\times 4^2)$ 个双线性算子产生:

$$G_{1\mu\mu'}=a_{1\mu}^{\dagger}a_{1\mu'},\ \ G_{2\nu\nu'}=a_{2\nu}^{\dagger}a_{2\nu'},\ \ \mu,\mu',\nu,\nu'=1,\cdots,4. \tag{4.3}$$

由此体系的 Hamilton 量可展成

$$\mathcal{H}=\sum_{i=1}^{2}\mathcal{H}_i+\mathcal{H}_{12}, \tag{4.4}$$

其中

$$\begin{aligned}
\mathcal{H}_i&=h_{i0}+\sum_{\mu\mu'}\epsilon_{i\mu\mu'}G_{i\mu\mu'}+\frac{1}{2}\sum_{\mu\mu'\nu\nu'}u_{i\mu\mu'\nu\nu'}G_{i\mu\nu'}G_{\nu\mu'}+\cdots,\\
\mathcal{H}_{12}&=\sum_{\mu\mu'\nu\nu'}w_{\mu\mu'\nu\nu'}G_{1\mu\mu'}G_{2\nu\nu'}+\cdots.
\end{aligned} \tag{4.5}$$

由第 3 章的讨论知, 可只考虑如下的三原子分子的动力学对称性群链[1, 2]:

$$U_1(4)\otimes U_2(4)\supset O_1(4)\otimes O_2(4)\supset O_{12}(4)\supset O_{12}(3)\supset O_{12}(2), \tag{4.6}$$

$$U_1(4)\otimes U_2(4)\supset U_{12}(4)\supset O_{12}(4)\supset O_{12}(3)\supset O_{12}(2). \tag{4.7}$$

群链式 (4.6) 则对应分子的局域模, 群链式 (4.7) 对应着分子的正则模. 在不考虑外场时, $O(2)$ 没有直接的意义. 因此, 可以把 Hamilton 量展开式 (4.4) 重新写成群链式 (4.6) 和式 (4.7) 中各子群的 Casimir 算子之和的形式:

$$\begin{aligned}\mathcal{H}=&A_1C_1+A_2C_2+BC_{12}+\lambda M_{12}\\&+x_1C_1^2+x_1'C_2^2+x_2C_{12}^2+x_3C_1*C_2+x_4C_1*C_{12}+x_4'C_2*C_{12}\\&+x_5C_1*M_{12}+x_5'C_2*M_{12}+x_6C_{12}*M_{12}+\lambda'M_{12}^2+\cdots,\end{aligned}\tag{4.8}$$

其中 A_1, A_2, B, λ, λ', x_i $(i=1,2,\cdots,6)$, x_i' $(i=1,4,5)$ 是展开系数, 可通过最小二乘法拟合光谱数据而求得.

$$C_i=\hat{\boldsymbol{D}}_i^2+\hat{\boldsymbol{J}}_i^2\qquad(i=1,2)\tag{4.9}$$

是群 $O_i(4)$ 的 Casimir 算符. 而

$$C_{12}^{(1)}=(\hat{\boldsymbol{D}}_1+\hat{\boldsymbol{D}}_2)^2+(\hat{\boldsymbol{J}}_1+\hat{\boldsymbol{J}}_2)^2,\tag{4.10}$$

$$C_{12}^{(2)}=(\hat{\boldsymbol{D}}_1+\hat{\boldsymbol{D}}_2)\cdot(\hat{\boldsymbol{J}}_1+\hat{\boldsymbol{J}}_2)\tag{4.11}$$

是 $O_{12}(4)$ 群的两个 Casimir 算符. 在式 (4.9)~ 式 (4.11) 中, $\hat{\boldsymbol{D}}_i$ 是偶极算符, $\hat{\boldsymbol{J}}_i$ 角动量算符, 它们的明显的表达式见第 3 章中的表 3.1.

$$M_{12}=-\sum_J(-1)^J\left(T^{[f]}_{1(1,1)J}\cdot T^{[211]}_{2(1,1)J}\right)+\frac{3}{4}N_1N_2-\frac{1}{4}\left[C_2(O_{12}(4))-C_1-C_2\right],\tag{4.12}$$

是 Majorana 算符. 其中

$$T^{[f]}_{[s,t]JM}=\sum_{m_sm_t}\langle sm_stm_t|JM\rangle T^{[f]}_{(sm_s)(tm_t)},\tag{4.13}$$

$\langle sm_stm_t|JM\rangle$ 是 Clebsch-Gordan 系数, 且 $T^{[f]}_{(sm_s)(tm_t)}$ 是 $SU(2)\otimes SU(2)$ 张量.

$$C_2(O_{12}(4))=C_{12}^{(1)}+2C_{12}^{(2)}.\tag{4.14}$$

对应于动力学群链式 (4.6) 的基可以记为

$$\begin{array}{ccccccccccccc}U_1(4)&\otimes&U_2(4)&\supset&O_1(4)&\otimes&O_2(4)&\supset&O_{12}(4)&\supset&O_{12}(3)&\supset&O_{12}(2)\\\downarrow&&\downarrow&&\downarrow&&\downarrow&&\downarrow&&\downarrow&&\downarrow\\|\ [N_1]&&[N_2]&&(\omega_1,0)&&(\omega_2,0)&&(\tau_1,\tau_2)&&j&&m_j\ \rangle,\end{array}\tag{4.15}$$

其中 N_i $(i=1,2)$ 表示 $U_i(4)$ 群的全对称不可约表示; ω_i 是 $O_i(4)$ 群的对称不可约表示; $O_{12}(4)$ 群的不可约表示为 (τ_1,τ_2), 而 j 和 m_j 分别是群 $O_{12}(3)$ 和 $O_{12}(2)$ 的不可约表示.

4.2 动力学对称群的约化

为方便对分子 Hamilton 量的本征值进行数值计算, 下面考虑 $O(4)$ 群的约化.

按照 Lie 群的理论, 可以证明: $O(4)$ 群与直积群 $O(3)\otimes O(3)$ 局部同构. 因此, $O(4)$ 群就有两种不同的方式来选择 (二维) 权空间: 一种是 Cartan 记号 (p,q). 其中, p 和 q 同时是整数或半整数, 且 $p\geqslant q$. 同时, p 必定是正的, 而 q 却可以是正的或负的. 另外一种选择, 可用一对整数或半整数 j_1 和 j_2 来标记. 上述两种标记法之间存在如下的关系[1, 3]:

$$p=j_1+j_2,\quad q=j_1-j_2. \tag{4.16}$$

在把 $O(4)$ 群的既约表示 (p,q) 约化到 $O(3)$ 群上时, 有

$$(p,q)\longrightarrow(p)\oplus(p-1)\oplus\cdots\oplus(|q|), \tag{4.17}$$

即

$$(p,q)\longrightarrow(j_1+j_2)\oplus(j_1+j_2-1)\oplus\cdots\oplus(|j_1-j_2|). \tag{4.18}$$

对两个 $O(4)$ 群的直积群 $O_1(4)\otimes O_2(4)$ 表示的直积 $(p_1,q_1)\otimes(p_2,q_2)$ 的约化中, 含有 $O(4)$ 的耦合系数. 注意到上述 $O(4)$ 的每个既约表示都局部同构于简单可约直积群 $O(3)\otimes O(3)$, 则其 Clebsch-Gordan 级数是[4]

$$(p_1,q_1)\otimes(p_2,q_2)=\sum_{\alpha=0}^{t}\sum_{\beta=0}^{u}(p_1+p_2-\alpha-\beta,q_1+q_2-\alpha+\beta), \tag{4.19}$$

其中 $t=\min(p_1+q_1,p_2+q_2)$, $u=\min(p_1-q_1,p_2-q_2)$.

在此, 对两个对称表示 $(\omega_1,0)$ 和 $(\omega_2,0)$ 有

$$p_1=\omega_1,\quad q_1=0,\quad p_2=\omega_2,\quad q_2=0,$$

则其直积可约化为

$$(\omega_1,0)\otimes(\omega_2,0)=\sum_{\alpha,\beta=0}^{\min(\omega_1,\omega_2)}(\omega_1+\omega_2-\alpha-\beta,-\alpha+\beta). \tag{4.20}$$

同样, 表示 (τ_1,τ_2) 的约化是

$$\begin{aligned}(\tau_1,\tau_2)&=(\tau_1)\oplus(\tau_1-1)\oplus\cdots\oplus(|\tau_2|)\\&=\sum_{k=0}^{\tau_1-|\tau_2|}(|\tau_2|+k).\end{aligned}\tag{4.21}$$

所以与群链式 (4.6) 所对应的最后的约化为[1]

$$\begin{cases}\omega_i=N_i,N_i-2,\cdots,1\ \text{或}\ 0\quad(i=1,2),\\ \tau_1=\omega_1+\omega_2-\alpha-\beta,\\ \tau_2=-\alpha+\beta,\quad(\alpha,\beta=0,1,\cdots,\min(\omega_1,\omega_2)),\\ j=|\tau_2|,|\tau_2|+1,\cdots,\tau_1-1,\tau_1.\end{cases}\tag{4.22}$$

为了能更易于理解上述约化法则, 下面以一个简单的例子予以说明.

例如 对 $U_1(4)\otimes U_2(4)$ 的不可约表示由 $[N_1]\otimes[N_2]=[3]\otimes[2]$ 给出, 即 $N_1=3$, $N_2=2$. 则 $\omega_1=3,1$, $\omega_2=2,0$.

因此, $U_1(4)\otimes U_2(4)$ 所包含的 $O_1(4)\otimes O_2(4)$ 的不可约表示如下:

$$(3,0)\otimes(2,0);$$

$$(3,0)\otimes(0,0);$$

$$(1,0)\otimes(2,0);$$

$$(1,0)\otimes(1,0).$$

对上述每一个不可约表示, 又可以分解到 $O_{12}(4)$ 的不可约表示 (τ_1,τ_2), 据式 (4.21) 即可算得, 如

$$\begin{aligned}(3,0)\otimes(2,0)&=\sum_{\alpha,\beta=0}^{2}(5-\alpha-\beta,-\alpha+\beta)\\&=(5,0)\oplus(4,-1)\oplus(3,-2)\oplus(4,1)\oplus(3,0)\\&\quad\oplus(2,-1)\oplus(3,2)\oplus(2,1)\oplus(1,0).\end{aligned}$$

在上述的分解中, 每一个 (τ_1,τ_2) 根据式 (4.22) 又可以分解, 如

$$(1,0)=\sum_{k=0}^{1}(0+k)=(0)\oplus(1),$$

$$(2,1)=\sum_{k=0}^{1}(1+k)=(1)\oplus(2),$$

$$(3,2)=\sum_{k=0}^{1}(2+k)=(2)\oplus(3).$$

$$\cdots\cdots$$

为便于应用 Wigner-Eckart 定理计算张量算子作用在按照群链所确定的基底上的矩阵元，需要把耦合积分解到非耦合基上去. 即

$$\begin{aligned}&|[N_1][N_2](\omega_1,0)(\omega_2,0)(\tau_1,\tau_2)jm_j\rangle\\ =&\sum_{j_1j_2m_1m_2}C_{j_1j_2m_1m_2}|[N_1](\omega_1,0)j_1m_1\rangle|[N_2](\omega_2,0)j_2m_2\rangle,\end{aligned}\tag{4.23}$$

其中 $C_{j_1j_2m_1m_2}$ 为耦合系数，其定义是

$$C_{j_1j_2m_1m_2}=\langle[N_1](\omega_1,0)j_1m_1|\langle[N_2](\omega_2,0)j_2m_2|[N_1][N_2](\omega_1,0)(\omega_2,0)(\tau_1,\tau_2)jm_j\rangle.\tag{4.24}$$

由 Racah 分解定理知[1, 5]：上述耦合系数可以分解成 2 个耦合系数，其中一个与部分群链 $O(3)\supset O(2)$ 有关的既约表示，它就是简单的 Clebsch-Gordan 系数；第二个耦合系数仅与部分群链 $O(4)\supset O(3)$ 有关的既约表示，Edmonds [1, 6] 把它称为同位标量因子. 即

$$\begin{aligned}&\langle[N_1](\omega_1,0)j_1m_1;[N_2](\omega_2,0)j_2m_2|\\ =&\langle j_1m_1j_2m_2|jm\rangle\langle(\omega_1,0)j_1;(\omega_2,0)j_2|(\tau_1,\tau_2)j\rangle.\end{aligned}\tag{4.25}$$

Haken 计算了 $O(4)$ 的同位标量因子

$$\begin{aligned}\langle(\omega_1,0)j_1;(\omega_2,0)j_2|(\tau_1,\tau_2)j\rangle=&[(2j_1+1)(2j_2+1)(2j+1)(\tau_1+\tau_2+1)(\tau_1-\tau_2+1)]^{\frac{1}{2}}\\ &\times(-)^{j-m_j}\begin{pmatrix}j_1 & j & j_2\\ m_1 & -m_j & m_2\end{pmatrix}\\ &\times\begin{Bmatrix}\frac{1}{2}\omega_1 & \frac{1}{2}\omega_2 & \frac{1}{2}(\tau_1+\tau_2)\\ \frac{1}{2}\omega_1 & \frac{1}{2}\omega_2 & \frac{1}{2}(\tau_1-\tau_2)\\ j_1 & j_2 & j\end{Bmatrix}\\ =&\ [(\tau_1+\tau_2+1)(\tau_1-\tau_2+1)(2j_1)(2j_2+1)]^{\frac{1}{2}}\\ &\times\begin{Bmatrix}\frac{1}{2}\omega_1 & \frac{1}{2}\omega_2 & \frac{1}{2}(\tau_1+\tau_2)\\ \frac{1}{2}\omega_1 & \frac{1}{2}\omega_2 & \frac{1}{2}(\tau_1-\tau_2)\\ j_1 & j_2 & j\end{Bmatrix},\end{aligned}\tag{4.26}$$

其中 $\left\{\begin{matrix} \frac{1}{2}\omega_1 & \frac{1}{2}\omega_2 & \frac{1}{2}(\tau_1+\tau_2) \\ \frac{1}{2}\omega_1 & \frac{1}{2}\omega_2 & \frac{1}{2}(\tau_1-\tau_2) \\ j_1 & j_2 & j \end{matrix}\right\}$ 是 $9-j$ 符号.

4.3 量子数的说明

在具体应用上述的代数 Hamilton 量式 (4.8) 计算之前, 首先说明一下分子的量子数与自由度的问题.

三原子分子有 6 个振转自由度, 与其基底中的量子数的个数是一致的 (其中 N_1 和 N_2 已给定). 因此, 有必要说明一下代数量子数与传统量子数的一一对应关系. 为此, 就必须分清三原子分子的平衡几何构型: 是弯曲三原子分子还是线性三原子分子.

首先, 对任意构型的三原子分子 XYZ , 有两个伸缩振动自由度 (XY, YZ), 另外, 还有角动量的两个量子数 j 及 m_j. 最后, 根据分子的平衡形状有弯曲振动和转动量子数.

对线性分子, 由于在垂直于分子轴任意两个垂直方向上是等价的, 其弯曲振动是 2 度简并的. 因此, 引入另外一个振动量子数 l, 它与 j 的关系如下[2, 7]:

$$j = |l|, |l|+1, |l|+2, \cdots, \tag{4.27}$$

其意义如图 4.1 所示.

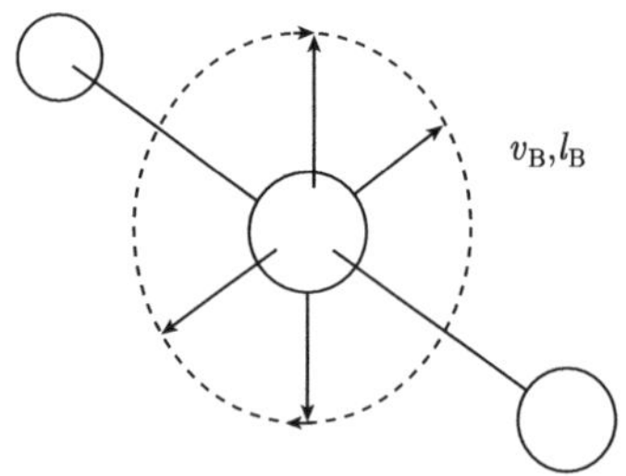

图 4.1　线性三原子分子的弯曲运动[7]

对弯曲分子, 弯曲振动模式是非简并的, 所以引入“几何投影轴” (figure progection axis), 该轴沿总角动量方向是量子化的. 其取值为

$$J = |k|, |k|+1, |k|+2, \cdots, \tag{4.28}$$

其意义如图 4.2 所示.

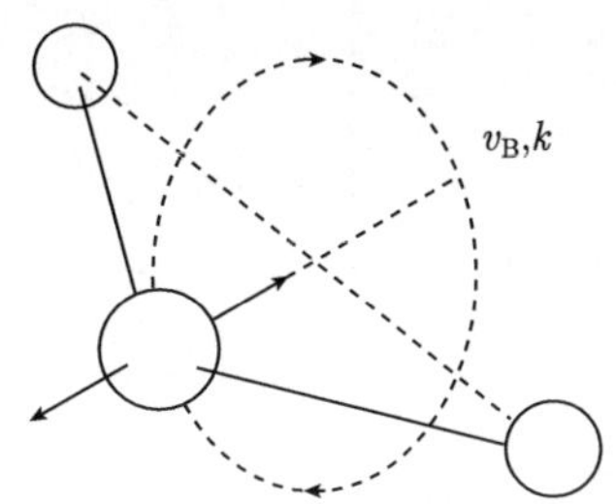

图 4.2 弯曲三原子分子的弯曲运动[7]

4.4 有关矩阵元的计算及计算程序的说明

4.4.1 有关矩阵元计算的说明

在基底式 (4.15) 下计算 Hamilton 量式 (4.8) 的本征值, 也就是计算各子群的 Casimir 算子式 (4.9)~ 式 (4.11) 的本征值. Majorana 算子 M_{12} 与 $U_{12}(4)$ 群的 Casimir 算子有关.

在 Hamilton 量式 (4.8) 中, Majorana 算子与群 $U_{12}(4)$ 的 Casimir 算子有关. 因此, 除 Majorana 算子外, 其他子群的 Casimir 算子在基式 (4.15) 下是对角的. 由第 2 章的讨论知, $O_i(4)$ 群的 Casimir 算子的本征值为

$$\langle C_i\rangle = \omega_i(\omega_i+2), \quad i=1,2, \tag{4.29}$$

$O_{12}(4)$ 群的 Casimir 算子的本征值为

$$\langle C_{12}^{(1)}\rangle = \tau_1(\tau_1+2)+\tau_2^2, \tag{4.30}$$

$$\langle C_{12}^{(2)}\rangle = |(\tau_1+1)\tau_2|. \tag{4.31}$$

Majorana 算子可写成

$$M_{12} = -\sum_J(-1)^J\left(T^{[f]}_{1(1,1)J}\cdot T^{[211]}_{2(1,1)J}\right)+\frac{3}{4}N_1N_2-\frac{1}{4}\left[C_2(O_{12}(4))-C_1-C_2\right]. \tag{4.32}$$

由 4.3 节知, 在基底 (4.15) 下用 Wigner-Eckart 定理计算 M_{12} 的矩阵元时, 涉及三个不同部分: 约化矩阵元、耦合系数和同位标量因子. 因此可以明确写出其非对角的矩阵元如下:

$$\begin{aligned}&\langle N_1N_2\omega_1'\omega_2'(\tau_1,\tau_2)|M_{12}|N_1N_2\omega_1\omega_2(\tau_1,\tau_2)\rangle\\ =&(-1)^{\tau_1+1}(\omega_1'+1)(\omega_2'+2)\end{aligned}$$

$$\times\begin{Bmatrix} \frac{\omega_1}{2} & \frac{\omega_2}{2} & \frac{\tau_1-\tau_2}{2} \\ \frac{\omega_2'}{2} & \frac{\omega_1'}{2} & 1 \end{Bmatrix}\begin{Bmatrix} \frac{\omega_1}{2} & \frac{\omega_2}{2} & \frac{\tau_1+\tau_2}{2} \\ \frac{\omega_2'}{2} & \frac{\omega_1'}{2} & 1 \end{Bmatrix}$$

$$\times\langle N_1\omega_1'\|\hat{D}_1\|N_1\omega_1\rangle\langle N_2\omega_2'\|\hat{D}_2\|N_2\omega_2\rangle\delta_{\omega_1',\omega_1\pm 2}\delta_{\omega_2',\omega_2\mp 2}, \tag{4.33}$$

这里 $\{\cdots\}$ 是通常的 $6-j$ 符号.$O(4)$ 的非零偶极算符的约化矩阵元为

$$\langle N\omega\|\hat{D}\|N\omega'\rangle=\begin{cases} \dfrac{N+2}{2}, & \omega=\omega', \\ \dfrac{1}{2}\sqrt{\dfrac{(N-\omega+2)(N+\omega+2)(\omega+1)}{\omega-1}}, & \omega'=\omega-2, \\ \dfrac{1}{2}\sqrt{\dfrac{(N-\omega)(N+\omega+4)(\omega+1)}{\omega+3}}, & \omega'=\omega+2. \end{cases} \tag{4.34}$$

M_{12} 的对角矩阵元是

$$\begin{aligned}&\langle[N_1],[N_2],(\omega_1,0),(\omega_2,2),(\tau_1,\tau_2)|M_{12}|[N_1],[N_2],(\omega_1,0),(\omega_2,2),(\tau_1,\tau_2)\rangle\\ =&\frac{3}{4}N_1N_2-\frac{1}{4}\{\tau_1(\tau_1+\tau_2^2)-\omega_1(\omega_1+2)-\omega_2(\omega_2+2)\}\\ &-\frac{(N_1+2)(N_2+2)}{16\omega_1(\omega_1+2)\omega_2(\omega_2+2)}\times[\omega_1(\omega_1+2)+\omega_2(\omega_2+2)-(\tau_1+\tau_2)(\tau_1+\tau_2+2)]\\ &\times[\omega_1(\omega_1+2)+\omega_2(\omega_2+2)-(\tau_1-\tau_2)(\tau_1-\tau_2+2)]\end{aligned} \tag{4.35}$$

下面以一具体态来说明 Majorana 矩阵元的计算.

为此, 考虑如下的三个态: $|v_a,v_b,v_c\rangle=|100\rangle$, $|010\rangle$, $|001\rangle$ ((v_a,v_b,v_c) 为振动态的量子数, 其具体的意义见 4.3 节).

对对称三原子分子, $N_1=N_2=N$. 在上述态下的矩阵元可写成如下的形式:

$$\begin{array}{cccc} & 100 & 001 & 010 \\ 100 & m_{11} & m_{12} & m_{13} \\ 001 & m_{21} & m_{22} & m_{23} \\ 010 & m_{31} & m_{32} & m_{33}. \end{array} \tag{4.36}$$

由式 (4.26) 得到代数量子数如下:

对 $|100\rangle$ 态: $\omega_1=N-2$, $\omega_2=N$, $\tau_1=2N-2$, $\tau_2=0$;

对 $|001\rangle$ 态: $\omega_1=N$, $\omega_2=N-2$, $\tau_1=2N-2$, $\tau_2=0$;

对 $|010\rangle$ 态: $\omega_1=N$, $\omega_2=N$, $\tau_1=2N-2$, $\tau_2=0$.

根据式 (4.16), 可以求得对角矩阵元, 例如

$$\begin{aligned}m_{11}=&\frac{3}{4}N^2-\frac{1}{4}\Big\{(2N-2)2N-N(N-2)-N(N+2)\Big\}\\&-\frac{(N+2)^2}{16(N-2)N^2(N+2)}\Big[N(N-2)+N(N+2)-2N(2N-2)\Big]^2\\=&N.\end{aligned} \tag{4.37}$$

根据式 (4.13) 和式 (4.14), 可以求得非对角矩阵元. 如计算 m_{12} 时, 需要计算如下形式的 $6-j$ 符号的值

$$\left\{\begin{matrix}\frac{\omega_1}{2} & \frac{\omega_2}{2} & \frac{\tau_1\pm\tau_2}{2}\\ \frac{\omega_2'}{2} & \frac{\omega_1'}{2} & 1\end{matrix}\right\}=\left\{\begin{matrix}\frac{N}{2}-1 & \frac{N}{2} & N-1\\ \frac{N}{2}-1 & \frac{N}{2} & 1\end{matrix}\right\}=\sqrt{\frac{N-2}{(N^2-1)(N+2)}}. \tag{4.38}$$

此外, 还需要根据式 (4.14) 计算约化矩阵元. 此时, 约化矩阵元为

$$\langle\omega_1'||\hat{D}_1||\omega_1\rangle=\langle N-2||\hat{D}||N\rangle=\frac{N+1}{\sqrt{N-1}}. \tag{4.39}$$

因此, 矩阵元 m_{12} 的具体表达式可写为

$$\begin{aligned}m_{12}=&(-)(N_1)(N+1)\left\{\begin{matrix}\frac{N}{2} & \frac{N}{2}-1 & N-1\\ \frac{N}{2} & \frac{N}{2}-1 & 1\end{matrix}\right\}\times\langle N_2|D_1|N\rangle\cdot\langle N|D_2|N-2\rangle\\=&-(N^2-1)\cdot\frac{N-2}{(N^2-1)(N+2)}\cdot\frac{1}{2}\sqrt{\frac{4(N+1)(N-1)}{N+1}}\cdot\frac{1}{2}\sqrt{\frac{4(N+1)(N+1)}{N-1}}\\=&-N.\end{aligned} \tag{4.40}$$

同理, 可以求得其他的全部矩阵元.

整个 M 矩阵为

$$\begin{pmatrix}N & -N & -2\sqrt{N}\\ -N & N & -2\sqrt{N}\\ -2\sqrt{N} & -2\sqrt{N} & 4N\end{pmatrix}. \tag{4.41}$$

对更多的振动态, 可用程序进行数值计算.

4.4.2 计算程序的几点说明

(1) 在前述理论的基础上, 可用程序实现对具体分子的数值计算. 在程序中, 为了方便计算各子群的 Casimir 算子的矩阵元, 可采用所谓的约化 Casimir 算子, 即

$$C_1 = C(O_1(4)) - N_1(N_1+2), \tag{4.42}$$

$$C_2 = C(O_2(4)) - N_2(N_2+2), \tag{4.43}$$

$$C_{12} = C(O_{12}(4)) - N_{12}(N_{12}+2) - (N_{12}+1)\left(\frac{C_1}{N_1+1} + \frac{C_2}{N_2+1}\right). \tag{4.44}$$

(2) 在求解分子的代数 Hamilton 量 $\mathcal{H}$ 的特征值时, 由前面的论述知, 只有 Majorana 算子的矩阵元是非对角的. 由上一节得到的它的矩阵元的公式知, 该矩阵是一个实对称矩阵. 因此, 这为其对角化带来了极大的方便. 在程序中, 选择了计算方便, 算法稳定且收敛快的 Jacobi 方法计算其特征值. 同时, 该方法已有非常可靠的子程序可供选用[8].

(3) 在拟合实验数据求展开系数时, 实则是求病态方程组的解. 为了取得这样方程组的高精度解, 可分为两步: 第一步利用 Doolittle 方法, 求解系数矩阵为非奇异的线性代数方程组 $\boldsymbol{A}\cdot\boldsymbol{X} = \boldsymbol{b}$. 并且该方法能同时计算 $\boldsymbol{A}$ 的行列式的值, 它能串联地逐次解 $\boldsymbol{A}$ 相同而 $\boldsymbol{b}$ 不同的方程组, 并且便于主程序改进解的近似值. 第二步, 为提高上述解的精度, 利用迭代法来改善第一步得到的解而求得其高精度解.

4.5 弯曲三原子分子的振动能级的计算

按照前面几节的讨论, 应用代数 Hamilton 量具体计算三原子分子的振动高激发态能谱. 为方便计, 把代数量子数转换成通常的振动量子数, 其关系是[2]

$$\begin{cases} \omega_1 = N_1 - 2v_a, \\ \omega_2 = N_2 - 2v_c, \\ \tau_1 = N_{12} - 2v - k, \\ \tau_2 = k, \end{cases} \tag{4.45}$$

其中 $N_{12} = N_1 + N_2$, $v = v_a + v_b + v_c$, v_a 和 v_c 分别表示三原子分子两个键的伸缩振动量子数, v_b 表示分子的弯曲振动量子数.k 具有通常的意义[9]. 在本章, 不考虑分子的转动, 只考虑分子的振动能谱, 因而量子数 k 与分子的振动能级无关.

另外, 这里只考虑一般的三原子分子, 可选取 $A'_{12} = 2A_{12}$.

为提高拟合效率, 可先估算代数 Hamilton 量展开式中的主要展开系数的取值. 其中 N 值的计算已在 3.3 节中由式 (3.44) 给出. 下面说明展开系数 A_1, A_2 和 A_{12} 的估算.

为此, 考虑如下的三个态: $|v_a, v_c, v_b\rangle = |100\rangle$, $|010\rangle$, $|001\rangle$. 即 $v_a + v_b + v_c = 1$ 的态. 这样考虑包含上述系数的代数 Hamilton 量是

$$\mathcal{H} = A_1C_1 + A_2C_2 + A_{12}C_{12} + \bar{A}_{12}C'_{12}. \tag{4.46}$$

则

$$\begin{aligned} E(100) &= \langle 100|\mathcal{H}|100\rangle \\ &= A_1\langle 100|C_1|100\rangle + A_2\langle 100|C_2|100\rangle + A_{12}\langle 100|C_{12}|100\rangle. \end{aligned} \tag{4.47}$$

对 $|100\rangle$ 态, 即 $v_a = 1$, $v_b = 0$, $v_c = 0$ 有 $\omega_1 = N_1 - 2$, $\omega_2 = N_2$, $\tau_1 = N_2 - 2$, $\tau_2 = 0$ 由此可得到其矩阵元如下:

$$\langle 100|C_1|100\rangle = (N_1 - 2)(N_1 - 2 + 2) - N_1(N_1 + 2) = -4N_1, \tag{4.48}$$

$$\langle 100|C_2|100\rangle = (N_2)(N_2 + 2) - N_2(N_2 + 2) = 0, \tag{4.49}$$

$$\begin{aligned} \langle 100|C_{12}|100\rangle &= \tau_1(\tau_1 + 2) - N_{12}(N_{12} + 2) - (N_{12} + 1)\left(\frac{-4N_1}{N_1 + 1} + 0\right) \\ &= (N_{12} - 2)N_{12} - N_{12}(N_{12} + 2) + (N_1 + 1 + N_2)\frac{4N_1}{N_1 + 1} \\ &= -4N_{12} + 4\frac{N_1}{N_1 + 1}(N_1 + 1 + N_1) \\ &= -4N_{12} + 4N_1\left(1 + \frac{N_2}{N_1 + 1}\right) \\ &\simeq -4N_{12} + 4(N_1 + N_2) \\ &= 0. \end{aligned} \tag{4.50}$$

因此

$$E(100) = -4A_1N_1.$$

同理, 可得到

$$E(001) = -4A_2N_2.$$

对 $|010\rangle$ 态, 有 $v_a = 0$, $v_c = 0$, $v_b = 1$ 即 $\omega_1 = N_1$, $\omega_2 = N_2$, $\tau_1 = N_{12} - 2$, $\tau_2 = 0$, 则

$$\langle 010|C_1|010\rangle = 0, \quad \langle 010|C_2|010\rangle = 0,$$

$$\langle 010|C_{12}|010\rangle = (N_{12} - 2)(N_{12} - 2 + 2) - N_{12}(N_{12} + 2) = -4N_{12}. \tag{4.51}$$

因此

$$E(010) = \langle 010|\mathcal{H}|010\rangle = -4A_{12}N_{12}, \tag{4.52}$$

所以

$$A_1 = -\frac{E(100)}{4N_1},\quad A_2 = -\frac{E(010)}{4N_1},\quad A_{12} = -\frac{E(001)}{4N_{12}}. \tag{4.53}$$

考虑对称弯曲三原子分子情况, 有 $N_1 = N_2 = N$, 相应的 Hamilton 量可以写成

$$\begin{aligned}\mathcal{H} = {} & A(C_1 + C_2) + BC_{12} + \lambda M_{12} + x_1(C_1^2 + C_2^2) + x_2 C_{12}^2 \\ & + x_3 C_1 * C_2 + x_4(C_1 + C_2) * C_{12} + x_5(C_1 + C_2) * M_{12} \\ & + x_6 C_{12} * M_{12} + y_1(C_1^3 + C_2^3) + y_2 C_{12}^3 + y_3(C_1^2 + C_2^2) * M_{12} + y_4 C_{12}^2 * M_{12} + \cdots .\end{aligned} \tag{4.54}$$

在考虑到变换关系式 (4.45) 后, 三原子分子的振动能谱可以写成

$$\begin{aligned}E(v_a, v_b, v_c, \kappa) = {} & -4Av_a(N_1 + 1 - v_a) - 4Av_b(N_2 + 1 - v_b) \\ & -4B(v_a + v_b + v_c)(N_1 + N_2 - v_a - v_b - v_c) + \cdots .\end{aligned} \tag{4.55}$$

应用式 (4.55) 具体计算 H_2O, H_2S, SO_2, O_3, NO_2 等弯曲分子的振动高激发态能级之前, 对每个分子的 N 的取值进行估算. 结果列于表 4.1。

表 4.1 N 值的估算

分子	ω_e	$\omega_e \chi_e$	$\frac{\omega_e}{\omega_e \chi_e}$	N
H-O	3737.76	84.881	44.0	42
H-S	2711.6	59.9	45.3	43
S-O	1123.7	6.116	184	182
O-O	1050	15	70	68
N-O	1904	14.075	136	134

有关计算结果简要分述如下.

1. H_2O 分子

H_2O 分子是一个典型的三原子分子, 有丰富的实验数据. 首先把上述理论用于该分子[10]. 在具体的数值拟合中, 选取 48 条谱线. 用这 48 条谱线拟合所得的展开系数列于表 4.2 中. 拟合的 RMS 误差是 2.87cm^{-1}. 在表中给出了当取 Casimier 算子的线性项 (拟合 1)、部分二次项 (拟合 2) 和部分三次项 (拟合 3) 时的拟合系数. 依据所拟合的代数 Hamilton 量, 计算了总量子数达 15 的振动能级. 由该数据, 作成相应的能级图, 如图 4.3 所示.

表 4.2 H_2O 和 H_2S 分子代数 Hamilton 的拟合系数[10]

系数	H_2O			H_2S		
	拟合 1	拟合 2	拟合 3	拟合 1	拟合 2	拟合 3
N	36	36	46	40	40	40
A	−0.252595(+2)	−0.252920(+2)	−0.197975(+2)	−0.164460(+2)	−0.163180(+2)	−0.163160(+2)
B	−0.477679(+1)	−0.483077(+1)	−0.375944(+1)	−0.391124(+1)	−0.374195(+1)	−0.376096(+1)
λ	0.192059(+1)	0.138111(+1)	0.114845(+1)	−0.299926(+0)	−0.159791(+0)	−0.185762(+0)
x_1		−0.165775(−3)	−0.210155(−3)		0.979649(−4)	0.102194(−3)
x_2		0.934748(−4)	0.902589(−5)		0.935218(−4)	0.262186(−4)
x_3		0.161847(−2)	0.778913(−3)		0.115870(−2)	0.117045(−2)
x_4		0.643457(−3)	0.220606(−3)		0.213393(−3)	0.183309(−3)
x_5			0.447181(−4)			−0.286770(−4)
x_6			−0.368427(−4)			−0.488376(−4)
y_1			0.305589(−6)			−0.393342(−7)
y_2			0.936954(−7)			0.496485(−8)

注：表中除 N 的单位量纲为一外, 其余各系数单位为 cm^{-1}.

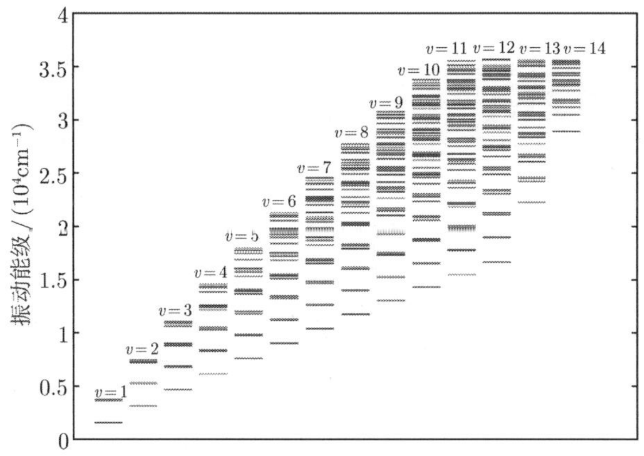

图 4.3 分子 H_2O 分子振动能级

在表 4.3 中, 列出了计算的部分能级和实验能级.

表 4.3 H_2O 分子部分振动能级

v_1	v_2	v_3	实验值/cm^{-1}	计算值/cm^{-1}	误差 δ^*/cm^{-1}	v_1	v_2	v_3	实验值/cm^{-1}	计算值/cm^{-1}	误差 δ^*/cm^{-1}
0	1	0	1594.75	1594.10	−0.041	0	6	2		16218.80	
0	2	0	3151.63	3154.70	0.097	1	9	0		16514.90	
1	0	0	3675.04	3660.10	−0.407	3	4	0		16533.30	
0	0	1	3755.92	3753.90	−0.054	2	4	1		16539.40	
0	3	0	4666.81	4680.10	0.285	0	9	1		16573.80	
1	1	0	5234.98	5237.10	0.405	0	12	0		16648.80	

续表

v_1	v_2	v_3	实验值/cm^{-1}	计算值/cm^{-1}	误差 δ^*/cm^{-1}	v_1	v_2	v_3	实验值/cm^{-1}	计算值/cm^{-1}	误差 δ^*/cm^{-1}
0	1	1	5331.24	5328.40	−0.533	1	4	2		16803.90	
0	4	0	6134.03	6168.80	0.567	2	2	2		16826.30	
1	2	0	6775.10	6780.20	0.075	3	2	1	16821.63	16827.20	0.033
0	2	1	6871.52	6868.60	−0.043	5	0	0	16898.40	16901.10	0.016
2	0	0	7201.54	7204.40	0.040	4	0	1	16898.80	16901.20	0.016
1	0	1	7249.82	7246.20	−0.050	0	4	3		16948.50	
0	0	2	7445.07	7447.30	0.030	4	2	0	17227.70	17226.50	−0.007
0	5	0	7552.00	7619.60	0.895	1	2	3	17312.5	17311.40	−0.006
1	3	0	8273.97	8287.80	0.167	2	7	0		17335.70	
0	3	1	8373.85	8372.60	−0.015	1	7	1		17358.60	
2	1	0	8761.58	8763.00	0.016	3	0	2	17458.2	17460.70	0.014
1	1	1	8807.00	8802.80	−0.048	2	0	3	17495.5	17493.70	−0.010
0	1	2	9000.14	9002.00	0.021	0	2	4		17535.20	
0	6	0		9031.50		0	7	2		17542.70	
1	4	0		9758.10		1	10	0		17742.50	
0	4	1	9833.58	9839.00	0.055	1	0	4		17745.00	
2	2	0	10284.40	10287.20	0.027	0	10	1		17797.00	
1	2	1	10328.72	10324.60	−0.040	3	5	0		17920.10	
0	7	0		10403.50		2	5	1		17925.20	
0	2	2	10524.30	10521.50	−0.027	0	0	5		17968.10	
3	0	0	10599.66	10599.20	−0.004	1	5	2		18191.60	
2	0	1	10613.41	10609.20	−0.040	4	3	0		18269.20	
1	0	2	10868.86	10869.90	0.010	3	3	1	18265.8	18270.00	0.023
0	0	3	11032.40	11038.90	0.059	0	5	3		18328.50	
1	5	0		11190.10		5	1	0		18397.30	
0	5	1		11266.80		4	1	1	18393.3	18397.40	0.022
0	8	0		11735.10		2	8	0		18623.30	
2	3	0		11775.10		1	8	1		18643.30	
1	3	1	11813.19	11809.80	−0.029	2	3	2		18673.20	
0	3	2		12004.20		1	3	3		18752.00	
3	1	0	12139.20	12137.60	−0.010	0	8	2		18825.10	
2	1	1	12151.26	12146.70	−0.038	1	11	0		18927.90	
1	1	2	12407.64	12407.90	0.002	3	1	2		18959.50	
0	1	3		12572.10		0	3	4		18970.90	
1	6	0		12582.50		0	11	1		18978.10	
0	6	1		12654.80		2	1	3		18989.40	
0	9	0		13025.70		1	1	4		19239.50	
2	4	0	13194.00	13225.10	0.236	3	6	0		19265.80	
1	4	1		13256.90		2	6	1		19270.00	
0	4	2		13448.70		0	1	5		19455.90	
3	2	0	13642.20	13640.60	−0.012	1	6	2		19538.60	

续表

v_1	v_2	v_3	实验值/cm^{-1}	计算值/cm^{-1}	误差 δ^*/cm^{-1}	v_1	v_2	v_3	实验值/cm^{-1}	计算值/cm^{-1}	误差 δ^*/cm^{-1}
2	2	1		13648.70		0	6	3		19667.40	
4	0	0	13828.30	13827.70	−0.004	4	4	0		19672.30	
3	0	1	13830.92	13829.10	−0.013	3	4	1		19673.00	
1	2	2	13910.80	13910.70	−0.001	6	0	0		19828.20	
1	7	0		13934.50		5	0	1	19781.10	19828.20	0.238
0	7	1		14002.40		5	2	0		19856.20	
0	2	3	14066.19	14069.10	0.021	4	2	1		19856.20	
2	0	2	14221.10	14222.40	0.009	2	9	0		19868.50	
0	10	0		14275.00		1	9	1		19885.90	
1	0	3	14318.80	14317.80	−0.007	0	9	2		20065.60	
0	0	4	14536.87	14549.90	0.090	2	4	2		20080.80	
2	5	0		14635.90		1	4	3		20153.00	
1	5	1	14640.00	14664.70	0.169	0	4	4		20366.80	
0	5	2		14853.90		3	2	2		20421.50	
3	3	0	15107.00	15106.40	−0.004	2	2	3		20448.10	
2	3	1	15119.03	15113.50	0.037	4	0	2		20539.50	
1	8	0		15245.50		3	0	3	20543.10	20545.50	0.012
0	8	1		15308.90		3	7	0		20569.50	
4	1	0	15344.50	15345.20	0.005	2	7	1		20573.00	
3	1	1	15347.95	15346.30	−0.011	1	2	4		20697.30	
1	3	2		15376.60		1	7	2		20844.10	
0	11	0		15482.80		2	0	4		20894.10	
0	3	3		15528.30		0	2	5		20905.80	
2	1	2	15742.80	15742.20	−0.004	0	7	3		20964.70	
1	1	3		15832.80		4	5	0		21034.50	
2	6	0		16006.40		3	5	1		21035.00	
1	6	1		16032.20		1	0	5		21041.10	
0	1	4		16061.00		2	10	0		21071.10	

$*\ \delta = \dfrac{(\text{Cal.} - \text{Obs.})}{\text{Obs.}} \times 100$, 其中 Cal. 和 Obs. 分别表示计算值和实验值.

2. H_2S 分子

对 H_2S 分子, 选取 29 条实验谱线拟合. 采取与 H_2O 分子类似的拟合步骤. 拟合的代数 Hamilton 量系数列于表 4.2 中, 拟合的 RMS 误差是 1.18cm^{-1}. 由此代数 Hamilton 量, 计算了总振动量子数达 16 的能级, 其相应的能级图如图 4.4 所示.

限于本书的篇幅, 具体的振动能级的数值, 不在此列出, 可参看文献 [10].

3. SO_2 分子

对 SO_2 分子, 选取 30 条谱线的实验振动能级, 拟合了两次. 第一次拟合是取线性项和部分二次项, 共 9 个系数. 第二次拟合则在第一次拟合的基础上再加上部分三次项, 共 13 个系数. 两次拟合 SO_2 分子 30 条能级的均方根误差分别是 2.56cm^{-1}, 1.66cm^{-1}. 计算表明, 上述代数 Hamilton 量很好地再现了分子的振动能级. 用该式计算的 SO_2 分子振动量子数达 10 的高激发振动态能级, 画成了能级图, 如图 4.5 所示.

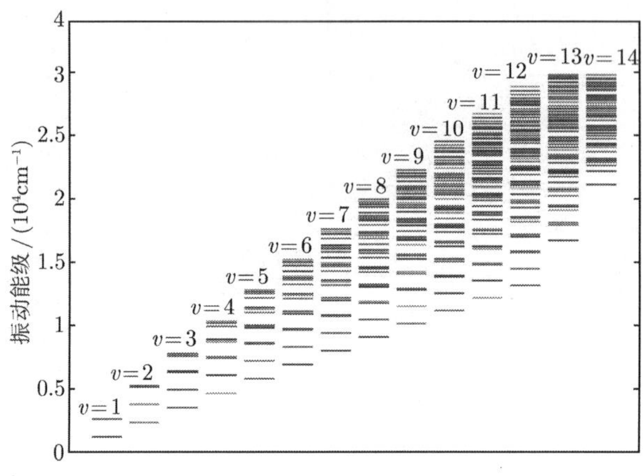

图 4.4　H_2S 分子振动能级

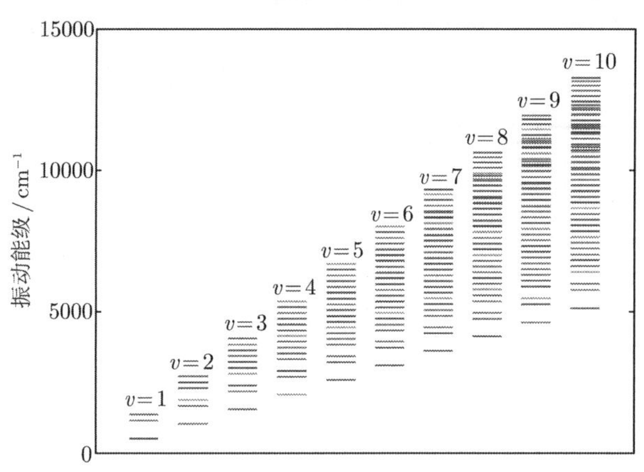

图 4.5　SO_2 分子振动能级

具体的能级数据, 参考相应的参考文献 [11], 这里不再具体列出.

4. O_3 分子

应用式 (4.8) 具体计算了 O_3 的振动能级[12]. 对该分子选取 30 条谱线的能级拟合了两次. 第一次拟合是取线性项和部分二次项, 共 9 个系数. 第二次拟合则在第一次拟合的基础上再加上部分三次项, 共 13 个系数. 用该式计算的 O_3 分子振动量子数达 9 的全部高激发振动态能级, 同时根据计算结果画成了能级图, 如图 4.6

所示.

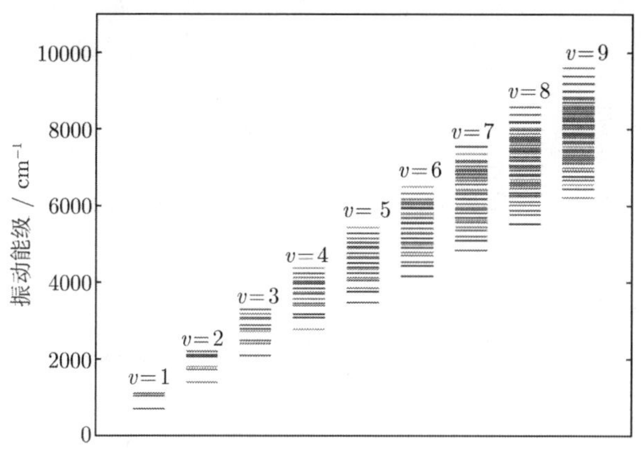

图 4.6 O_3 分子振动能级

总之, 代数 Hamilton 量展开式 (4.8), 能很好地再现分子的振动能级. 从对上述分子振动能级的拟合可以看出：三个线性项的系数比二次项的系数大 $3\sim5$ 个量级. 同样, 三次项的系数也比二次项的系数小 $3\sim5$ 个量级. 因此, 随展开项幂次的增加, 其贡献迅速减小. 所以, 在应用该 Hamilton 量处理其他问题, 如势能面时, 取到二次项甚至线性项即可. 这在一定程度上给利用代数 Hamilton 量处理其他问题带来了方便.

4.6 线性三原子分子振动能级的计算

与 4.5 节类似, 对线性三原子分子, 把代数量子数转换成一般意义上的量子数, 其关系如下：

$$\begin{cases} \omega_1 = N_1 - 2v_1, \\ \omega_2 = N_2 - 2v_3, \\ \tau_1 = N_{12} - 2v_1 - 2v_3 - v_2, \\ \tau_2 = l, \end{cases} \tag{4.56}$$

其中 v_1, v_3 为伸缩振动, 弯曲振动标记为 v_2^l, 分子的振动态记为 (v_1, v_2^l, v_3).

同样, 首先考虑展开系数的估算：对 A_1 和 A_2 的估算同上节, 即

$$\begin{aligned} A_1 &= -\frac{E(10^00)}{4N_1}, \\ A_2 &= -\frac{E(00^01)}{4N_2}. \end{aligned} \tag{4.57}$$

下面对 A_{12} 的估算作出说明.

对 A_{12} 的估算, 在线性分子的情况下, 可选择两个态: $|02^00\rangle$ 和 $|01^10\rangle$.

对 $|02^00\rangle$ 态:

$\omega_1 = N_1$, $\omega_2 = N_2$, $\tau_1 = N_{12} - 2$, $\tau_2 = 0$ 则

$$\begin{aligned}\langle 02^00|C_1|02^00\rangle &= 0,\\ \langle 02^00|C_2|02^00\rangle &= 0.\end{aligned} \tag{4.58}$$

因此, 可得到

$$\begin{aligned}\langle 02^00|C_{12}|02^00\rangle &= \tau_1(\tau_1+2)+\tau_2-N_{12}(N_{12}+2)\\ &= (N_{12}-2)N_{12}-N_{12}(N_{12}+2)\\ &= -4N_{12}.\end{aligned} \tag{4.59}$$

由此, 可以算得 $E(02^00) = -4N_{12}A_{12}$, 其中 $A_{12} = -\dfrac{E(02^00)}{4N_{12}}$.

对 $|01^10\rangle$ 态:

$\omega_1 = N_1$, $\omega_2 = N_2$, $\tau_1 = N_{12} - 1$, $\tau_2 = 1$, 则

$$\begin{aligned}\langle 01^10|C_1|01^10\rangle &= 0,\\ \langle 01^10|C_2|01^10\rangle &= 0.\end{aligned} \tag{4.60}$$

所以

$$\begin{aligned}\langle 01^10|C_{12}|01^10\rangle &= \tau_1(\tau_1+2)+\tau_2-N_{12}(N_{12}+2)\\ &= (N_{12}^2-1)+1-N_{12}(N_{12}+2)\\ &= -4N_{12}.\end{aligned} \tag{4.61}$$

由此, 可以得到 $E(01^10) = -4N_{12}A_{12}$, 其中 $A_{12} = -\dfrac{E(01^10)}{4N_{12}}$.

考虑到式 (4.56), 对线性分子的振动能级可以写成

$$\begin{aligned}E(v_a,v_b,v_c,l_b) =& -4A_1v_a(N_1+1-v_a)-4A_2v_b(N_2+1-v_b)\\ &-4B(v_a+v_b+v_c)(N_1+N_2-v_a-v_b-v_c)+\cdots.\end{aligned} \tag{4.62}$$

对每一分子的 N 的估算值, 列于表 4.4.

表 4.4 N 值的估算

分子	ω_e	$\omega_e\chi_e$	$\dfrac{\omega_e}{\omega_e\chi_e}$	N
H-C	2858.5	63.02	45.0	43
C-N	2068.59	13.087	158.0	156
O-C	2169.81	13.29	163.0	161
C-S	1285.08	6.46	199 0	197
N-N	2358.57	14.324	165.0	163

应用式 (4.62), 对具体线性分子的应用分述如下.

1. OCS 分子

用代数 Hamilton 量研究线性三原子分子 OCS 的振动高激发态[13], 拟合的 Hamilton 量系数列于表 4.5.

表 4.5 OCS 分子的拟合系数

系数	拟合 1	拟合 2	拟合 3
N_1	197	197	197
N_2	161	161	161
A_1	−0.13849856(1)	−0.12676766(1)	−0.12355506(1)
A_2	−0.34948077(1)	−0.34109522(1)	−0.33799542(1)
B	−0.13313660(1)	−0.11090172(1)	−0.10441729(1)
λ	−0.12069997(1)	−0.76883112	−0.63855083
x_1		−0.32720025(−5)	−0.38636022(−5)
x_1'		−0.87706764(−5)	0.11922860(−4)
x_2		0.23886376(−5)	0.69540463(−5)
x_3		0.10042164(−4)	0.34539568(−4)
x_4		−0.27509321(−5)	−0.24516373(−5)
x_4'		−0.49743682(−5)	0.38070214(−4)
x_5			−0.13334768(−5)
x_5'			0.41096583(−4)
x_6			0.43787335(−5)

注: 除 N_1, N_2 的单位量纲为一外, 其余各系数单位为 cm^{-1}.

应用该拟合系数, 所计算的 OCS 分子的振动能级列在表 4.6 中. 作为比较, 在表中也同时给出了有关能级的实验值.

表 4.6 分子 OCS 的计算振动能级 (及相关实验值)[13]

v_1	$v_2^{l_2}$	v_3	实验值/cm^{-1}	计算值/cm^{-1}	v_1	$v_2^{l_2}$	v_3	实验值/cm^{-1}	计算值/cm^{-1}
1	0^0	0	859.00	858.90	4	2^0	0	4391.40	4389.20
0	2^0	0	1047.00	1046.70	3	4^0	0		4583.80
0	0^0	1	2062.10	2061.80	2	6^0	0		4807.40
2	0^0	0	1711.10	1710.90	1	8^0	0		5059.20
1	2^0	0	1892.20	1892.50	0	10^0	0		5338.70
0	4^0	0	2104.80	2104.30	4	0^0	1	5445.00	5446.80
1	0^0	1	2918.10	2918.10	3	2^0	1	5602.5	5604.00
0	2^0	1	3095.60	3095.40	2	4^0	1	5792.00	5793.80
0	0^0	2	4101.40	4100.70	1	6^0	1		6013.30
3	0^0	0	2556.00	2556.10	0	8^0	1		6261.50
2	2^0	0	2731.40	2731.50	3	0^0	2		6639.40
1	4^0	0	2937.20	2937.50	2	2^0	2	6791.60	6792.80

续表

v_1	$v_2^{l_2}$	v_3	实验值/cm^{-1}	计算值/cm^{-1}	v_1	$v_2^{l_2}$	v_3	实验值/cm^{-1}	计算值/cm^{-1}
0	6^0	0	3170.60	3172.40	1	4^0	2		6979.30
2	0^0	1	3768.50	3767.70	0	6^0	2		7195.90
1	2^0	1	3937.40	3938.30	2	0^0	3		7808.30
0	4^0	1	4141.20	4140.30	1	2^0	3		7959.60
1	0^0	2	4953.90	4953.50	0	4^0	3		8144.10
0	2^0	2	5121.00	5121.10	1	0^0	4		8957.80
0	0^0	3	6117.60	6117.80	0	2^0	4		9108.50
4	0^0	0	3394.00	3394.50	0	0^0	5		10091.80
3	2^0	0	3564.50	3563.70	2	8^0	0		5861.20
2	4^0	0	3762.80	3764.00	1	10^0	0		6135.00
1	6^0	0		3993.20	5	0^0	1		6276.30
0	8^0	0		4250.60	4	2^0	1		6426.90
3	0^0	1	4609.90	4610.60	0	12^0	0		6436.30
2	2^0	1	4773.20	4774.50	3	4^0	1		6610.70
1	4^0	1	4970.40	4970.40	2	6^0	1		6824.40
0	6^0	1	5196.00	5195.80	4	0^0	2		7472.40
2	0^0	2	5801.90	5799.80	3	2^0	2		7618.70
1	2^0	2	5959.30	5960.30	0	8^0	2		8248.90
0	4^0	2	6154.70	6153.10	3	0^0	3		8643.70
1	0^0	3	6966.20	6966.30	2	2^0	3		8787.60
0	2^0	3		7125.10	1	4^0	3		8965.50
0	0^0	4		8114.50	0	6^0	3		9174.00
5	0^0	0	4224.90	4226.20	1	2^0	4		9937.60
0	4^0	4		10114.40	1	3^1	2	6466.10	6466.60
1	0^0	5		10929.00	0	5^1	2		6671.50
0	2^0	5		11072.50	1	1^1	3	7457.40	7459.40
0	0^0	6		12050.90	0	3^1	3		7631.40
0	1^1	0	520.40	520.30	0	1^1	4		8608.10
1	1^1	0		1372.60	0	2^2	0		1040.40
0	3^1	0	1573.40	1572.60	1	2^2	0		1886.00
0	1^1	1	2575.30	2575.50	0	4^2	0		2098.10
2	1^1	0		2217.90	0	2^2	1		3088.90
1	3^1	0	2412.20	2412.00	2	2^2	0		2724.80
0	5^1	0	2635.60	2635.50	1	4^2	0		2931.10
1	1^1	1	3424.10	3424.90	0	6^2	0		3166.20
0	3^1	1	3615.40	3614.80	1	2^2	1		3931.50
0	1^1	2	4607.10	4607.70	0	4^2	1		4133.80
3	1^1	0	3057.10	3056.50	0	2^2	2	5113.20	5114.30
2	3^1	0	3245.30	3244.70	3	2^2	0		3556.80
1	5^1	0		3462.50	2	4^2	0	3759.70	3757.40
0	7^1	0		3708.70	1	6^2	0		3986.90

续表

v_1	$v_2^{l_2}$	v_3	实验值/cm^{-1}	计算值/cm^{-1}	v_1	$v_2^{l_2}$	v_3	实验值/cm^{-1}	计算值/cm^{-1}
2	1^1	1	4266.30	4267.60	0	8^2	0		4244.50
1	3^1	1	4450.80	4451.30	2	2^2	1		4767.50
0	5^1	1	4666.10	4665.10	1	4^2	1		4963.70
1	1^1	2	5452.50	5453.50	0	6^2	1		5189.40
0	3^1	2	5634.20	5634.00	1	2^2	2	5952.10	5953.20
0	1^1	3	6615.80	6618.10	0	4^2	2		6146.40
4	1^1	0	3889.60	3888.20	0	2^2	3		7118.10
3	3^1	0		4070.60	0	3^3	0		1560.10
2	5^1	0		4282.70	1	3^3	0		2399.20
1	7^1	0		4523.40	0	5^3	0		2623.20
0	9^1	0		4791.90	0	3^3	1		3601.90
3	1^1	1		5103.60	2	3^3	0		3231.50
2	3^1	1	5280.50	5281.00	1	5^3	0		3449.80
1	5^1	1		5488.90	0	7^3	0		3696.40
0	7^1	1		5725.80	1	3^3	1		4437.80
2	1^1	2	6290.2	6292.60	0	5^3	1		4652.30

由此代数 Hamilton 量计算的 Σ, Π, Δ 和 Φ 能级列于表中.

2. N_2O 分子

对 N_2O 分子, 选取 35 条实验谱线拟合. 拟合的 RMS 误差是 0.63cm^{-1}. 拟合所得的展开系数, 列于表 4.7.

表 4.7 N_2O 分子代数 Hamilton 量的拟合系数 *[14]

系数	拟合 1	拟合 2
N_1	163	163
N_2	134	134
A_1	−0.218760(+1)	−0.222117(+1)
A_2	−0.439265(+1)	−0.442727(+1)
A_{12}	−0.988381(+0)	−0.986591(+0)
λ	−0.965942(+0)	−0.111122(+1)
x_1	0.229956(−5)	−0.454124(−5)
x_1'	−0.570477(−5)	−0.235841(−4)
x_2	0.371252(−5)	0.659602(−5)
x_3	−0.688676(−4)	−0.928486(−4)
x_4	0.787541(−5)	0.300531(−5)
x_4'	−0.396813(−4)	−0.430258(−4)
x_5		−0.157312(−4)
x_5'		−0.326418(−4)
x_6		−0.425635(−5)

续表

系数	拟合 1	拟合 2
y_1		0.150085(−9)
y_1'		−0.817403(−9)
y_2		0.307026(−9)

* 除 N_1, N_2 的单位量纲为一外, 其余各系数的单位为 cm^{-1}.

由代数 Hamilton 量式 (4.62), 计算了总振动量子数达 16 的能级, 其具体数值结果因篇幅不列出, 有兴趣的读者可参看参考文献 [14].

4.7 三原子分子的振转能级

在前面的章节中, 主要讨论了分子的振动能级的计算, 没有考虑分子的转动. 事实上, 分子所属的动力学群链式 (4.6) 和式 (4.7) 包含分子的转动信息. 这一节讨论三原子分子的振转相互作用, 建立描写三原子分子振转能级的代数 Hamilton.

4.7.1 振转相互作用

由于产生分子转动的算符是分子角动量, 因此, 描写分子振转相互作用由描写分子的坐标和动量算符以及包含在其中的角动量算符的指数次幂给出. 通常, 由于分子坐标的对称性, 在分子振转相互作用项中, 分子的坐标和动量算符只以偶次幂出现. 这里, 只讨论分子坐标 (动量) 和角动量均是平方的相互作用, 即考虑 l 型耦合情况. 其相互作用可写成

$$h_{2,2} = V_0 + V, \tag{4.63}$$

其中

$$\begin{aligned} V_0 &= p_{11}V_{0,11} + P_{22}V_{0,22} + p_{12}V_{0,12}, \\ V &= q_{11}V_{2,11} + q_{22}V_{2,22} + q_{12}V_{2,12}, \end{aligned} \tag{4.64}$$

$p_{11}, p_{22}, p_{12}, q_{11}, q_{22}, q_{12}$ 是展开系数.

相互作用算符的定义如下:

$$V_{L,\alpha\beta} = \left[\left[\hat{D}_\alpha \otimes \hat{D}_\beta\right]^{(L)} \otimes \left[\hat{J} \otimes \hat{J}\right]^{(L)}\right]_0^{(0)}, \tag{4.65}$$

其中, 偶极算符 $\hat{D}$, 角动量算符 $\hat{J}$ 可参见第 3 章. 式 (4.65) 的 Racah 系数的表达式是

$$\left[T^{(\kappa_1)} \otimes T^{(\kappa_2)}\right]_M^{(L)} = \sum_{\mu,\nu} \langle \kappa_1\mu\kappa_2\nu | LM \rangle T_\mu^{(\kappa_1)} T_\nu^{(\kappa_2)}. \tag{4.66}$$

同时, 由于算符厄米性的限制, 上式中 L 的取值只能是偶数. 另外, 考虑到偶极算符 $\hat{D}$ 的性质, 有 $L = 0, 2$。

4.7.2 矩阵元的计算

振动部分的矩阵元的计算已在前面的章节中给出, 这里只给出关于振转部分的矩阵元. 同样, 振转部分的算符在基式 (4.15) 下的矩阵元可以利用角动量 Racah 代数计算得到. 以 $V_{2,12}$ 为例, 其表达式是

$$\begin{aligned}&\left\langle \omega_1,\omega_2,\tau_1,\tau_2,J,M\left|\left[\left[\hat{D}_1\otimes\hat{D}_2\right]^{(2)}\otimes\left[\hat{J}\otimes\hat{J}\right]^{(L)}\right]_0^{(0)}\right|\omega_1',\omega_2',\tau_1',\tau_2',J',M'\right\rangle\\&=J(J+1)(2J+1)\left\{\begin{matrix}1&1&2\\J&J&J\end{matrix}\right\}\frac{1}{2J+1}\cdot\mathcal{X},\end{aligned}\tag{4.67}$$

其中 $\mathcal{X}$ 是约化矩阵元,

$$\mathcal{X}=\left\langle \omega_1,\omega_2,\tau_1,\tau_2,J,M\left\|\left[\hat{D}_1\otimes\hat{D}_2\right]^{(2)}\right\|\omega_1',\omega_2',\tau_1',\tau_2',J',M'\right\rangle.\tag{4.68}$$

4.7.3 项值方程

通过上面的分析知, 振转相互作用可以分为对角项和非对角项. 在局域基式 (4.15) 下, 对角矩阵元由其所属群链子群的 Casimir 算子给出. 而对于非对角项, 由 Majorana 和上面的公式给出.

考虑到分子振转相互作用后, 分子的振转能级可以写成

$$E(v_a,v_b^{l_b},v_c,J)=G_{[v]}(v_a,v_b^{l_b},v_c)+B_{[v]}J(J+1)+D_{[v]}J^2(J+1)^2\pm qJ(J+1),\tag{4.69}$$

其中

$$\begin{aligned}G_{[v]}(v_a,v_b^{l_b},v_c)&=E_0+A_1C_1+A_2C_2+A_{12}C_{12},\\B_{[v]}&=B+A_1'C_1+A_2'C_2+A_{12}'C_{12},\\D_{[v]}&=D+A_1''C_1+A_2''C_2+A_{12}''C_{12}.\end{aligned}\tag{4.70}$$

由于 Casimir 算子 C_1, C_2 和 C_{12} 都是振动量子数的二次多项式, 考虑到在某些情况下的振转相互作用, 其振动项高阶项对能级的贡献较小时, $B_{[v]}$ 和 $D_{[v]}$ 可视为常数.

4.8 小　　结

由上面的计算可知: 用较少的几个展开系数, 给出了分子振动的代数 Hamilton 量, 该 Hamilton 量能正确地再现分子的振动能级, 因而它可以正确地描述分子的

真实情形. 在第 5 章, 应用该代数 Hamilton 量, 研究分子的全势能面. 此外, 用该代数 Hamilton 量, 还可以计算分子在外场激发下的跃迁概率等.

需要说明的是, 在上述计算的振动高激发态中, 还是沿用了对振动态标记的标准的标记方法, 但是对振动高激发态, 这种标记可能不再很合适. 对此, 似乎采用类似于 ATMO 而用多重数标记较好[15].

在本章中, 给出了几个典型分子的具体例子. 有关其他三原子分子的高激发振动能级以及振转能级的计算没有具体列出, 读者可参文献 [16]~[20].

参 考 文 献

[1] Van Roosmalen O S, Iachello F, et al. Algebraic approach to molecular rotation-vibration spectra. II. Triatomic molecules. J. Chem. Phys., 1983, 79: 2515

[2] Iachello F, Levine R D. Algebraic Theory of Molecules. Oxford: Oxford University Press, 1994

[3] Frank A, Van Isacker P. Algebraic methods in Molecular and Nuclear Structure Physic. New York: John Wiley & Sons Ltd, 1994

[4] Wybourne B G. Classical groups for physicists. New York: John Wiley & Sons Ltd, 1974

[5] Racah G. Theory of Complex Spectra IV. Phys. Rev., 1949, 76: 1352

[6] Edmonds A R. Unitary symmetry in theories of elementary particles: the reduction of products of representations of the groups U(3) and SU(3). Proc. Roy. Soc. (Lond), A, 1962, 268: 567

[7] Oss S. Algebraic models in molecular spectroscopy. Adv. Chem. Phys., 1996, 93: 455

[8] 何光渝. FORTRAN77 算法手册. 北京: 科学出版社, 1993

[9] Herberg G. Molecular Spectra and Moleclar Structure Vol.2, Infrared and Raman Spectra of Polyatomic Molecules. New York: van Nostrand Reinhold, 1945

[10] Zheng Y, Ding S. Algebraic description of stretching and bending vibrational spectra of H_2O and H_2S. J. Mol. Spectro., 2000, 201: 109

[11] Zheng Y, Ding S. Theoretical study of highly vibrational states of nonlinear triatomic molecules using Lie algebraic approach. Science in China. (B), 2000, 43: 99

[12] 郑雨军, 丁世良. 动力学对称群方法对三原子分子高激发振动态的理论研究. 物理学报, 1999, 48: 0438

[13] Zheng Y, Ding S. Vibrational spectra of HCN and OCS from second-order expansion of the U(4)XU(4) algebra. Phys. Lett. A, 1999, 256: 197

[14] Zheng Y, Ding S. Highly excited vibrational levels of triatomic molecule N_2O: U(4) algebraic model. Int. J. Quantum Chem., 2007, 107: 1008

[15] Choi S E, Light J C. Determination of the bound and quasibound states of Ar-HCl van der Waals complex: discrete variable representation method. J. Chem. Phys., 1990, 92: 2129

[16] Meng Q, Zheng Y, Ding S. Lie algebraic approach to Fermi resonance levels of CS_2 and CO_2. Int. J. Quantum Chem., 2001, 81: 154

[17] Meng Q, Guan D, Ding S. The application of Lie algebraic method to the calculation of the rotational spectra for linear triatomic molecules. J. Mol. Struc.(Theochem), 2002, 582: 61

[18] Meng Q, Guan D, Ding S. Lie algebraic description of the rotational spectra of linear triatomic molecules: application to CS_2. Chem. Phys., 2001, 265: 113

[19] Meng Q, Yi X, Guan D. A Lie group method for molecular rovibrational spectra via the broken symmetry of U(r)(2)U(υ)(4). Int. J. Quantum Chem., 2001, 83: 53

[20] Meng Q, D Guan, Ding S. Application of Lie algebraic method to the calculation of rotational spectra for Linear triatomic molecules. Science in China, 2001, 44: 571

第 5 章　分子势能面

在前面几章中, 着重讨论了代数方法计算三原子分子振动高激发态能级及其相关的问题. 但是, 从一般的观点来看, 就会有一个问题：在计算这些分子的振动高激发态时, 所用到的分子的势能面是什么样子的？的确, 在用代数方法计算这些分子的振动高激发态时, 并没有明显地给出这些分子的势能面. 其实势能面的有关信息已暗含在第 3 章有关的代数公式中了. 事实上, 在用代数方法计算分子的振动能级时, 并不必明显地给出分子的势能面. 尽管如此, 由于分子的势能面, 特别是解析势能面在分子动力学等有关计算中起着重要的作用, 还是希望能给出分子势能面的明晰形式. 因此, 这也是构造分子势能面的一种方法. 既然代数方法能很好地给出分子的振动谱, 可以直接研究其反问题而得到相应的势能面. 原则上, 可以用非紧群得到包含光谱的连续部分. 但是, 从已得到的代数的式子中, 考虑动力学对称性 (Lie 代数) 的经典极限后, 而得到经典的相互作用即势能面则更为有效.

5.1　一个例子

在具体计算三原子分子的势能面之前, 为了便于理解, 本节以二维谐振子为例, 说明由代数 Hamilton 得到经典相互作用的一些问题.

在 3.1 节中, 已经证明了二维谐振子具有 $U(2)$ 动力学对称性. 现在, 设有二维谐振子的代数形式 (二次量子化) 的 Hamilton 量如下：

$$\mathcal{H} = \alpha^\dagger\alpha + \beta^\dagger\beta. \tag{5.1}$$

在陪集空间中, 对应 $U(2)$ 代数的相干态为[1]

$$|z\rangle = (N!)^{-\frac{1}{2}}\left[z\alpha^\dagger + (1-z^*z)^{\frac{1}{2}}\beta^\dagger\right]^N|0\rangle, \tag{5.2}$$

其中 $|0\rangle$ 是真空态, 并已经考虑到了总的玻色子数守恒, 即 $\alpha^\dagger\alpha + \beta^\dagger\beta = 1$.

注意到产生算符与湮灭算符对真空态的作用

$$\begin{cases} {\alpha^\dagger}^n|0\rangle = \sqrt{n!}|n\rangle, \\ \alpha^\dagger|n\rangle = \sqrt{n+1}|n\rangle, \end{cases} \tag{5.3}$$

后, 把相干态作如下展开:

$$
\begin{aligned}
|z\rangle &= (N!)^{-\frac{1}{2}}[z\alpha^\dagger + (1-z^*z)^{\frac{1}{2}}\beta^\dagger]^N|0\rangle \\
&= (N!)^{-\frac{1}{2}}\sum_{k=0}^{N}\frac{N!}{k!(N-k)!}(z\alpha^\dagger)^{N-k}\left\{(1-z^*z)^{\frac{1}{2}}\beta^\dagger\right\}^k|0\rangle \\
&= \sum_{k=0}^{N}\left[\frac{N!}{k!(N_k)!}\right]^{\frac{1}{2}} z^{N-k}(1-z^*z)^{\frac{1}{2}k}|N-k\rangle_\alpha|k\rangle_\beta.
\end{aligned}
\tag{5.4}
$$

同样, 其相应的共轭展开为

$$
\langle z| = \sum_{k=0}^{N}\left[\frac{N!}{k!(N_k)!}\right]^{\frac{1}{2}} z^{N-k}(1-z^*z)^{\frac{1}{2}k}\langle N-k|_\alpha\langle k|_\beta. \tag{5.5}
$$

定义对应代数 Hamilton 的经典极限如下:

$$
\mathcal{H}_{cl} = \langle z|\mathcal{H}|z\rangle, \tag{5.6}
$$

也就是说对代数 Hamilton 量取相干态的平均值, 就是相应 Hamilton 的经典极限.

考虑到式 (5.3)~ 式 (5.5), 代数 Hamilton 量在相干态下的平均值是

$$
\begin{aligned}
\mathcal{H}_{cl} &= \langle z|H|z\rangle \\
&= \langle z|\alpha^\dagger\alpha + 1|z\rangle \\
&= \sum_{l=0}^{N}\left[\frac{N!}{l!(N-l)!}\right]^{\frac{1}{2}} z^{N-l}(1-z^*z)^{\frac{1}{2}l}\langle N-l|_\alpha\langle l|_\beta \\
&\quad\cdot\sum_{k=0}^{N}\left[\frac{N!}{k!(N_k)!}\right]^{\frac{1}{2}}(N-k)z^{N-k}(1-z^*z)^{\frac{1}{2}k}|N-k\rangle_\alpha|k\rangle_\beta + 1 \\
&= \sum_{l,k=0}^{N}\left[\frac{(N!)^2}{k!l!(N-k)!(N-l)!}\right]^{\frac{1}{2}}(N-k){z^*}^{N-k}z^{N-k} \\
&\quad\cdot(1-z^*z)^{\frac{l+k}{2}}\langle N-l|N-k\rangle\langle l|k\rangle + 1 \\
&= \sum_{k=0}^{N}\frac{N!}{k!(N-k)!}(N-k)(z^*z)^{N-k}(1-z^*z)^k + 1 \\
&= Nz^*z\sum_{k=0}^{N-1}\frac{(N-1)!}{k!(N-1-k)!}(z^*z)^{N-1-k}(1-z^*z)^k + 1 \\
&= Nz^*z + 1.
\end{aligned}
\tag{5.7}
$$

为了把代数 Hamilton 量的经典极限式 (5.7) 转化为通常所熟悉的形式, 引进如下的正则变换:

$$
z = \frac{1}{\sqrt{2N}}(\boldsymbol{q} + \mathrm{i}\boldsymbol{p}), \quad z^* = \frac{1}{\sqrt{2N}}(\boldsymbol{q} - \mathrm{i}\boldsymbol{p}), \tag{5.8}
$$

把上述变换代入式 (5.7) 后, 得

$$\mathcal{H}_{cl} = \frac{1}{2}(\boldsymbol{p}^2 + \boldsymbol{q}^2). \tag{5.9}$$

相应的势函数定义为

$$V = \mathcal{H}_{cl}(\boldsymbol{p} = 0, \boldsymbol{q}) = \frac{1}{2}\boldsymbol{q}^2. \tag{5.10}$$

如令 $\boldsymbol{q}^2 = x^2 + y^2$, 则有

$$V(x, y) = \frac{1}{2}(x^2 + y^2). \tag{5.11}$$

此即二维谐振子势 (自然单位).

另外, 该问题也可以从另外一个角度考虑:

由玻色子算符对易关系, 两端同时除以 N, 得到

$$\left[\frac{\alpha}{\sqrt{N}}, \frac{\alpha^\dagger}{\sqrt{N}}\right] = \frac{1}{N}, \quad \left[\frac{\beta}{\sqrt{N}}, \frac{\beta^\dagger}{\sqrt{N}}\right] = \frac{1}{N}. \tag{5.12}$$

为此, 引进两个复数 z_1 和 z_2, 其定义如下:

$$\begin{aligned} z_1 &= \frac{\alpha}{\sqrt{N}}, \quad z_1^* = \frac{\alpha^*}{\sqrt{N}}, \\ z_2 &= \frac{\beta}{\sqrt{N}}, \quad z_2^* = \frac{\beta^*}{\sqrt{N}}. \end{aligned} \tag{5.13}$$

同样, 引进正则变量

$$\begin{aligned} z_1 &= \frac{q_1 + \mathrm{i}p_1}{\sqrt{2}}, \quad z_1^* = \frac{q_1 - \mathrm{i}p_1}{\sqrt{2}}, \\ z_2 &= \frac{q_2 + \mathrm{i}p_2}{\sqrt{2}}, \quad z_2^* = \frac{q_2 - \mathrm{i}p_2}{\sqrt{2}}. \end{aligned} \tag{5.14}$$

重复上面的定义, 也同样得到二维谐振子势

$$V(q_1, q_2) = \frac{1}{2}(q_1^2 + q_2^2). \tag{5.15}$$

5.2 稳定三原子分子的势能面

在 5.1 节, 以简单的谐振子为例说明了用相干态对代数 Hamilton 量求平均值后, 可以求得经典极限形式的 Hamilton 量, 继而得到势能面. 同时, 用扩展玻色子算符 (intensive boson operators) 也得到了相同的结果. 显然, 后者要比前者方便得多.

可以通过研究代数结构几何空间的反问题而得到势能面. 在数学上, 代数结构的几何空间称为陪集空间. 从代数结构出发, 可以得到玻色子算符的经典极限. 但是, 按照 Gilmore [1] 所引入的扩展玻色子算符求得经典 Hamilton 量至少在 $1/N$ 的量级上是与用相干态对代数 Hamilton 量求平均值所得的经典 Hamilton 量是一致的. Benjamin 等[2] 和 Cooper 等[3] 把该方法用于 $U(2)$ 代数模型, 得到了一维情形下的三原子分子的势能面.

5.2.1 扩展玻色子算符

按照 Gilmore 的建议[1], 可把玻色子算符写成如下的形式:

$$\left[\frac{\sigma_i}{\sqrt{N_i}}, \frac{\sigma_i^\dagger}{\sqrt{N_i}}\right] = \frac{1}{N_i}, \qquad i = 1, 2, \tag{5.16}$$
$$\left[\frac{\pi_{ir}}{\sqrt{N_i}}, \frac{\pi_{is}^\dagger}{\sqrt{N_i}}\right] = \frac{1}{N_i}\delta_{rs}, \qquad r, s = x, y, z.$$

在极限 $N_i \longrightarrow \infty$ 下, 上述对易关系中的算符就成为可对易的. 由此, 可以引进两个复数 η_i 和 ξ_i, 分别对应于标量算符 σ_i 和矢量算符 π_i. 其定义为[1, 4]

$$\eta_i = \frac{1}{\sqrt{N_i}}\sigma_i, \tag{5.17}$$
$$\xi_i = \frac{1}{\sqrt{N_i}}\pi_i.$$

其相应的共轭量是

$$\eta_i^* = \frac{1}{\sqrt{N_i}}\sigma_i^\dagger, \tag{5.18}$$
$$\xi_i^* = \frac{1}{\sqrt{N_i}}\pi_i^\dagger.$$

由于复数 η_i 有一个不定的相因子, 因此总可以把 η_i 选为非负的实数. 因此

$$\begin{aligned} N_i &= n_{\sigma_i} + n_{\pi_i} \\ &= [\sigma_i^\dagger \times \tilde{\sigma}_i]_0^{(0)} - \sqrt{3}[\pi_i^\dagger \times \tilde{\pi}_i]_0^{(0)} \\ &= \sigma_i^\dagger\sigma_i + \pi_i^\dagger \cdot \pi_i. \end{aligned} \tag{5.19}$$

因为总玻色子数守恒, 由上式可得

$$\eta_i = \sqrt{1 - \xi_i \cdot \xi_i^*}. \tag{5.20}$$

引入如下的正则变换, 就可以得到熟悉的形式

$$\xi_i = \frac{1}{\sqrt{2}}(\boldsymbol{q}_i + \mathrm{j}\boldsymbol{p}_i), \quad \xi_i^* = \frac{1}{\sqrt{2}}(\boldsymbol{q}_i - \mathrm{j}\boldsymbol{p}_i), \quad \mathrm{j} = \sqrt{-1}. \tag{5.21}$$

由此, 考虑到式 (5.21), 可得到如下的关系式

$$\sigma_i = \sqrt{N_i}\eta_i = \left[N_i\left(1 - \frac{\boldsymbol{p}_i^2 + \boldsymbol{q}_i^2}{2}\right)\right]^{\frac{1}{2}}, \tag{5.22}$$

$$\sigma_i^{\dagger} = \sqrt{N_i}\eta_i^* = \left[N_i\left(1 - \frac{\boldsymbol{p}_i^2 + \boldsymbol{q}_i^2}{2}\right)\right]^{\frac{1}{2}}, \tag{5.23}$$

$$\pi_i = \sqrt{N_i}\xi_i = \sqrt{\frac{N_i}{2}}\left(\boldsymbol{q}_i + \mathrm{j}\boldsymbol{p}_i\right), \tag{5.24}$$

$$\pi_i^{+} = \sqrt{N_i}\xi_i^* = \sqrt{\frac{N_i}{2}}\left(\boldsymbol{q}_i - \mathrm{j}\boldsymbol{p}_i\right). \tag{5.25}$$

5.2.2　代数 Hamilton 量

由第 4 章对三原子分子振动高激发态的计算知：在用三原子分子所属动力学对称性各子群的 Casimir 算子表示的代数 Hamilton 量中, 一次幂 Casimir 算子的系数比二次幂的系数大 $3 \sim 5$ 个量级, 同样, 三次幂的系数也比二次幂的系数小 $3 \sim 5$ 个量级. 因此, 随展开项幂次的增高, 其贡献而迅速减小. 为了简明, 在本章讨论构造分子势能面的问题时, 只考虑代数 Hamilton 量中 Casimir 算子的一次幂, 即从如下的代数 Hamilton 量出发来构造三原子分子的势能面：

$$\mathcal{H} = A_1C_1 + A_2C_2 + A_{12}C_{12}^{(1)} + A_{12}'C_{12}^{(2)} + \lambda M_{12}. \tag{5.26}$$

如前所述, C_1 和 C_2 分别是子群 $O_1(4)$ 和 $O_2(4)$ 的 Casimir 算子; $C_{12}^{(1)}$ 和 $C_{12}^{(2)}$ 分别是子群 $O_{12}(4)$ 的两个 Casimir 算子. M_{12} 是 Majorana 算子, 其明显的表达式如下：

$$\begin{aligned} M_{12} = {} & [\pi_1^{\dagger} \times \sigma_2^{\dagger} - \sigma_1^{\dagger} \times \pi_2^{\dagger}]^{(1)} \cdot [\tilde{\pi}_1 \times \tilde{\sigma}_2 - \tilde{\sigma}_1 \times \tilde{\pi}_2]^{(1)} \\ & + 2[\pi_1^{\dagger} \times \pi_2^{\dagger}]^{(1)} \cdot [\tilde{\pi}_1 \times \tilde{\pi}_2]^{(1)}. \end{aligned} \tag{5.27}$$

另外, 角动量算符和偶极子算符用玻色子算符可表示如下 (参见表 3.1)：

$$J_{i\mu}^{(1)} = \sqrt{2}[\pi_i^{\dagger} \times \tilde{\pi}_i]_{\mu}^{(1)}, \tag{5.28}$$

$$D_{i\mu}^{(1)} = [\pi_i^{+} \times \tilde{\sigma}_i + \sigma_i^{+} \times \tilde{\pi}_i]_{\mu}^{(1)}. \tag{5.29}$$

把上式代入式 (5.26), 就得到如下代数 Hamilton 量的明显形式:

$$\begin{aligned} \mathcal{H} = {} & (A_1 + A_{12})\left\{\left[(\pi_1^{\dagger} \times \tilde{\sigma}_1 + \sigma_1^{\dagger} \times \tilde{\pi}_1)_k^{(1)}\right]^2 + \left[\sqrt{2}(\pi_1^{\dagger} \times \tilde{\pi}_1)_k^{(1)}\right]^2\right\} \\ & + (A_2 + A_{12})\left\{\left[(\pi_2^{\dagger} \times \tilde{\sigma}_2 + \sigma_2^{\dagger} \times \tilde{\pi}_2)_k^{(1)}\right]^2 + \left[\sqrt{2}(\pi_2^{\dagger} \times \tilde{\pi}_2)_k^{(1)}\right]^2\right\} \end{aligned}$$

$$
\begin{aligned}
&+2A_{12}\left\{(\pi_1^\dagger\times\tilde{\sigma}_1+\sigma_1^\dagger\times\tilde{\pi}_1)_k^{(1)}\cdot(\pi_2^\dagger\times\tilde{\sigma}_2+\sigma_2^\dagger\times\tilde{\pi}_2)_k^{(1)}\right.\\
&\left.+(\sqrt{2}\pi_1^\dagger\times\tilde{\pi}_1)_k^{(1)}\cdot(\sqrt{2}\pi_2^\dagger\times\tilde{\pi}_2)_k^{(1)}\right\}\\
&+\overline{A}_{12}\left\{\left[(\pi_1^\dagger\times\tilde{\sigma}_1+\sigma_1^\dagger\times\tilde{\pi}_1)_k^{(1)}+(\pi_2^\dagger\times\tilde{\sigma}_2+\sigma_2^\dagger\times\tilde{\pi}_2)_k^{(1)}\right]\right.\\
&\left.\cdot\left[(\sqrt{2}\pi_1^\dagger\times\tilde{\pi}_1)_k^{(1)}+(\sqrt{2}\pi_2^\dagger\times\tilde{\pi}_2)_k^{(1)}\right]\right\}\\
&+\lambda\left\{(\pi_1^\dagger\times\sigma_2^\dagger-\sigma_1^\dagger\times\pi_2^\dagger)_k^{(1)}\cdot(\tilde{\pi}_1\times\tilde{\sigma}_2-\tilde{\sigma}_1\times\tilde{\pi}_2)_k^{(1)}\right.\\
&\left.+2(\pi_1^\dagger\times\pi_2^\dagger)_k^{(1)}\cdot(\tilde{\pi}_1\times\tilde{\pi}_2)_k^{(1)}\right\}\\
&+B\left[(\sqrt{2}\pi_1^\dagger\times\tilde{\pi}_1)_k^{(1)}+(\sqrt{2}\pi_2^\dagger\times\tilde{\pi}_2)_k^{(1)}\right]^2.
\end{aligned}
\tag{5.30}
$$

5.2.3 代数 Hamilton 量的经典极限

很明显, 由玻色子算符表示的代数 Hamilton 量式 (5.30) 没有明显的动能和势能的形式. 按照前面所述的方法, 本节讨论如何获得它的经典极限. 由于 Casimir 算子可用 $\boldsymbol{J}_i$ 和 $\boldsymbol{D}_i$ 表达出来, 为此, 首先考虑角动量算符和偶极子算符的经典极限.

在第 3 章给出了角动量算符 $\boldsymbol{J}_i$ 用玻色子算符表示的一种形式, 根据张量算符的标准计算方法, 还可以得到它的另外一种表示形式. 其表示如下

$$
\boldsymbol{J}=-\mathrm{i}(\pi^\dagger\times\pi). \tag{5.31}
$$

同样, 也可以得到偶极子算符 $\boldsymbol{D}_i$ 用玻色子算符表示的形式

$$
\boldsymbol{D}=\pi^\dagger\sigma+\sigma^\dagger\pi. \tag{5.32}
$$

由 5.2.1 节得到的玻色子算符的经典极限, 可以求出角动量 $\boldsymbol{J}_i$ 和偶极子算符 $\boldsymbol{D}_i$ 的经典极限如下:

$$
\begin{aligned}
\boldsymbol{J}_i&=-\mathrm{j}\left(\pi_i^\dagger\times\pi_i\right)\\
&=-\mathrm{j}\sqrt{\frac{N_i}{2}}(\boldsymbol{q}_i-\mathrm{j}\boldsymbol{p}_i)\times\sqrt{\frac{N_i}{2}}(\boldsymbol{q}_i+\mathrm{j}\boldsymbol{p}_i)\\
&=-\mathrm{j}\frac{N_i}{2}(-\mathrm{j}\boldsymbol{p}_i\times\boldsymbol{q}_i+\mathrm{j}\boldsymbol{q}_i\times\boldsymbol{p}_i)\\
&=N_i\boldsymbol{q}_i\times\boldsymbol{p}_i,
\end{aligned}
\tag{5.33}
$$

该表达式与经典力学中对角动量的定义是一样的.

另外,

$$\begin{aligned}\boldsymbol{D}_i &= \pi_i^\dagger\sigma_i + \sigma_i^\dagger\pi_i \\ &= \left[N_i\left(1-\frac{\boldsymbol{p}_i^2+\boldsymbol{q}_i^2}{2}\right)\right]^{\frac{1}{2}}\left[\sqrt{\frac{N_i}{2}}\left(\boldsymbol{q}_i-\mathrm{j}\boldsymbol{p}_i\right)+\sqrt{\frac{N_i}{2}}\left(\boldsymbol{q}_i+\mathrm{j}\boldsymbol{p}_i\right)\right] \\ &= N_i\left(2-\boldsymbol{p}_i^2-\boldsymbol{q}_i^2\right)^{\frac{1}{2}}\boldsymbol{q}_i.\end{aligned} \tag{5.34}$$

为了计算的明了性, 把代数 Hamilton 量重新写成如下的形式:

$$\begin{aligned}\mathcal{H} = &(A_1+A_{12})\left(\boldsymbol{D}_1^2+\boldsymbol{J}_1^2\right)+(A_2+A_{12})\left(\boldsymbol{D}_2^2+\boldsymbol{J}_2^2\right)+2A_{12}\left(\boldsymbol{D}_1\cdot\boldsymbol{D}_2+\boldsymbol{J}_1\cdot\boldsymbol{J}_2\right) \\ &+\bar{A}_{12}\left(\boldsymbol{D}_1+\boldsymbol{D}_2\right)\cdot\left(\boldsymbol{J}_1+\boldsymbol{J}_2\right)+B(\boldsymbol{J}_1+\boldsymbol{J}_2)^2+\lambda M_{12}.\end{aligned} \tag{5.35}$$

下面分别计算上述代数 Hamilton 量中各项所对应的经典极限:

$$\begin{aligned}\boldsymbol{D}_1^2+\boldsymbol{J}_1^2 &= 2N_1^2\left(1-\frac{\boldsymbol{p}_1^2+\boldsymbol{q}_1^2}{2}\right)^2\boldsymbol{q}_1^2+\left[-\mathrm{j}\sqrt{\frac{N_1}{2}}(\boldsymbol{q}_1+\mathrm{j}\boldsymbol{p}_1)\times\sqrt{\frac{N_1}{2}}(\boldsymbol{q}_1+\mathrm{j}\boldsymbol{p}_1)\right]^2 \\ &= N_1^2\left(2-\boldsymbol{p}_1^2-\boldsymbol{q}_1^2\right)\boldsymbol{q}_1^2+N_1^2\left(\boldsymbol{q}_1\times\boldsymbol{p}_1\right)^2.\end{aligned} \tag{5.36}$$

同样可求出其他各项的经典极限的形式如下:

$$\boldsymbol{D}_2^2+\boldsymbol{J}_2^2 = N_2^2\left(2-\boldsymbol{p}_2^2-\boldsymbol{q}_2^2\right)\boldsymbol{q}_2^2+N_2^2\left(\boldsymbol{q}_2\times\boldsymbol{p}_2\right)^2. \tag{5.37}$$

$$\begin{aligned}\boldsymbol{D}_1\cdot\boldsymbol{D}_2+\boldsymbol{J}_1\cdot\boldsymbol{J}_2 &= \left[N_1N_2\left(1-\frac{\boldsymbol{p}_1^2+\boldsymbol{q}_1^2}{2}\right)\left(1-\frac{\boldsymbol{p}_2^2+\boldsymbol{q}_2^2}{2}\right)\right]^{\frac{1}{2}}\sqrt{4N_1N_2}\boldsymbol{q}_1\cdot\boldsymbol{q}_2 \\ &\quad+N_1N_2\left(\boldsymbol{q}_1\times\boldsymbol{p}_1\right)\cdot\left(\boldsymbol{q}_1\times\boldsymbol{p}_1\right) \\ &= N_1N_2\left[\left(2-\boldsymbol{p}_1^2-\boldsymbol{q}_1^2\right)\left(2-\boldsymbol{p}_2^2-\boldsymbol{q}_2^2\right)\right]^{\frac{1}{2}}\boldsymbol{q}_1\cdot\boldsymbol{q}_2 \\ &\quad+N_1N_2\left(\boldsymbol{q}_1\times\boldsymbol{p}_1\right)\cdot\left(\boldsymbol{q}_2\times\boldsymbol{p}_2\right),\end{aligned} \tag{5.38}$$

$$\begin{aligned}(\boldsymbol{D}_1+\boldsymbol{D}_2)\cdot(\boldsymbol{J}_1+\boldsymbol{J}_2) &= \left[N_1\left(2-\boldsymbol{p}_1^2-\boldsymbol{q}_1^2\right)^{\frac{1}{2}}\boldsymbol{q}_1+N_2\left(2-\boldsymbol{p}_2^2-\boldsymbol{q}_2^2\right)^{\frac{1}{2}}\right] \\ &\quad\cdot\left[N_1\left(\boldsymbol{q}_1\times\boldsymbol{p}_1\right)+N_2\left(\boldsymbol{q}_2\times\boldsymbol{p}_2\right)\right] \\ &= N_1N_2\left(2-\boldsymbol{p}_2^2-\boldsymbol{q}_2^2\right)^{\frac{1}{2}}\boldsymbol{q}_2\cdot\left(\boldsymbol{q}_1\times\boldsymbol{p}_1\right) \\ &\quad+N_1N_2\left(2-\boldsymbol{p}_1^2-\boldsymbol{q}_1^2\right)^{\frac{1}{2}}\boldsymbol{q}_1\cdot\left(\boldsymbol{q}_2\times\boldsymbol{p}_2\right),\end{aligned} \tag{5.39}$$

$$
\begin{aligned}
(\boldsymbol{J}_1+\boldsymbol{J}_2)^2 &= (N_1\boldsymbol{q}_1\times\boldsymbol{p}_1+N_2\boldsymbol{q}_2\times\boldsymbol{p}_2)^2\\
&= N_1^2\left(\boldsymbol{q}_1\times\boldsymbol{p}_1\right)^2+N_2^2\left(\boldsymbol{q}_2\times\boldsymbol{p}_2\right)^2\\
&\quad +2N_1N_2\left(\boldsymbol{q}_1\times\boldsymbol{p}_1\right)\cdot\left(\boldsymbol{q}_2\times\boldsymbol{p}_2\right).
\end{aligned}
\tag{5.40}
$$

在计算 Majorana 算子的经典极限时, 首先注意到 $\pi_1^\dagger\cdot\tilde{\pi}_2=\sum\limits_q \pi_{1q}^\dagger\pi_{2q}$ 然后把张量乘积展开再计算. 具体计算结果如下:

$$
\begin{aligned}
M_{12} &= \left[\pi_1^\dagger\times\sigma_2^\dagger-\sigma_1^\dagger\times\pi_2^\dagger\right]^{(1)}\cdot\left[\tilde{\pi}_1\times\tilde{\sigma}_2-\tilde{\sigma}_1\times\tilde{\pi}_2\right]^{(1)}+2\left[\pi_1^\dagger\times\pi_2^\dagger\right]^{(1)}\cdot\left[\tilde{\pi}_1\times\tilde{\pi}_2\right]^{(1)}\\
&= \pi_1^\dagger\cdot\tilde{\pi}_1\sigma_2^2-\sigma_1\sigma_2\pi_2^\dagger\cdot\tilde{\pi}_1-\sigma_1\sigma_2\pi_1^\dagger\cdot\tilde{\pi}_2+\sigma_1^2\pi_2^\dagger\cdot\tilde{\pi}_2\\
&\quad +2\left[(\pi_1^\dagger\cdot\tilde{\pi}_1)(\pi_2^\dagger\cdot\tilde{\pi}_1)-(\pi_1^\dagger\cdot\tilde{\pi}_2)(\pi_2^\dagger\cdot\tilde{\pi}_1)\right]\\
&= \frac{N_1}{2}(\boldsymbol{q}_1-\mathrm{j}\boldsymbol{p}_1)\cdot(\boldsymbol{q}_2-\mathrm{j}\boldsymbol{p}_2)\cdot N_2\left(1-\frac{\boldsymbol{p}_2^2+\boldsymbol{q}_2^2}{2}\right)\\
&\quad -\left[N_1N_2\left(1-\frac{\boldsymbol{p}_1^2+\boldsymbol{q}_1^2}{2}\right)\left(1-\frac{\boldsymbol{p}_2^2+\boldsymbol{q}_2^2}{2}\right)\right]^{\frac{1}{2}}\frac{\sqrt{N_1N_2}}{2}(\boldsymbol{q}_2-\mathrm{j}\boldsymbol{p}_2)\cdot(\boldsymbol{q}_1+\mathrm{j}\boldsymbol{p}_1)\\
&\quad -\left[N_1N_2\left(1-\frac{\boldsymbol{p}_1^2+\boldsymbol{q}_1^2}{2}\right)\left(1-\frac{\boldsymbol{p}_2^2+\boldsymbol{q}_2^2}{2}\right)\right]^{\frac{1}{2}}\frac{\sqrt{N_1N_2}}{2}(\boldsymbol{q}_1-\mathrm{j}\boldsymbol{p}_1)\cdot(\boldsymbol{q}_2+\mathrm{j}\boldsymbol{p}_2)\\
&\quad +N_1\left(1-\frac{\boldsymbol{p}_1^2+\boldsymbol{q}_1^2}{2}\right)\frac{N_2}{2}(\boldsymbol{q}_2-\mathrm{j}\boldsymbol{p}_2)^2\\
&\quad +\frac{1}{2}N_1N_2(\boldsymbol{q}_1-\mathrm{j}\boldsymbol{p}_1)\cdot(\boldsymbol{q}_1+\mathrm{j}\boldsymbol{p}_1)(\boldsymbol{q}_2-\mathrm{j}\boldsymbol{p}_2)\cdot(\boldsymbol{q}_2+\mathrm{j}\boldsymbol{p}_2)\\
&\quad -\frac{1}{2}N_1N_2(\boldsymbol{q}_1-\mathrm{j}\boldsymbol{p}_1)\cdot(\boldsymbol{q}_2+\mathrm{j}\boldsymbol{p}_2)(\boldsymbol{q}_2-\mathrm{j}\boldsymbol{p}_2)\cdot(\boldsymbol{q}_1+\mathrm{j}\boldsymbol{p}_1)\\
&= \frac{1}{4}N_1N_2\left(2-\boldsymbol{p}_2^2-\boldsymbol{q}_2^2\right)\left(\boldsymbol{q}_1^2+\boldsymbol{p}_1^2\right)+\frac{1}{4}N_1N_2\left(2-\boldsymbol{p}_1^2-\boldsymbol{q}_1^2\right)\left(\boldsymbol{q}_2^2+\boldsymbol{p}_2^2\right)\\
&\quad -\frac{1}{2}N_1N_2\left[\left(2-\boldsymbol{p}_1^2-\boldsymbol{q}_1^2\right)\left(2-\boldsymbol{p}_2^2-\boldsymbol{q}_2^2\right)\right]^{\frac{1}{2}}(\boldsymbol{q}_1\cdot\boldsymbol{q}_2+\boldsymbol{p}_1\cdot\boldsymbol{p}_2)\\
&\quad +\frac{1}{2}N_1N_2\left[(\boldsymbol{q}_1\times\boldsymbol{q}_2-\boldsymbol{p}_1\times\boldsymbol{p}_2)^2+(\boldsymbol{q}_1\times\boldsymbol{p}_2+\boldsymbol{p}_1\times\boldsymbol{q}_2)^2\right].
\end{aligned}
\tag{5.41}
$$

在上面的计算中, 使用了矢量积公式:

$$
(\boldsymbol{a}\times\boldsymbol{b})\cdot(\boldsymbol{c}\times\boldsymbol{d})=(\boldsymbol{a}\cdot\boldsymbol{c})(\boldsymbol{b}\cdot\boldsymbol{d})-(\boldsymbol{a}\cdot\boldsymbol{d})(\boldsymbol{b}\cdot\boldsymbol{c}).
$$

把上面计算的每一项值, 代入到代数 Hamilton 量式 (5.35) 中, 整理后得到代数 Hamilton 量的经典极限 $H_{cl}(\boldsymbol{q}_1,\boldsymbol{q}_2,\boldsymbol{p}_1,\boldsymbol{p}_2)$ 如下[5, 6]:

$$
\begin{aligned}
\mathcal{H}_{cl}(\boldsymbol{q}_1,\boldsymbol{p}_1,\boldsymbol{q}_2,\boldsymbol{p}_2)=&(A_1+A_{12})\Big[N_1^2(2-\boldsymbol{p}_1^2-\boldsymbol{q}_1^2)\boldsymbol{q}_1^2+N_1^2(\boldsymbol{q}_1\times\boldsymbol{p}_1)^2\Big]\\
&+(A_2+A_{12})\Big[N_2^2(2-\boldsymbol{p}_2^2-\boldsymbol{q}_2^2)\boldsymbol{q}_2^2+N_2^2(\boldsymbol{q}_2\times\boldsymbol{p}_2)^2\Big]\\
&+2A_{12}\Big\{\Big[N_1N_2(2-\boldsymbol{p}_1^2-\boldsymbol{q}_1^2)(2-\boldsymbol{p}_2^2-\boldsymbol{q}_1^2)\Big]^{\frac{1}{2}}\boldsymbol{q}_1\cdot\boldsymbol{q}_2\\
&+N_1N_2(\boldsymbol{q}_1\times\boldsymbol{p}_1)\cdot(\boldsymbol{q}_2\times\boldsymbol{p}_2)\Big\}\\
&+\overline{A}_{12}\Big[N_1N_2(2-\boldsymbol{p}_2^2-\boldsymbol{q}_2^2)^{\frac{1}{2}}\boldsymbol{q}_2\cdot(\boldsymbol{q}_1\times\boldsymbol{p}_1)\\
&+N_1N_2(2-\boldsymbol{p}_1^2-\boldsymbol{q}_1^2)^{\frac{1}{2}}\boldsymbol{q}_1\cdot(\boldsymbol{q}_2\times\boldsymbol{p}_2)\Big]\\
&+B\Big[N_1^2(\boldsymbol{q}_1\times\boldsymbol{p}_1)^2+N_2^2(\boldsymbol{q}_2\times\boldsymbol{p}_2)^2\\
&+2N_1N_2(\boldsymbol{q}_1\times\boldsymbol{p}_1)\cdot(\boldsymbol{q}_2\times\boldsymbol{p}_2)\Big]\\
&+\lambda\Big\{\frac{1}{4}N_1N_2(2-\boldsymbol{p}_2^2-\boldsymbol{q}_2^2)(\boldsymbol{q}_1^2+\boldsymbol{p}_1^2)\\
&+\frac{1}{4}N_1N_2(2-\boldsymbol{p}_1^2-\boldsymbol{q}_1^2)(\boldsymbol{q}_2^2+\boldsymbol{p}_2^2)\\
&-\frac{1}{2}N_1N_2\left[(2-\boldsymbol{p}_1^2-\boldsymbol{q}_1^2)(2-\boldsymbol{p}_2^2-\boldsymbol{q}_2^2)\right]^{\frac{1}{2}}(\boldsymbol{q}_1\cdot\boldsymbol{q}_2+\boldsymbol{p}_1\cdot\boldsymbol{p}_2)\\
&+\frac{1}{2}N_1N_2\left[(\boldsymbol{q}_1\times\boldsymbol{q}_2-\boldsymbol{p}_1\times\boldsymbol{p}_2)^2+(\boldsymbol{q}_1\times\boldsymbol{p}_2+\boldsymbol{p}_1\times\boldsymbol{q}_2)^2\right]\Big\}.
\end{aligned}
\tag{5.42}
$$

5.2.4 势能面

在式 (5.21) 中所引入的正则坐标 $\boldsymbol{q}_i$ 和正则动量 $\boldsymbol{p}_i$ 满足 Hamilton 正则方程

$$
\dot{\boldsymbol{q}}_i=\frac{\partial\mathcal{H}_{cl}}{\partial\boldsymbol{p}_i},\quad \dot{\boldsymbol{p}}_i=-\frac{\partial\mathcal{H}_{cl}}{\partial\boldsymbol{q}_i}. \tag{5.43}
$$

定义势能面 $V(\boldsymbol{q}_1,\boldsymbol{q}_2)$ 如下:

$$
V(\boldsymbol{q}_1,\boldsymbol{q}_2)=\mathcal{H}_{cl}(\boldsymbol{q}_1,\boldsymbol{p}_1=0,\boldsymbol{q}_2,\boldsymbol{p}_2=0). \tag{5.44}
$$

因此, 由式 (5.43) 可以求得用正则坐标 $\boldsymbol{q}_i$ 表示的势能面[5, 6]. 结果如下:

$$
\begin{aligned}
V(\boldsymbol{q}_1,\boldsymbol{q}_2)=&\Big(A_1+A_{12}\Big)N_1^2\Big(2-\boldsymbol{q}_1^2\Big)\boldsymbol{q}_1^2+\Big(A_2+A_{12}\Big)N_2^2\Big(2-\boldsymbol{q}_2^2\Big)\boldsymbol{q}_2^2\\
&+2A_{12}N_1N_2\left[\Big(2-\boldsymbol{q}_1^2\Big)\Big(2-\boldsymbol{q}_2^2\Big)\right]^{\frac{1}{2}}\boldsymbol{q}_1\cdot\boldsymbol{q}_2
\end{aligned}
$$

$$+\frac{1}{4}\lambda N_1 N_2\left\{\left(2-\boldsymbol{q}_2^2\right)\boldsymbol{q}_1^2+\left(2-\boldsymbol{q}_1^2\right)\boldsymbol{q}_2^2\left[\left(2-\boldsymbol{q}_1^2\right)\left(2-\boldsymbol{q}_2^2\right)\right]^{\frac{1}{2}}\boldsymbol{q}_1\cdot\boldsymbol{q}_2\right.$$
$$\left.+2\left(\boldsymbol{q}_1\times\boldsymbol{q}_2\right)^2\right\}. \tag{5.45}$$

为获得用分子内坐标表示的通常意义上的分子势能面, 定义正则变量与分子坐标变量大小的变换如下[4~6]:

$$\boldsymbol{q}_i^2=\mathrm{e}^{-\beta_i(r_i-r_{ie})},\qquad i=1,2, \tag{5.46}$$

其中 r_i 是键 i 的键长, r_{ie} 是键 i 的平衡键长, β_i 是光谱参数, 其计算公式为[7]

$$\beta_i=\sqrt{\frac{2\pi^2 c\mu_{iA}}{D_{ie}h}}\omega_{ie}, \tag{5.47}$$

其中 ω_{ie}, μ_{iA} 和 D_{ie} 与文献 [7] 所述的含义完全一样.

很明显, 正则坐标 $\boldsymbol{q}_1$ 和 $\boldsymbol{q}_2$ 之间的夹角并不是三原子分子的键角, 该夹角并不能正确给出分子的弯曲振动. 但是, 当 $\boldsymbol{q}_1\cdot\boldsymbol{q}_2=0$ 时, 势能面具有最小值, 这对应于分子的平衡键角. 另外, 考虑到 Pösch-Tell 势函数可正确地给出分子的弯曲振动, 引进如下的变换:

$$\boldsymbol{a}_1\cdot\boldsymbol{a}_2=\frac{1}{\cosh\alpha(\phi-\phi_0)}, \tag{5.48}$$

其中 $\boldsymbol{a}_i$ $(i=1,2)$ 是沿 $\boldsymbol{q}_i$ 的单位矢量, ϕ 是键角, ϕ_0 是平衡键角, α 是所引入的参数, 其计算公式在下节中导出.

把式 (5.46) 和式 (5.48) 代入到式 (5.45), 可得到用分子键长和键角表示的分子的势能面[5, 6]

$$\begin{aligned}
V(r_1,r_2,\phi)=&\left(A_1+A_{12}\right)N_1^2\left[2-\mathrm{e}^{-\beta_1(r_1-r_{1e})}\right]\mathrm{e}^{-\beta_1(r_1-r_{1e})}\\
&+\left(A_2+A_{12}\right)N_2^2\left[2-\mathrm{e}^{-\beta_2(r_2-r_{2e})}\right]\mathrm{e}^{-\beta_2(r_2-r_{2e})}\\
&+2A_{12}N_1N_2\left\{\left[2-\mathrm{e}^{-\beta_1(r_1-r_{1e})}\right]\mathrm{e}^{-\beta_1(r_1-r_{1e})}\right.\\
&\left.\cdot\left[2-\mathrm{e}^{-\beta_2(r_2-r_{2e})}\right]\mathrm{e}^{-\beta_2(r_2-r_{2e})}\right\}^{\frac{1}{2}}\frac{1}{\cosh\alpha(\phi-\phi_0)}\\
&+\frac{1}{4}\lambda N_1N_2\left\{2\mathrm{e}^{-\beta_1(r_1-r_{1e})}+2\mathrm{e}^{-\beta_2(r_2-r_{2e})}\right.\\
&-2\mathrm{e}^{-\beta_1(r_1-r_{1e})-\beta_2(r_2-r_{2e})}\frac{1}{\cosh^2\alpha(\phi-\phi_0)}\\
&-2\left[(2-\mathrm{e}^{-\beta_1(r_1-r_{1e})})\mathrm{e}^{-\beta_1(r_1-r_{1e})}(2-\mathrm{e}^{-\beta_2(r_2-r_{2e})})\mathrm{e}^{-\beta_2(r_2-r_{2e})}\right]^{\frac{1}{2}}\\
&\left.\cdot\frac{1}{\cosh\alpha(\phi-\phi_0)}\right\}.
\end{aligned} \tag{5.49}$$

5.3 参数 α 的计算公式

在 5.2.4 节, 给出了三原子分子势能面的表达式 (5.49), 在式 (5.49) 引进了一个参数 α, 下面给出确定它的计算公式.

在 Born-Oppenheimer 近似下, 三原子分子 ABC 的动能算符用内坐标可以写成[8]

$$T = -\frac{\hbar^2}{2}\sum_{i,j} G_{ij}\frac{\partial^2}{\partial r_i \partial r_j}, \qquad i,j = 1,2,3, \tag{5.50}$$

这里, r_1 和 r_2 是分子的两个键长, $r_3 = \phi$ 为键角.

矩阵 G 的矩阵元如下[8].

$$\begin{aligned}
G_{11} &= \mu_1 + \mu_2, \\
G_{22} &= \mu_2 + \mu_3, \\
G_{33} &= \frac{\mu_1}{r_{1e}^2} + \frac{\mu_2}{r_{2e}^2} + \mu_3\left(\frac{1}{r_{1e}^2} + \frac{1}{r_{2e}^2} - \frac{2\cos\phi}{r_{1e}r_{2e}}\right), \\
G_{12} &= \mu_3\cos\phi_0, \\
G_{13} &= -\frac{\mu_3\sin\phi_0}{r_{2e}}, \\
G_{23} &= -\frac{\mu_3\sin\phi_0}{r_{1e}},
\end{aligned} \tag{5.51}$$

其中 $\mu_1 = 1/m_1$, $\mu_2 = 1/m_2$, m_1 和 m_2 是分子两端原子的质量; $\mu_3 = 1/m_3$, m_3 是分子中间原子的质量.r_{ie} 是与 r_i 相对应的分子的平衡键长, ϕ_0 是分子的平衡键角。其他矩阵元满足: $G_{21} = G_{12}$, $G_{31} = G_{13}$, $G_{32} = G_{23}$。

分子做小振动时, 其势能可以写成

$$V = \frac{1}{2!}\sum_{i,j} k_{ij}S_iS_j, \tag{5.52}$$

其中 $S_i = r_i - r_{ie}$, k_{ij} 是力常数.

另外, 可以把 Hamilton 量重新改写成如下的形式:

$$\mathcal{H} = \mathcal{H}_s + \mathcal{H}_{ss} + \mathcal{H}_{sb} + \mathcal{H}_b, \tag{5.53}$$

其中 $\mathcal{H}_s$ 表示分子两个键的伸缩振动, $\mathcal{H}_{ss}$ 表示两个键伸缩振动之间的耦合, $\mathcal{H}_{sb}$ 则是伸缩振动和弯曲振动之间的耦合. 而分子的弯曲振动由 $\mathcal{H}_b$ 来描写. 设 k_{ij} 是力

常数, 那么式 (5.53) 中各项的明显的表达式如下:

$$
\begin{aligned}
\mathcal{H}_s &= \sum_{i=1}^{2} -\frac{\hbar^2}{2} G_{ij} \frac{\partial^2}{\partial S_i^2}, \\
\mathcal{H}_{ss} &= -\hbar^2 G_{12} \frac{\partial^2}{\partial S_1 \partial S_2} + k_{12} S_1 S_2, \\
\mathcal{H}_{sb} &= -\hbar^2 \sum_{i=1}^{2} \left[G_{i3} \frac{\partial^2}{\partial S_i \partial S_3} + k_{i3} S_i S_3 \right], \\
\mathcal{H}_b &= -\frac{\hbar^2}{2} G_{33} \frac{\partial^2}{\partial S_3^2} + \frac{1}{2} k_{33} S_3^2.
\end{aligned} \tag{5.54}
$$

很明显, 对变量 S_3 来说, $\mathcal{H}_b$ 描写的是分子弯曲谐振动, 设 ν 表示其振动的频率. 那么, 有如下的关系:

$$
(2\pi c\nu)^2 = k_{33} G_{33}. \tag{5.55}
$$

即

$$
k_{33} = \frac{(2\pi c\nu)^2}{G_{33}}, \tag{5.56}
$$

其中 c 是光速.

另外, 根据力常数的定义, 由 5.2 节求得的势能面式 (5.49) 亦可以求出力常数 k_{33}, 其表达式如下:

$$
\begin{aligned}
k_{33} &= \left. \frac{\partial^2 V(r_1, r_2, \phi)}{\partial \phi^2} \right|_{(r_{1e}, r_{2e}, \phi_0)} \\
&= \left(-2A_{12} + \frac{3}{2}\lambda \right) N_1 N_2 \alpha^2.
\end{aligned} \tag{5.57}
$$

由此, 可获得参数 α 的表达式

$$
\alpha = \sqrt{\frac{k_{33}}{\left(-2A_{12} + \frac{3}{2}\lambda \right) N_1 N_2}}. \tag{5.58}
$$

把式 (5.57) 代入式 (5.58) 后, 可得到用分子代数 Hamilton 量的参数表示的参数 α 的计算公式[5, 6], 即

$$
\alpha = \frac{2\pi\nu c}{\sqrt{\left(-2A_{12} + \frac{3}{2}\lambda \right) N_1 N_2 G_{33}}}. \tag{5.59}
$$

下面着重考虑两种特殊情况: 对称三原子分子和线性三原子分子.

1) 对称三原子分子

对对称三原子分子, 有如下关系:

$$
\begin{aligned}
&r_{1e} = r_{2e} = r_e, \\
&N_1 = N_2 = N.
\end{aligned} \tag{5.60}
$$

设 $m_1 = m_2 = m$ 和 $m_3 = M$, 那么矩阵元 G_{33} 可以写成

$$
G_{33} = \frac{2}{mr_e^2}\left(1 + \frac{2m}{M}\sin^2\frac{\phi_0}{2}\right). \tag{5.61}
$$

由此, 参数 α 的表达式为

$$
\alpha = \frac{2\pi c\nu}{N}\sqrt{\frac{m}{(-4A_{12} + 3\lambda)\left(1 + \dfrac{2m}{M}\sin^2\dfrac{\phi_0}{2}\right)}}r_e. \tag{5.62}
$$

2) 线性三原子分子

对线性三原子分子, 有 $\phi_0 = 180°$. 此时, 矩阵元 G_{33} 为

$$
G_{33} = \frac{\mu_1}{r_{1e}^2} + \frac{\mu_2}{r_{2e}^2} + \mu_3\left(\frac{1}{r_{1e}^2} + \frac{1}{r_{2e}^2} + \frac{2}{r_{1e}r_{2e}}\right). \tag{5.63}
$$

这时, 参数 α 是

$$
\alpha = \frac{2\pi\nu c}{\sqrt{\left(-2A_{12} + \dfrac{3}{2}\lambda\right)N_1N_2\left[\dfrac{\mu_1}{r_{1e}^2} + \dfrac{\mu_2}{r_{2e}^2} + \mu_3\left(\dfrac{1}{r_{1e}^2} + \dfrac{1}{r_{2e}^2} + \dfrac{2}{r_{1e}r_{2e}}\right)\right]}}. \tag{5.64}
$$

5.4 几点讨论

在前面几节中, 给出了三原子分子的全势能面, 同时也给出了所引进的参数 α 的计算公式. 在本节, 对 5.3 节给出的势能面作几点讨论[5, 6].

5.4.1 分子的键角冻结在平衡键角

在前面的讨论中, 用 $U(4)$ 群构造了三原子分子的全势能面. 同时, 由前面章节的讨论知 $U(4)$ 群对应于三维情况. 如果把分子的键角冻结在平衡键角, 即 $\phi \equiv \phi_0$, 同时令式 (5.49) 中的表示分子内 Fermi 相互作用的项 M_{12} 的系数 $\lambda \equiv 0$, 那么, 分

子势能面的表达式将变为

$$\begin{aligned}V(r_1,r_2,\phi)=&\left(A_1+A_{12}\right)N_1^2\left[2-\mathrm{e}^{-\beta_1(r_1-r_{1e})}\right]\mathrm{e}^{-\beta_1(r_1-r_{1e})}\\&+\left(A_2+A_{12}\right)N_2^2\left[2-\mathrm{e}^{-\beta_2(r_2-r_{2e})}\right]\mathrm{e}^{-\beta_2(r_2-r_{2e})}\\&+2A_{12}N_1N_2\left\{\left[2-\mathrm{e}^{-\beta_1(r_1-r_{1e})}\right]\mathrm{e}^{-\beta_1(r_1-r_{1e})}\right.\\&\left.\cdot\left[2-\mathrm{e}^{-\beta_2(r_2-r_{2e})}\right]\mathrm{e}^{-\beta_2(r_2-r_{2e})}\right\}^{\frac{1}{2}}.\end{aligned}\tag{5.65}$$

上式与 Benjamin 等[2] 和 Cooper 等[3] 用 $U(2)$ 代数得到的分子势能面的表达式是完全一致的. 亦即在上述条件下, 用 $U(4)$ 代数所描述的三维情况退化到一维情形.

5.4.2 分子的解离能

从所得到的分子的势能面的表达式 (5.49), 可以看出:

(1) 当 $r_1\to\infty$ 且 $r_2\to\infty$ 时, 分子完全解离, 此时, 分子的势能 $V=0$.

(2) 而当 $r_1\to r_{1e}$ 和 $r_2\to r_{2e}$ 时, 势能面具有最小值, 即分子的解离能, 其值为

$$D_e=-\left(A_1+A_{12}\right)N_1^2-\left(A_2+A_{12}\right)N_2^2-2A_{12}N_1N_2.\tag{5.66}$$

(3) 当分子的一个键固定在平衡位置, 而另一个键完全断开, 即 $r_1\to\infty$, $r_2=r_{2e}$, 或者 $r_2\to\infty$, $r_1=r_{1e}$. 可得到分子势能面两个谷口的信息. 第 i 个出口谷的深度, 亦即分子的单键的解离能是

$$D_{ei}=-\left(A_i+A_{12}\right)N_i^2,\quad i=1,2.\tag{5.67}$$

5.4.3 力常数

应用 5.2.4 节求得的三原子分子的势能面式 (5.49), 根据力常数的定义, 可以求出分子的高阶力常数 (这里, 下标 1, 2 表示分子伸缩振动, 下标 3 表示分子的弯曲振动). 比如, 对 k_{11}, 有

$$\begin{aligned}k_{11}=&\left.\frac{\partial^2V(r_1,r_2,\phi)}{\partial r_1\partial r_1}\right|_{(r_{e1},r_{e2},\phi_0)}\\=&-2\left(A_1+A_{12}\right)N_1^2\beta_1^2-2A_{12}N_1N_2\beta_1^2+\frac{1}{2}\lambda N_1N_2\beta_1^2.\end{aligned}\tag{5.68}$$

计算到四阶力常数的明显的表达式如下:

$$k_{12} = -\frac{1}{2}\lambda N_1 N_2 \beta_1 \beta_2, \tag{5.69}$$

$$k_{33} = -2A_{12}N_1N_2\alpha^2 + \frac{3}{2}\lambda N_1 N_2 \alpha^2, \tag{5.70}$$

$$k_{111} = 6\left(A_1 + A_{12}\right)N_1^2\beta_1^3 + 6A_{12}N_1N_2\beta_1^3 - \frac{3}{2}\lambda N_1N_2\beta_1^3, \tag{5.71}$$

$$k_{112} = \frac{1}{2}\lambda N_1 N_2 \beta_1^2 \beta_2, \tag{5.72}$$

$$k_{133} = -\lambda N_1 N_2 \beta_1 \alpha^2, \tag{5.73}$$

$$k_{1111} = -14\left(A_1 + A_{12}\right)N_1^2\beta_1^4 - 20A_{12}N_1N_2\beta_1^4 + 5\lambda N_1N_2\beta_1^4, \tag{5.74}$$

$$k_{1133} = 2A_{12}N_1N_2\beta_1^2\alpha^2 + \frac{1}{32}\lambda N_1N_2\beta_1^2\alpha^2, \tag{5.75}$$

$$k_{3333} = 2A_{12}N_1N_2\alpha^4 - \frac{9}{2}\lambda N_1N_2\alpha^4, \tag{5.76}$$

$$k_{1112} = -\frac{1}{2}\lambda N_1N_2\beta_1^3\beta_2, \tag{5.77}$$

$$k_{1122} = 2A_{12}N_1N_2\beta_1^2\beta_2^2 - \lambda N_1N_2\beta_1^2\beta_2^2, \tag{5.78}$$

$$k_{3312} = \lambda N_1N_2\beta_1\beta_2\alpha^2. \tag{5.79}$$

5.4.4 鞍点特性

本节讨论由式 (5.49) 给出的分子势能面的鞍点特性.

讨论分子的键角冻结在平衡位置时的情况, 即 $\phi \equiv \phi_0$. 同时, 为了问题的讨论方便, 考察式 (5.45). 在分子的键角冻结在平衡位置的情况下, 式 (5.45) 具有如下的形式:

$$\begin{aligned}
V(q_1,q_2) = &\left(A_1 + A_{12}\right)N_1^2\left(2-q_1^2\right)q_1^2 + \left(A_2 + A_{12}\right)N_2^2\left(2-q_2^2\right)q_2^2 \\
&+2A_{12}N_1N_2\left[\left(2-q_1^2\right)\left(2-q_2^2\right)\right]^{\frac{1}{2}} q_1q_2 \\
&+\frac{1}{4}\lambda N_1N_2\left\{\left(2-q_1^2\right)q_1^2 + \left(2-q_2^2\right)q_2^2 - 2\left[\left(2-q_1^2\right)\left(2-q_2^2\right)\right]^{\frac{1}{2}} q_1q_2\right\} \\
\equiv\, & s_1\left(2-q_1^2\right)q_1^2 + s_2\left(2-q_2^2\right)q_2^2 + 2t\sqrt{\left(2-q_1^2\right)q_1^2\left(2-q_2^2\right)q_2^2},
\end{aligned} \tag{5.80}$$

其中, 在上式中为了书写的简洁和讨论的方便, 已令

$$\begin{aligned}
s_1 &= \left(A_1 + A_{12}\right)N_1^2 + \frac{1}{2}\lambda N_1N_2, \\
s_2 &= \left(A_2 + A_{12}\right)N_2^2 + \frac{1}{2}\lambda N_1N_2, \\
2t &= 2\left(A_{12}N_1N_2 - \frac{1}{4}\lambda N_1N_2\right).
\end{aligned} \tag{5.81}$$

为讨论其鞍点特性, 首先计算上述势能曲面的驻点坐标. 其一阶导数为

$$
\begin{aligned}
\frac{\partial V}{\partial q_1} &= 4q_1(1-q_1^2)\left\{s_1 + t\frac{\left(2-q_2^2\right)q_2^2}{\sqrt{\left(2-q_2^2\right)q_2^2\left(2-q_1^2\right)q_1^2}}\right\},\\
\frac{\partial V}{\partial q_2} &= 4q_2\left(1-q_2^2\right)\left\{s_2 + t\frac{\left(2-q_1^2\right)q_1^2}{\sqrt{\left(2-q_2^2\right)q_2^2\left(2-q_1^2\right)q_1^2}}\right\}.
\end{aligned}
\tag{5.82}
$$

由此得到其驻点方程为

$$
\begin{cases}
\dfrac{\partial V}{\partial q_1} = 0,\\
\dfrac{\partial V}{\partial q_2} = 0.
\end{cases}
\tag{5.83}
$$

由此方程组, 可求得方程的解如下:

1) $\{q_1 = 0, q_2 = 0\}$

考虑到变换式 (5.46), 可得到 $\{r_1 \longrightarrow \infty, r_2 \longrightarrow \infty\}$. 此即在 5.4.2 节中所谈到的分子完全解离的情况.

2) $\{q_1 = 0, q_2 = 1\}$ 和 $\{q_1 = 1, q_2 = 0\}$

对应于 $\{r_1 = r_{1e}, r_2 \longrightarrow \infty\}$ 和 $\{r_1 \longrightarrow \infty, r_2 = r_{2e}\}$, 是 5.4.2 节中的情况 2, 即分子中的一个键断开.

3) $\{q_1 = 1, q_2 = 1\}$

对应于 $\{r_1 = r_{1e}, r_2 = r_{2e}\}$ 是分子处于其平衡位置, 对应于 5.4.2 节中的情况 3.

4) $\left\{q_i^2 = 1, q_j^2 = 1 \pm \sqrt{1 - \left(\dfrac{t}{s_j}\right)^2}\right\} (i, j = 1, 2)$

这种情况对应于

$$
\begin{aligned}
q_i^2 &= 1,\\
q_j^2 &= 1 \pm \sqrt{1 - \left\{\frac{\left(A_{12} - \frac{1}{4}\lambda\right)N_i}{\left(A_j + A_{12}\right)N_j + \frac{1}{4}\lambda N_i}\right\}^2}.
\end{aligned}
\tag{5.84}
$$

此即三原子分子在键角冻结在平衡位置时, 势能面所具有的鞍点坐标. 当然, 并非在任意条件下都具有鞍点. 分子的势能函数存在鞍点要满足一定的条件, 具体条件在下节中给出.

5.5 鞍点存在的条件及其与参数 α 的关系

在 5.4 节中求出了分子势能函数的鞍点坐标, 本节具体讨论分子势能函数鞍点的存在条件[6].

由第 4 章中式 (4.53) 知: $A_i < 0, (i = 1, 2)$ 和 $A_{12} < 0$ 且 $|A_{12}| < |A_j|$. 因此, 设 $s_i < 0$, 由式 (5.84) 得

$$q_1 = 1, \quad s_2 + \frac{t}{\sqrt{\left(2 - q_2^2\right) q_2^2}} = 0, \tag{5.85}$$

上式表明 $\sqrt{\left(2 - q_2^2\right) q_2^2} = -\frac{t}{s_2}$, 由此得到 $t > 0$. 也就是说

$$4A_{12} - \lambda > 0. \tag{5.86}$$

由 $s_i < 0$ 可得到

$$\lambda < -\frac{4\left(A_j + A_{12}\right) N_j}{N_i}. \tag{5.87}$$

另外, 由 q_i^2 解的表达式 (5.84) 可以看出 q_i^2 的存在条件为

$$1 - \left(\frac{t}{s_i}\right)^2 > 0, \tag{5.88}$$

亦即

$$\begin{aligned} A_{12} &< -a_j \bigg/ \left(1 + \frac{N_j}{N_i}\right) \\ &< -A_j \bigg/ \left(\frac{N_i + N_j}{2N_i + N_j}\right). \end{aligned} \tag{5.89}$$

因此, 式 (5.87) 和式 (5.89) 是分子势能面鞍点的存在条件.

同时, 由参数 α 的计算公式 (5.58) 可以看出

$$\alpha \sim \frac{1}{\sqrt{-4A_{12} + 3\lambda}}.$$

由鞍点存在的条件式 (5.87) 和式 (5.89), 可知

$$\begin{aligned} -4A_{12} + 3\lambda &< -4A_{12} - 3\frac{4(A_j + A_{12})N_j}{N_i} \\ &= -4A_{12} - \frac{12A_jN_j}{N_i} - \frac{12A_{12}N_j}{n_i} \\ &= 4A_j / \frac{N_i + N_j}{N_i} \cdot \frac{N_i + 3N_j}{N_i} - 12A_jN_j/N_i \\ &< 0 \end{aligned} \tag{5.90}$$

由此得到参数 α 是复数. 换句话说, 当参数 α 是复数时, 分子具有鞍点; 否则, 当参数 α 是实数时, 分子的势能面则没有鞍点.

5.6 应　用

在本章的前面几节, 应用扩展玻色算子, 把代数 Hamilton 量经典化后, 得到了三原子分子的全势能面, 并讨论了所得分子势能面的有关基本特性. 所引进的参数 α 的取值可以表征三原子分子势能面的一些性质, 如当参数 α 取虚数值时, 表明分子的势能曲面具有鞍点等. 下面给出几个具体三原子分子的计算结果.

计算所需要的代数 Hamilton 量展开系数 N, A_1, A_{12} 和 λ 可由光谱数据拟合得到. 参数 α 和 β_i 分别按式 (5.58) 和式 (5.47) 计算.

5.6.1 H_2O 分子

众所周知, 水分子是一个典型的三原子分子, 也是用来检验各种计算方法的重要体系之一. 作为上述理论的具体应用, 首先以 H_2O 分子为例, 给出具体计算结果[5, 6].

分子的解离能及键的解离能和力常数的计算值列于表 5.1.

表 5.1　H_2O 分子的力常数和解离能[5]

变量	计算值	文献所列值
k_{11}	9.39μJ·Å·rad	8.45μJ·Å·rad
k_{12}	0.1026μJ·Å·rad	−0.101μJ·Å·rad
k_{33}	0.71μJ·Å·rad	0.697μJ·Å·rad
k_{111}	−66.30μJ·Å·rad	−59.4μJ·Å·rad
k_{112}	0.242μJ·Å·rad	0.25μJ·Å·rad
k_{133}	−0.243μJ·Å·rad	−0.23μJ·Å·rad
k_{1111}	384.49μJ·Å·rad	384.0μJ·Å·rad
k_{1133}	−2.79μJ·Å·rad	−1.41μJ·Å·rad
k_{1112}	−0.568μJ·Å·rad	
k_{1122}	−7.28μJ·Å·rad	
D_{ei}	4.39eV	4.61eV
D_e	10.44eV	10.2eV

图 5.1 给出了 H_2O 分子在平衡键角的势能面的立体图和相应的等高线图. 图中的等高线从 −1eV 开始, 每隔 0.8eV, 共给出 12 条等高线.

图 5.2 给出了 H_2O 分子取对称坐标时的等高线图, 和另外一种坐标时的等高线图[9].

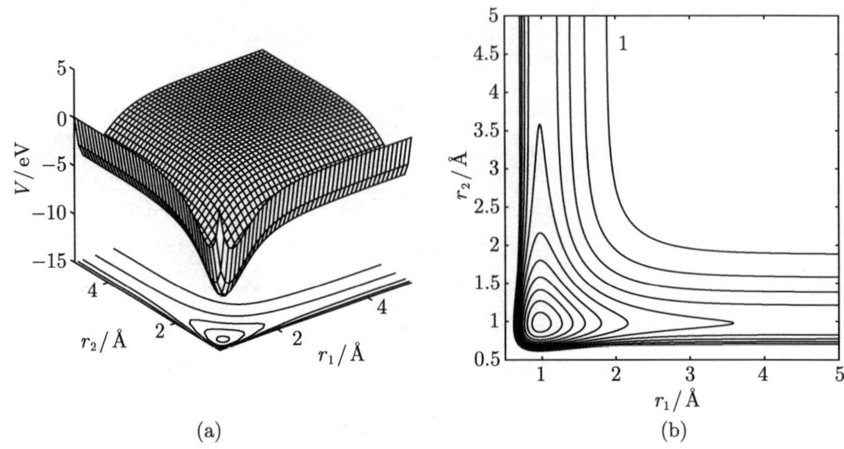

图 5.1　H_2O 分子的势能曲面 (b) 与等高线图 (a)

其中, 分子的键角冻结在平衡位置; 图中等高线 1 的值为 −1eV, 间隔是 0.8eV, 共给出 12 条等高线

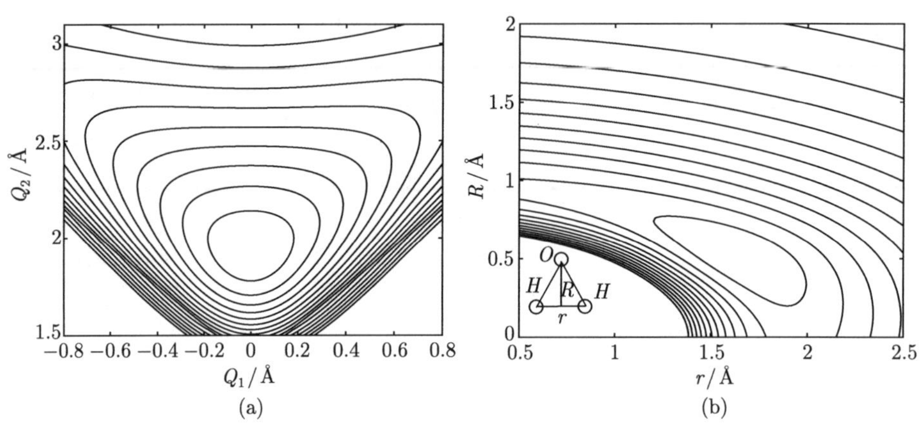

图 5.2　H_2O 分子势能面

(a) 取对称坐标 $Q_1 = r_1 - r_2$ 和 $Q_2 = r_1 + r_2$ 时的势能面;

(b) 另外一种坐标时的等高线图 (所取坐标已在图中给出)

5.6.2　SO_2 分子

图 5.3 给出了 SO_2 分子在平衡键角的势能面等高线图. 图中的等高线从 −1eV 开始, 每隔 0.9eV, 共给出 12 条等高线[10].

图 5.4 给出了固定两个 O 原子在平衡距离时, S 原子变化时的势能曲面的立体图[11].

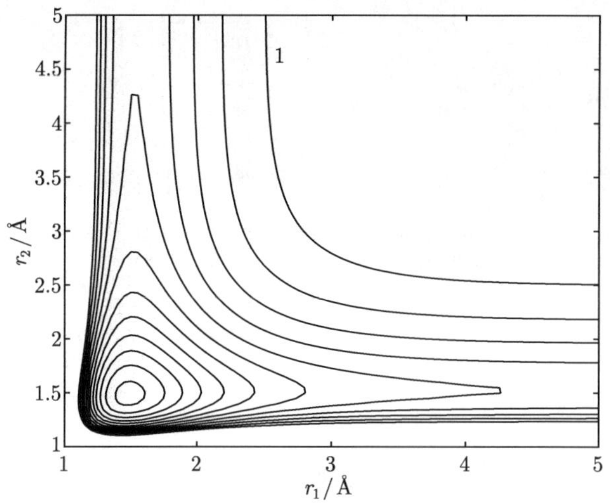

图 5.3 SO_2 分子的势能等高线

其中, 分子的键角冻结在平衡位置. 图中等高线 1 的值为 −1eV, 间隔是 0.9eV, 共给出 12 条等高线

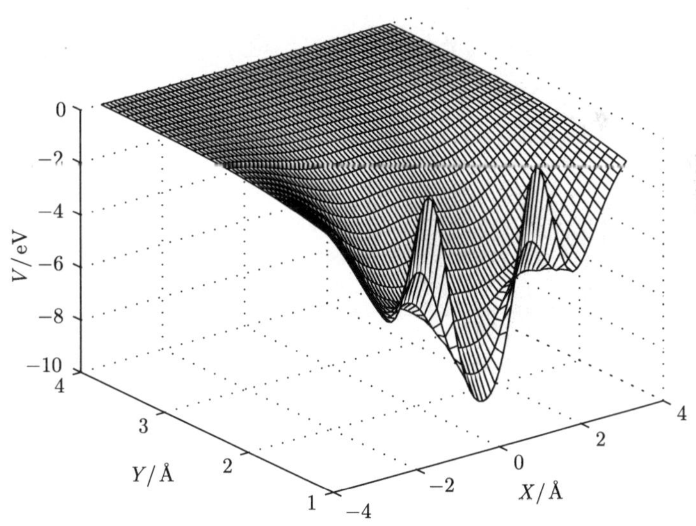

图 5.4 SO_2 分子在固定两个 O 原子在平衡距离时, S 原子变化时的势能曲面

5.6.3 O_3 分子

O_3 与其他分子稍有不同: 该分子的参数 α 是虚数. 因此, 其势能面具有鞍点, 这已在图 5.5 等高线中非常清楚地表现出来[12, 13].

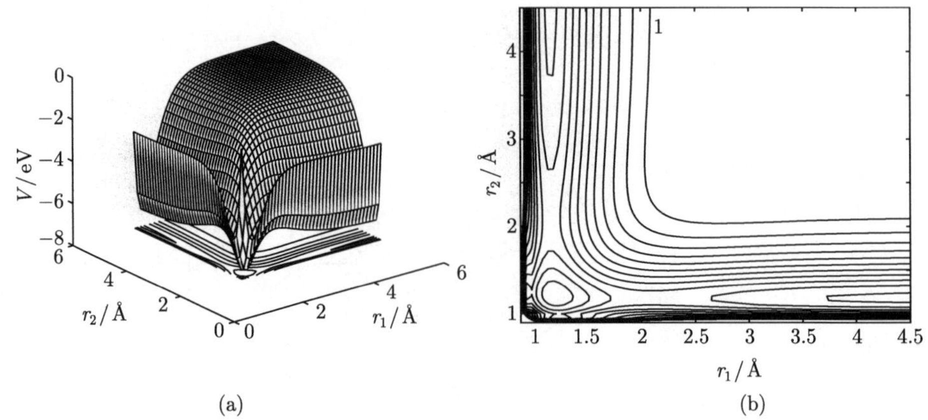

图 5.5　O_3 分子的势能面 (a) 和等高线 (b)

其中, 分子的键角冻结在平衡位置. 图中等高线 1 的值为 −1eV, 间隔是 0.5eV, 共给出 12 条等高线

5.6.4　NO_2 分子

图 5.6 给出了 NO_2 分子在平衡键角时的势能面的等高线图, 图中的等高线从 −0.43eV 开始, 间隔 0.4eV, 共给出 14 条等高线[14]. 值得注意的是, 该分子的 α 参数也是虚数, 按照前面的判定定理, 该分子的势能面具有鞍点. 这在图中明显地显示出分子势能面的鞍点特点.

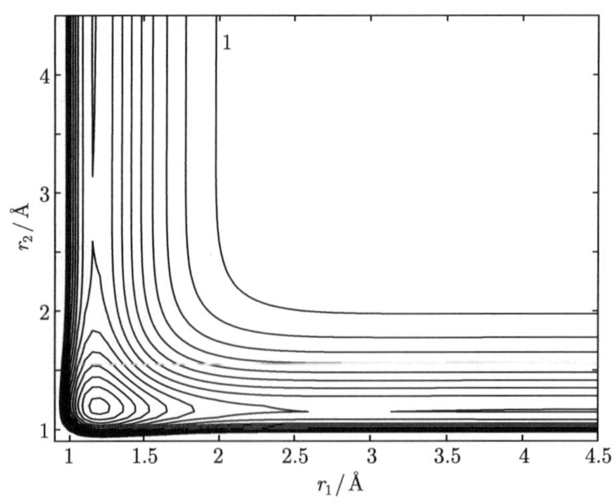

图 5.6　NO_2 分子的势能面等高线

其中, 分子的键角冻结在平衡位置. 图中等高线 1 的值为 −0.43eV, 间隔是 0.4eV, 共给出 14 条等高线

5.6.5 N_2O 分子

图 5.7 给出了 N_2O 分子在平衡键角的势能面的等高线图, 图中的等高线从 $-1eV$ 开始, 每隔 0.72eV, 共给出 16 条等高线[15].

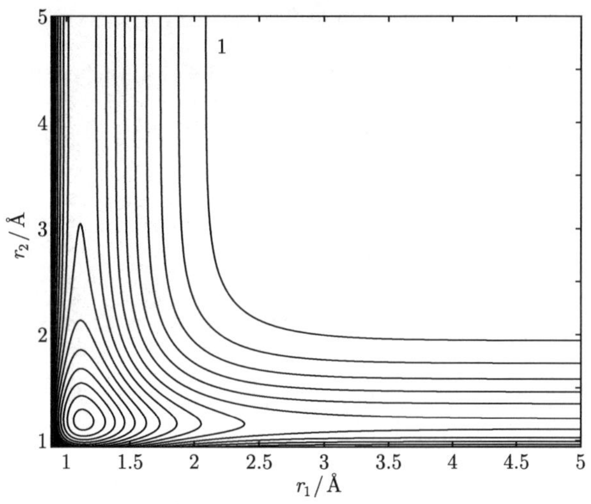

图 5.7 N_2O 分子的势能曲面

其中, 分子的键角冻结在平衡位置. 图中等高线 1 的值为 $-1eV$, 间隔是 0.72eV, 共给出 16 条等高线

5.7 三原子分子体系的反应势能面

5.7.1 反应势能面概述

由前面几节的讨论可知, 用动力学 Lie 代数方法可以方便地构造三原子分子的势能面, 这一方法可以推广到三原子反应体系. 将化学反应体系的过渡态或 "活化络合物" 视为 "亚稳分子". 同时, 反应势能面视为 "亚稳分子的势能面", 由动力学对称性建立体系的代数 Hamilton 量, 即每个化学键对应一个 $U(4)$ 对称群, 三原子体系有 2 个化学键, 则其对称群是 2 个 $U(4)$ 群的直积群. 由该直积群所包含的适当群链中的各子群 Lie 代数的 Casimir 算子与描述化学键之间相互作用的 Majorana 算子组成体系的振转 Hamilton 算符. 应用本章前几节讨论的理论框架, 可得到三原子反应体系的势能面。势能函数中的展开系数可以通过拟合 "亚稳分子" 的光谱数据得到。

5.7.2 HO_2 体系的反应势能面

作为弯曲型反应体系的代表, 下面讨论 HO_2 体系的势能面. 该反应可以表示为

$$\mathrm{H}(^2\mathrm{S}) + \mathrm{O}_2(^3\Sigma_g^-) \longrightarrow \mathrm{HO}_2^*(^2\mathrm{A}'') \longrightarrow \mathrm{OH}(^2\Pi) + \mathrm{O}(^3\mathrm{P})$$

对于 HO_2 体系, 取描述分子势能面的 3 个变量分别为 O—H 键长、O—O 键长以及 H—O—O 夹角, 用前面拟合直线型体系的方法对式 (5.45) 进行最小二乘的拟合(键角固定在平衡键角), 得到经典势能如下:

$$\begin{aligned}\mathcal{V}(q_1,q_2) = & -0.1321114286\varphi_1 - 0.1173314286\varphi_2 - .05497142846\sqrt{\varphi_1\varphi_2} \\ & -0.02528571425\left(2q_1^2+2q_2^2-2q_1^2q_2^2-2\sqrt{\varphi_1\varphi_2}\right),\end{aligned} \tag{5.91}$$

其中 $\varphi_i = (2-q_i^2)q_i^2,\ i=1,2.$

图 5.8 给出了得到的 HO_2 体系势能面等高线图可以看出, 反应势能面表达式 (5.91) 能很好地再现该反应体系的特征.

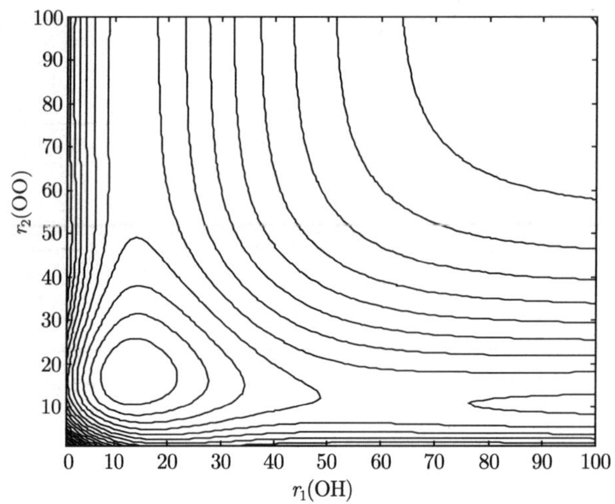

图 5.8　HO_2 体系的势能曲面

5.8　小　　结

本章讨论了用 Lie 代数方法构造稳定态三原子分子势能面的理论, 并推广到反应体系. 将过渡态视为 "亚稳分子", 可得到反应体系的解析势能面. 并把该方法成功地应用于 HO_2、$ClNa_2$、NHH、SrHF 等反应体系. 作为例子, 在这里只给出了反应体系 HO_2 的势能面, 关于其他体系及相关性质, 将在以后进行详细讨论.

参 考 文 献

[1] Gilmore R. Catastrople Theory for Scientists and Engineers. New York: John Wiley & Sons Ltd, 1981

[2] Benjamin I, Levine R D. Potential energy surfaces for stable triatomic molecules using an algebraic Hamiltonian . Chem. Phys. Lett., 1985, 117: 314

[3] Cooper I L, Levine R D. Construction of triatomic potentials from algebraic Hamiltonians which represent stretching vibrational overtones. J. Mol. Struct. (Theochem), 1989, 199: 201

[4] Iachello F, Levine R D. Algebraic Theory of Molecules. Oxford: Oxford University Press, 1994

[5] Ding S, Zheng Y. Lie algebraic approach to potential energy surface for symmetric triatomic molecules. J. Chem. Phys., 1999, 111: 4466

[6] Zheng Y, Ding S. Saddle points of potential-energy surfaces for symmetric triatomic molecules determined by an algebraic approach. Phys. Rev. A, 2001, 64: 032720

[7] Herberg G. Molecular Spectra and Molecular Structure, Vol.2, Infrared and Raman Spectra of Polyatomic Molecules. New York: Van Nostrand Reinholod, 1945

[8] Wilson E B, Decius J J C, Cross P C. Molecular Vibrations. New York: McGraw-Hill, 1955

[9] Zheng Y, Ding S. Theoretical study of nonlinear triatomic molecular potential energy surfaces: Lie algebraic method. Science in China (B), 2000, 43: 247

[10] Zheng Y, Ding S. Algebraic method for determing the potential energy surface for nonlinear triatomic molecules. Chem. Phys., 1999, 247: 225

[11] 郑雨军, 丁世良. 构造 SO_2 分子势能面的李代数方法. 化学学报, 2000, 58: 56

[12] Zheng Y, Ding S. Algebraic approach to potentical energy surface for electronic ground state of ozone. Chem. Phys., 2000, 225: 217

[13] Zheng Y, Ding S. Dynamical symmetric group approach to potential energy surface of molecule O_3. Chinese Science Bulletin, 2000, 45: 331

[14] Zheng Y, Ding S. Potential energy surface and highly excited vibrational lines of NO_2 via algebraic approach. Int. J. Quan. Chem., 2008, 108: 1059

[15] Zheng Y, Ding S. Potential energy surface for linear triatomic molecules: an algebraic method. J. Math. Chem., 2000, 28: 193

第 6 章　多原子分子的振动能级及势能面的代数方法

在前面几章中, 具体讨论了三原子分子的振转能级和势能面的问题, 并对势能面等问题作了有关的讨论. 这一章, 讨论关于多原子分子振动光谱及势能面的问题.

6.1　从三原子分子到多原子分子

在第 3 章对分子动力学对称性问题作了有关讨论, 同时, 在第 4 章, 应用 Lie 代数理论处理三原子分子的振动能级和势能面的问题作了讨论. 由前述讨论知道, 要描述双原子分子的三维振动, 可以引入一个 $U(4)$ 代数. 在多原子分子体系中, 要描述分子的振–转运动, 可以对分子中的每一个键引入一个 $U(4)$ 代数描述其振–转运动. 因此, 在多原子分子中, 可以用 $U(4)$ 代数的直积描述多原子分子的振–转运动. 如果只考虑分子的振动, 也可以用 $U(2)$ 代数描述分子的振动.

在本章, 为叙述的简明性, 只讨论四原子分子满足的动力学对称性及与之相应的动力学群链. 由其动力学对称性, 得到描述四原子分子振动光谱的代数 Hamilton 算符, 以及与其动力学群链相对应的基. 在此基之下, 利用此代数 Hamilton 算符计算四原子分子振动高激发光谱, 将计算结果与实验结果进行比较, 从理论上预测可能存在的振动能级并对其进行量子数标记. 对线型四原子分子, 利用前面介绍的对代数 Hamilton 量进行经典化求出其势能面, 并讨论相关性质.

6.2　四原子分子的代数理论

6.2.1　四原子分子的玻色子算符

对四原子分子来说有三个键, 可以把它们看作三个独立的坐标矢量 $\boldsymbol{r}_1, \boldsymbol{r}_2, \boldsymbol{r}_3$, 每一个键可以用一个代数表示. 由代数理论[1~3] 可知, 这些坐标 (和相应动量) 的量子化导致下面的代数

$$G = U_1(4) \otimes U_2(4) \otimes U_3(4), \tag{6.1}$$

其中 $U_i(4)(i = 1, 2, 3)$ 代表与第 i 个键相应的代数.

对于四原子分子, 必须考虑三个键之间的耦合顺序 (也称耦合机理). 如果进行全面计算, 耦合顺序是无关紧要的, 这是因为任何一种耦合顺序的最终结果是一样的. 然而, 在很多情况下, 由于键间相互作用强度不一样, 例如, 如果键 1 和键 2 之间的耦合比其他键耦合强, 应先考虑键 1 和键 2 间的耦合, 然后再考虑与键 3 的耦合. 这种耦合机理可标记为 (12)3. 这时, 四原子分子对应如下的动力学群链:

$$\begin{aligned}&U_1(4)\otimes U_2(4)\otimes U_3(4)\supset SO_1(4)\otimes SO_2(4)\otimes SO_3(4)\supset SO_{12}(4)\otimes SO_3(4)\\&\supset SO_{123}(4)\supset SO_{123}(3)\supset SO_{123}(2),\end{aligned}\tag{6.2}$$

对应于群链 (6.2) 的群表示基底可写为

$$|N_1,N_2,N_3;(\omega_1,0),(\omega_2,0),(\omega_3,0);(\tau_1,\tau_2);(\eta_1,\eta_2);j;m\rangle.\tag{6.3}$$

在上述群表示的基底式 (6.3) 中, 量子数 $N_1,N_2,N_3,\omega_1,\omega_2,\omega_3,\tau_1,\tau_2,\eta_1,\eta_2,j,m$ 之间满足下面关系[1]:

$$\begin{aligned}\omega_i&=N_i,N_i-2,\cdots,1\ \text{或}0\\&\quad(N_i=\text{奇数或偶数}),\quad(i=1,2,3),\\\tau_1&=\omega_1+\omega_2-\alpha-\beta,\\\tau_2&=-\alpha+\beta,\\\alpha(\beta)&=0,1,\cdots,\min(\omega_1,\omega_2),\\\eta_1&=\tau+\omega_3-\alpha'-\beta',\\\eta_2&=\tau_2-\alpha'+\beta',\end{aligned}\tag{6.4}$$

其中

$$\begin{aligned}\alpha'&=0,1,\cdots,\min(\tau_1+\tau,\omega_3),\\\beta'&=0,1,\cdots,\min(\tau_1-\tau_2,\omega_3),\\j&=|\eta_1|,|\eta_2|+1,\cdots,\eta_1-1,\eta_1,\\m&=-j,-j+1,\cdots,j.\end{aligned}\tag{6.5}$$

6.2.2 线型四原子分子的局域 Hamilton 量算符

对于四原子分子, 它们的几何构型有三种:

(1) 直线型;

(2) 平面弯曲型;

(3) 非平面型.

它们的几何构型示意图见图 6.1 中的 (a), (b), (c).

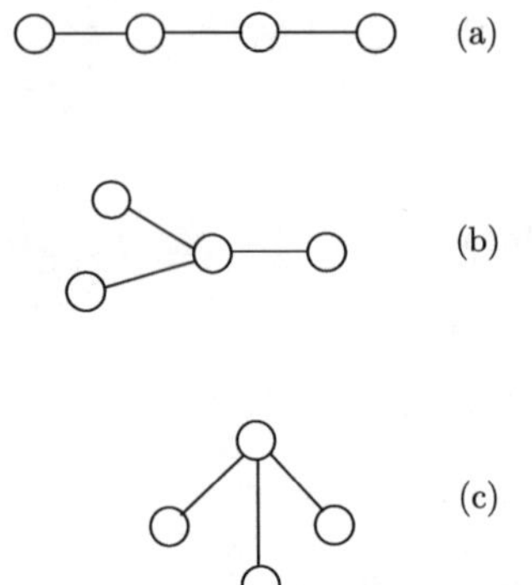

图 6.1　四原子分子的几何构型示意图

在本章, 仅限于讨论线型四原子分子, 其他构型的分子, 可参阅具体的参考文献 [2]. 对于线形四原子分子, 记分子两端的键为 1, 2 而中间的键记为 3.

根据动力学对称性群链式 (6.2), 四原子分子的局域代数 Hamilton 算符可以用其子代数链对应的 Casimir 算符表示如下 (并且它的本征值是解析的):

$$\mathcal{H}^{\rm local} = E_0 + A_1 C_1 + A_2 C_2 + A_3 C_3 + A_{12} C_{12} + A_{123} C_{123}, \tag{6.6}$$

这里

$$\begin{aligned} C_i &= C(SO_i(4)) - N_i(N_i+2) \quad (i=1,2,3), \\ C_{12} &= C(SO_{12}(4)) - (N_1+N_2)(N_1+N_2+2), \\ C_{123} &= C(SO_{123}(4)) - (N_1+N_2+N_3)(N_1+N_2+N_3+2). \end{aligned} \tag{6.7}$$

在基式 (6.3) 下, Casimir 算符 $C(SO_i(4))$, $C(SO_{12}(4))$, $C(SO_{123}(4))$ 是对角的, 其本征值分别是

$$\begin{aligned} \langle C(SO_i(4))\rangle &= \omega_i(\omega_2+2) \quad (i=1,2,3), \\ \langle C(SO_{12}(4))\rangle &= \tau_1(\tau_2+2)+\tau_2^2, \\ \langle C(SO_{123}(4))\rangle &= \eta_1(\eta_1+2)+\eta_2^2. \end{aligned} \tag{6.8}$$

因此式 (6.6) 的 Hamilton 在基式 (6.3) 下的本征值是

$$E^{\rm local} = E_0 + A_1\omega_1\Big(\omega_1+2\Big) + A_2\omega_2\Big(\omega_2+2\Big) + A_3\omega_3\Big(\omega_3+2\Big) \tag{6.9}$$

$$+A_{12}\left[\tau_1\Big(\tau_1+2\Big)+\tau_2^2\right] + A_{123}\left[\eta_1\Big(\eta_1+2\Big)+\eta_2^2\right]. \tag{6.10}$$

根据代数量子数和传统量子数 $\nu_a, \nu_b, \nu_c, \nu_d^{l_d}, \nu_e^{l_e}$ 的关系[1, 2]

$$\begin{aligned}
\omega_1 &= N_1 - 2\nu_a, \\
\omega_2 &= N_2 - 2\nu_c, \\
\omega_3 &= N_3 - 2\nu_b, \\
\tau_1 &= N_1 + N_2 - 2\nu_a - 2\nu_c - \nu_e, \\
\tau_2 &= l_e, \\
\eta_1 &= N_1 + N_2 + N_3 - 2\nu_a - 2\nu_b - 2\nu_c - \nu_d - \nu_e, \\
\eta_2 &= l_d + l_e,
\end{aligned} \tag{6.11}$$

其中 ν_a, ν_b, ν_c 表示分子的三个伸缩振动, $\nu_d^{l_d}, \nu_e^{l_e}$ 表示分子的两个弯曲振动.

可以把式 (6.9) 改写成

$$\begin{aligned}
&E^{\text{local}}(\nu_a, \nu_b, \nu_c, \nu_d^{l_d}, \nu_e^{l_e},) \\
=&E_0 - 4A_1\left[\Big(N_1+1\Big)\nu_a - \nu_a^2\right] - 4A_2\left[\Big(N_2+1\Big)\nu_c - \nu_c^2\right] \\
&-4A_3\left[\Big(N_3+1\Big)\nu_b - \nu_b^2\right] \\
&-A_{12}\left[2\Big(N_1+N_2+1\Big)\Big(2\nu_a+2\nu_c+\nu_e\Big) - \Big(2\nu_a+2\nu_c+\nu_e\Big)^2 - l_e^2\right] \\
&-A_{123}\left[2\Big(N_1+N_2+N_3+1\Big)\Big(2\nu_a+2\nu_b+2\nu_c+\nu_d+\nu_e\Big)\right. \\
&\left.-\Big(2\nu_a+2\nu_b+2\nu_c+\nu_d+\nu_e\Big)^2 - \Big(l_d+l_e\Big)^2\right].
\end{aligned} \tag{6.12}$$

6.2.3 线型四原子分子的正则 Hamilton 量算符

对于四原子分子, 除了子代数群链式 (6.2) 外, 通常还需考虑 (12)3 耦合机理的正则子代数链. 该群链为

$$\begin{aligned}
&U_1(4)\otimes U_2(4)\otimes U_3(4) \supset U_{12}(4)\otimes U_3(4) \supset U_{123}(4) \\
&\supset SO_{123}(4) \supset SO_{123}(2) \supset SO_{123}(2),
\end{aligned} \tag{6.13}$$

与该动力学群链相对应的正则 Hamilton 量算符是

$$\mathcal{H}^{\text{normal}} = E_0 + \lambda_{12}C(U_{12}(4)) + \lambda_{123}C(U_{123}(4)) + A_{123}C(SO_{123}(4)). \tag{6.14}$$

在表达式 (6.15) 中, 省略了转动部分. 如果采用局域基式 (6.3) 进行计算, 算符 $C(U_{12}(4))$, $C(U_{123}(4))$ 是非对角的. 为方便起见, 通常用相应的 Majorana 算符代替它们. 由此, 式 (6.16) 可以写成

$$\mathcal{H}^{\text{normal}} = E_0 + \lambda_{12}M_{12} + \lambda_{123}M_{123} + A_{123}C(SO_{123}(4)). \tag{6.15}$$

在实际计算中, 往往需要对两种模式 (local 模式和 normal 模式) 同时考虑, 此时对应 Hamilton 量算符可以写成

$$\mathcal{H} = \mathcal{H}^{\text{local}} + \lambda_{12}M_{12} + \lambda_{13}M_{13} + \lambda_{23}M_{23}. \tag{6.16}$$

其中 M_{12} 表示键 1 和键 2 之间的相互作用, M_{13} 和 M_{23} 分别表示键 1 和键 3、键 2 和键 3 之间的相互作用.

6.2.4 l-double 简并的分离

在四原子分子中, 经常遇到的一个重要问题是 l 简并. 这个问题在代数模型中反映在弯曲振动 $\nu_d^{l_d}$ 和 $\nu_e^{l_e}$ 的组合模式中. 最简单的情况是组合模式 $\nu_d^{l_d} = 1^{\pm 1}, \nu_e^{l_e} = 1^{\pm 1}$, 这样有两个态对应 $l_d + l_e = 0$, 可分别标记为 Σ^+, Σ^-, 并且它们是简并的. 在通常的方法中[2,4~7], 这种简并可以通过一种相互作用使它们分离

$$\langle \nu_d^{l_d}\nu_e^{l_e}|\mathcal{H}^{l-\text{splitting}}|\nu_d^{l_d\mp 2}\nu_e^{l_e\mp 2}\rangle = \frac{r}{4}(\nu_d \pm l_d + 2)(\nu \mp l_d)(\nu_e \mp l_e + 2)(\nu_e \pm l_e). \tag{6.17}$$

在代数方法中, 有一类算符可以很自然地导致简并分离, 它们可标记为 $\overline{C}$, 并有下面的表达式

$$\begin{aligned} \overline{C}_{ij} &= \overline{C}(SO_{ij}(4)), \\ \overline{C}_{ijk} &= \overline{C}(SO_{ijk}(4)) \quad (i,j,k = 1,2,3). \end{aligned} \tag{6.18}$$

考虑 l 简并分离的代数 Hamilton 算符是

$$\mathcal{H}^{l-\text{splitting}} = d_{12}\overline{C}_{12}^2 + d_{13}\overline{C}_{13}^2 + d_{23}\overline{C}_{23}^2 + d_{123}\overline{C}_{123}^2, \tag{6.19}$$

其中 $\overline{C}_{12}^2$, $\overline{C}_{123}^2$ 在局域基下是对角的

$$\begin{aligned} \langle \overline{C}_{12}^2\rangle &= |q_{12}(p_{12}+1)|^2, \\ \langle \overline{C}_{123}^2\rangle &= |q(p+1)|^2. \end{aligned} \tag{6.20}$$

算符 $\overline{C}_{13}^2$, $\overline{C}_{23}^2$ 在局域基下不是对角的, 但是可以通过重耦合技巧得到它们的矩阵元表达式.

6.2.5 四原子分子的 Hamilton 量

应该注意, 在 Hamilton 算符式 (6.16) 仅仅考虑了耦合机理 (12)3. 在很多情况下, 耦合机理 1(23) 和 (13)2 也需要同时考虑. 当三种耦合机理都考虑时, 四原子分子的代数 Hamilton 算符可写为

$$\mathcal{H} = \mathcal{H}^{\text{local}} + A_{13}C_{13} + A_{23}C_{23} + \lambda_{12}M12 + \lambda_{13}M_{13} + \lambda_{23}M_{23} + \lambda_{123}M_{123}, \tag{6.21}$$

其中 C_{13}, C_{23} 分别是

$$
\begin{aligned}
C_{13} &= C(SO_{13}(4)) - (N_1 + N_3)(N_1 + N_3 + 2), \\
C_{23} &= C(SO_{23}(4)) - (N_2 + N_3)(N_2 + N_3 + 2).
\end{aligned} \tag{6.22}
$$

在基式 (6.3) 下 C_{13}, C_{23} 是非对角的. 然而, 它们在耦合机理 (13)2 和 1(23) 的基下是对角的. 利用 $SO(4)$ 的重耦合技巧, 可以计算出 $SO_{13}(4)$ 群对应的 Casimir 算子的矩阵元.

同样, 对于算符 M_{13}, M_{23}, M_{123}, 在局域模基下也是非对角的, 利用 $SO(4)$ 的重耦合系数, 可以把 M_{13}, M_{23} 在局域模基下的矩阵元分别转化成与它们的耦合机理对应的基下的矩阵元, 从而得到它们关于重耦合系数的表达式.

具体的计算公式不在这里列出. 有关计算公式和相应的计算程序看参阅相关文献 [2]、[3].

在具体的数值计算中, 为了提高计算精度, 有时需要考虑 C 算符和 M 算符的高阶项[7~9]. 当考虑到高阶项时, 四原子分子的代数 Hamilton 算符可写为

$$
\begin{aligned}
\mathcal{H} = {} & E_0 + A_1C_1 + A_2C_2 + A_3C_3 + A_{12}C_{12} + A_{13}C_{13} + A_{123}C_{123} \\
& + \lambda_{12}M_{12} + \lambda_{13}M_{13} + \lambda_{23}M_{23} + \overline{x}_{12}C_1C_2 + \overline{x}_{13}C_1C_3 + \overline{x}_{23}C_2C_3 \\
& + x_1C_1^2 + x_2C_2^2 + x_3C_3^2 + x_{12}C_{12}^2 + x_{123}C_{123}^2 \\
& + y_1C_1M_{12} + y_2C_2M_{12} + y_3C_3M_{12} + y_{12}C_{12}M_{12} + y_{123}C_{123}M_{12} + \cdots,
\end{aligned} \tag{6.23}
$$

这里 A_{ij}, x_i, y_i,A_{ij}, d_{ij}, $x_{ij}(i,j=1,2,3)$, A_{123}, x_{123} 和 y_{123} 等是展开系数, 由光谱数据确定. 代数 Hamilton 算符 (6.23) 对任意四原子分子都是适用的. 对于具体的四原子分子, 因为不同的分子, 不同类型的耦合项所起的作用不同, 式 (6.23) 中保留的项数可以是不同的.

6.3 线性对称分子振动能级的计算

由于振动高激发态通常包含大振幅运动, 其波函数分布在势能面上很广泛的区域, 传统的正则模式理论已不能很好地研究振动高激发态问题. 分子的振动高激发态问题可分为两类：一是通过精确的理论计算确定分子的振动高激发态的能级和波函数 (即标识分子的高振动激发态); 二是通过理论值和已有的观测实验数据进行比较从而确定分子的基本性质. 本节利用所得到的代数 Hamilton 算符本征值与实验观测能级进行拟合, 给出所需的参数, 并用它们来计算高激发态振动能级.

6.3.1 C_2H_2 分子的振动光谱

C_2H_2 分子是典型的线型对称分子, 有丰富的实验数据, 其分子构型如图 6.1(a) 所示. 由于 C_2H_2 分子的对称性, 在其代数 Hamilton 量中, 相应对称的代数参数相等.

C_2H_2 分子的代数 Hamilton 算符可重写为

$$\mathcal{H} = A_1(C_1 + C_2) + A_3C_3 + A_{12}C_{12} + A_{123}C_{123} + \lambda_{12}M_{12}. \tag{6.24}$$

利用 73 条谱线对式 (6.24) 中的展开参数进行拟合. 拟合 RMS 误差是 13.74cm^{-1}, 代数 Hamilton 量式 (6.24) 的拟合系数列于表 6.1.

表 6.1 C_2H_2 分子的拟合系数[8]

参量	数值
$N_1 = N_2$	43
N_3	137
A_1	−0.19015105(+2)
A_3	−0.35885462(+1)
A_{12}	−0.20258651(0)
A_{123}	−0.13685030(+1)
λ_{12}	0.88407320(0)

利用代数 Hamilton 量式 (6.24), 研究了 C_2H_2 分子的高激发振动能级的谱带. 结果表明: 在一个固定的谱带中, 能级数随着振动量子数 ν 的增加而迅速增加. 例如, 在 $\Sigma(l = 0)$ 带中, $\nu = 1$ 时, 振动能级数 $n = 7$; $\nu = 2$, $n = 27$; $\nu = 5$, $n = 378$. 另外, C_2H_2 分子的能级是成簇的.

用拟合的代数 Hamilton 量所计算的 C_2H_2 分子的能级以及部分实验能级可参看文献 [8].

6.3.2 C_2D_2 分子的振动光谱

C_2D_2 分子也是线型对称分子, 它的代数模型与 C_2H_2 分子类似. 因此, 它的代数 Hamilton 量为

$$\mathcal{H}=A_1(C_1 + C_2) + A_3C_3 + A_{12}C_{12} + A_{123}C_{123} + \lambda_{12}M_{12} + \lambda_{13}(M_{13} + M_{23}). \tag{6.25}$$

选取有代表性的能级 41 条, 对分子 C_2D_2 的 Hamilton 量式 (6.25) 进行拟合. 拟合 RMS 误差是 9.79cm^{-1}. 利用代数 Hamilton 量式 (6.25), 研究了 C_2D_2. 具体计算结果参看文献 [9].

上面计算了 C_2H_2 分子和 C_2D_2 分子. 虽然它们的能级结构类似但两者还是有区别的. C_2H_2 分子每一个固定的振动量子数对应的最上面一簇的结构要比 C_2D_2 分子的复杂.

6.4 线性非对称四原子分子的振动能级的计算

典型的线型非对称四原子分子有 C_2HD 和 C_2HF, 由于没有对称中心, 它们的代数 Hamilton 算符不再像线型对称四原子分子那样有很多相等的项. 下面给出 C_2HD 和 C_2HF 的计算结果.

6.4.1 C_2HD 分子振动光谱的计算

C_2HD 分子是线型非对称分子, 它的代数 Hamilton 算符可表示为

$$\mathcal{H}=A_1C_1+A_2C_2+A_3C_3+A_{12}C_{12}+A_{123}C_{123}+\lambda_{12}M_{12}+\lambda_{13}M_{13}+\lambda_{23}M_{23}. \quad (6.26)$$

根据代数 Hamilton 量式 (6.26), 选取该分子有代表性的能级 52 条, 拟合 RMS 误差是 9.79cm^{-1}.

6.4.2 C_2HF 分子振动光谱的计算

对该线型非对称分子, 它的代数 Hamilton 量为

$$\mathcal{H} = A_1C_1+A_2C_2+A_3C_3+A_{12}C_{12}+A_{123}C_{123}+\lambda_{12}M_{12}+\lambda_{13}M_{13}+\lambda_{23}M_{23}. \quad (6.27)$$

用 67 条谱线对上中的展开参数进行拟合, 拟合 RMS 误差是 4.80cm^{-1}.

上述分子的具体拟合结果和所计算的分子振动能级, 请参看具体的参考文献 [10].

6.5 准线型非对称四原子分子的振动能级的计算

在本节, 以 HCNO 分子振动能级的计算为例, 给出具体的计算结果.

HCNO 分子是准线型非对称分子, 该分子有丰富的实验数据, 它的代数 Hamilton 量为

$$\mathcal{H}=A_1C_1+A_2C_2+A_3C_3+A_{12}C_{12}+A_{123}C_{123}+B_{12}\overline{C}_{12}+B_{123}\overline{C}_{123} \quad (6.28)$$

$$+\lambda_{12}M_{12}+\lambda_{13}M_{13}+\lambda_{23}M_{23}, \quad (6.29)$$

根据此代数 Hamilton 量, 选取 35 条实验能级进行数值拟合, 拟合 RMS 误差是 9.79cm^{-1}[11].

在对以上分子的计算中, 利用 Lie 代数方法, 对光谱实验数据进行了拟合, 对未观测到的谱线进行了预测, 并对它们进行了量子数的标记, 计算结果与实验数值一致. 在计算中, 考虑了各个键之间的相互耦合, 为在代数框架内计算四原子分子的势能面和力常数提供了前提. 在 6.6 节, 将讨论四原子分子的势能面及力学性质.

6.6　四原子分子的势能面

在这一节, 应用前面的理论基础, 讨论四原子分子的势能面.

6.6.1　直线型四原子分子的势能面

1. 代数 Hamilton 量

基于与第 5 章类似的考虑, 在构造四原子分子势能面时, 仅考虑代数 Hamilton 量中 Casimir 算子的一次幂. 即从如下的代数 Hamilton 出发来构造直线型四原子分子的势能面:

$$\begin{aligned}\mathcal{H}= & A_1C_1+A_2C_2+A_3C_3+A_{12}C_{12}+A_{13}C_{13}+A_{23}C_{23}+A_{123}C_{123} \\ & +\lambda_{12}M_{12}+\lambda_{13}M_{13}+\lambda_{23}M_{23}.\end{aligned}\tag{6.30}$$

如前所述, C_1, C_2, C_3 分别是 $O_1(4)$, $O_2(4)$, $O_3(4)$ 的 Casimir 算子; C_{12} 是子群 $O_1\oplus O_2$ 的 Casimir 算子的组合; C_{13} 是子群 $O_1\oplus O_3$ 的 Casimir 算子的组合; C_{23} 是子群 $O_2\oplus O_3$ 的 Casimir 算子的组合; C_{123} 是子群 $O_1\oplus O_2\oplus O_3$ 的 Casimir 算子的组合; M_{12}, M_{13}, M_{23} 是 Majorana 算子, 其明显的表达式为

$$\begin{aligned}M_{12}= & \left[\pi_1^\dagger\times\sigma_2^\dagger-\sigma_1^\dagger\times\pi_2^\dagger\right]^{(1)}\left[\tilde{\pi}_1\times\tilde{\sigma}_2-\tilde{\sigma}_1\times\tilde{\pi}_2\right]^{(1)}+2\left[\pi_1^\dagger\times\pi_2^\dagger\right]^{(1)}\left[\tilde{\pi}_1\times\tilde{\pi}_2\right]^{(1)}, \\ M_{13}= & \left[\pi_1^\dagger\times\sigma_3^\dagger-\sigma_1^\dagger\times\pi_3^\dagger\right]^{(1)}\left[\tilde{\pi}_1\times\tilde{\sigma}_3-\tilde{\sigma}_1\times\tilde{\pi}_3\right]^{(1)}+2\left[\pi_1^\dagger\times\pi_3^\dagger\right]^{(1)}\left[\tilde{\pi}_1\times\tilde{\pi}_3\right]^{(1)}, \\ M_{23}= & \left[\pi_2^\dagger\times\sigma_3^\dagger-\sigma_2^\dagger\times\pi_3^\dagger\right]^{(1)}\left[\tilde{\pi}_2\times\tilde{\sigma}_3-\tilde{\sigma}_2\times\tilde{\pi}_3\right]^{(1)}+2\left[\pi_2^\dagger\times\pi_3^\dagger\right]^{(1)}\left[\tilde{\pi}_2\times\tilde{\pi}_3\right]^{(1)}.\end{aligned}\tag{6.31}$$

另外, 角动量算符和偶极子算符用玻子算符可表示为 (参见表 3.1)

$$\begin{aligned}J_{i\mu}^{(1)} &= \sqrt{2}\left[\pi_i^\dagger\times\tilde{\pi}_i\right]_\mu^{(1)}, \\ D_{i\mu}^{(1)} &= \left[\pi_i^\dagger\times\tilde{\sigma}_i+\sigma_i^\dagger\times\tilde{\pi}_i\right]_\mu^{(1)}.\end{aligned}\tag{6.32}$$

把上式代入式 (6.30), 即可得到代数 Hamilton 量用玻色子算子表示的明显形式. 具体表达式可参见文献 [12, 13], 在此不在列出.

2. 势能面

在第 5 章, 讨论了稳定三原子分子的势能面. 其中, 在 5.2 节, 求得了角动量及偶极算符的经典极限, 并求得三原子分子的势能面.

考虑到式 (5.16)、式 (5.28)、式 (5.33) 以及式 (5.34), 对四原子分子, 定义相应的势能面

$$V(q_1,q_2,q_3)=\mathcal{H}_{cl}(q_1,q_2,q_3;p_1=0,p_2=0,p_3=0). \tag{6.33}$$

应用正则坐标 $\boldsymbol{q}_i$ 和正则动量 $\boldsymbol{p}_i$ 与内坐标之间的关系式 (5.46) 和式 (5.48), 所表示的势能面可以转化为分子内坐标 $(r_1,r_2,r_3,\theta_1,\theta_2)$ 的函数, 即 $V(q_1,q_2,q_3)=V(r_1,r_2,r_3,\theta_1,\theta_2)$. 具体表达式是[12~14]

$$\begin{aligned}
V=&\Big(A_1+A_{12}+A_{13}+A_{123}\Big)N_1^2\varphi(r_1)+\Big(A_2+A_{12}+A_{23}+A_{123}\Big)N_1^2\varphi(r_2)\\
&+\Big(A_3+2A_{13}+A_{23}+A_{123}\Big)N_3^2\varphi(r_3)\\
&+2\Big(A_{12}+A_{123}\Big)N_1^2\left[\varphi(r_1)\varphi(r_2)\right]^{\frac{1}{2}}\Big(-\operatorname{sech}\vartheta_1\operatorname{sech}\vartheta_2\operatorname{th}\vartheta_1\operatorname{th}\vartheta_2\Big)\\
&+2\Big(A_{13}+A_{123}\Big)N_1N_3\left[\varphi(r_1)\varphi(r_3)\right]^{\frac{1}{2}}\left(-\frac{1}{\cosh\vartheta_1}\right)\\
&+2(A_{13}+A_{123})N_1N_3\left[\varphi(r_2)\varphi(r_3)\right]^{\frac{1}{2}}\left(-\frac{1}{\cosh\vartheta_2}\right)\\
&+\lambda_{12}\bigg\{\frac{1}{4}N_1N_2\varrho(r_1)(2-\varrho(r_1))+\frac{1}{4}N_1^2\varrho(r_1)(2-\varrho(r_2))\\
&-\frac{1}{2}N_1^2\left[\varphi(r_1)\varphi(r_2)\right]^{\frac{1}{2}}\left(-(\operatorname{sech}\vartheta_1\operatorname{sech}\vartheta_2-\operatorname{th}\vartheta_1\operatorname{th}\vartheta_2)\right)\bigg\}\\
&+\lambda_{13}\bigg\{\frac{1}{4}N_1N_3\varrho(r_3)(2-\varrho(r_1))+\frac{1}{4}N_1N_3\varrho(r_1)(2-\varrho(r_3))\\
&-\frac{1}{2}N_1N_3\left[\varphi(r_1)\varphi(r_3)\right]^{\frac{1}{2}}\left(-\frac{1}{\cosh\vartheta_1}\right)^2\bigg\}\\
&+\lambda_{23}\bigg\{\frac{1}{4}N_2N_3\varrho(r_3)(2-\varrho(r_2))+\frac{1}{4}N_1N_3\varrho(r_2)(2-\varrho(r_3))\\
&-\frac{1}{2}N_1N_3[\varphi(r_2)\varphi(r_3)]^{\frac{1}{2}}\left(-\frac{1}{\cosh\vartheta_2}\right)^2\bigg\},
\end{aligned}$$

其中

$$\begin{aligned}
\varphi(r_i)=&\Big(2-\mathrm{e}^{-\beta_i(r_i-r_{ie})}\Big)\mathrm{e}^{-\beta_i(r_i-r_{ie})},\\
\varrho(r_i)=&2-\mathrm{e}^{-\beta_i(r_i-r_{ie})},\\
\vartheta_i=&\alpha_i(\theta_i-\theta_{i0}).
\end{aligned} \tag{6.34}$$

6.6.2 参数 α 的计算公式

在 6.5 节给出了四原子分子的势能面, 并引进了参数 $\alpha_i(i=1,2)$. 可以借用与第 5 章中类似的方法推导出参数 α_i 的具体表达式. 具体的推导过程可参考文献

[12]、[13], 这一节只给参数 α_i 的表达式

$$\alpha_i = \frac{1}{\sqrt{\left[-2(A_{12}+A_{123})+\frac{3}{2}\lambda_{12}\right]N_1N_2+\left[-2(A_{13}+A_{123})+\frac{3}{2}\lambda_{13}\right]N_iN_3}} \times \frac{2\pi c\nu_i}{\sqrt{\frac{u_1}{r_{ie}^2}+\frac{u_2}{r_{3e}^2}+u_3\left(\frac{1}{r_{ie}^2}+\frac{1}{r_{3e}^2}+\frac{2}{r_{ie}r_{3e}}\right)}}. \tag{6.35}$$

6.6.3 分子鞍点的计算方法

在本节, 采用与 5.4.4 节类似的技术路线, 讨论四原子分子的势能面式 (6.34) 在键角冻结在平衡位置时的有关性质.

首先, 讨论势能曲面式 (6.34) 的驻点坐标. 其驻点方程为

$$\begin{cases} \dfrac{\partial V}{\partial q_1}=0, \\ \dfrac{\partial V}{\partial q_2}=0, \\ \dfrac{\partial V}{\partial q_3}=0. \end{cases} \tag{6.36}$$

由此方程组, 可求得如下的解:

(1) $\{q_1=0, q_2=0, q_3=0\}$.

考虑到变换式 (5.46), 可以得到 $\{r_1\to\infty, r_2\to\infty, r_3\to\infty\}$ 这对应分子的三个键完全断开, 即分子完全解离的情况.

(2) $\{q_1=0, q_2=0, q_3=1\}$, $\{q_1=0, q_2=1, q_3=0\}$ 和 $\{q_1=1, q_2=0, q_3=0\}$.

也就是 $\{r_1\to\infty, r_2\to\infty, r_3\to r_{3e}\}$, $\{r_1\to\infty, r_2\to r_{2e}, r_3\to\infty\}$ 和 $\{r_1\to r_{1e}, r_2\to\infty, r_3\to\infty\}$. 这对应两个键完全断开, 另一个键处于平衡位置.

(3) $\{q_1=1, q_2=1, q_3=1\}$.

这种情况对应于 $\{r_1\to r_{1e}, r_2\to r_{2e}, r_3\to r_{3e}\}$, 也就是势能面的极小值点.

(4) $\{q_1=0, q_2=1, q_3=1\}$, $\{q_1=1, q_2=1, q_3=0\}$ 和 $\{q_1=1, q_2=0, q_3=1\}$.

也就是 $\{r_1\to\infty, r_2\to r_{2e}, r_3\to r_{3e},\}$, $\{r_1\to r_{1e}, r_2\to r_{2e}, r_3\to\infty,\}$ 和 $\{r_1\to r_{1e}, r_2\to\infty, r_3\to r_{3e},\}$. 这时分子的一个键完全断开另外两个键处于平衡位置.

上面四种情况对应分子势能面的稳定点, 并不是分子势能面的鞍点. 为了求出分子势能面的鞍点, 首先必须求出分子势能面与上面四种稳定点的情况不同的驻点 (q_{10}, q_{20}, q_{30}). 由数学分析的知识知道, 对多元函数驻点 (q_{10}, q_{20}, q_{30}) 性质的判定,

需要求出下面的矩阵 $\boldsymbol{A}$ 所对应行列式的值

$$\boldsymbol{A}=\begin{pmatrix} a_{11} & a_{12} & a_{13} \\ a_{21} & a_{22} & a_{23} \\ a_{31} & a_{32} & a_{33} \end{pmatrix}, \tag{6.37}$$

其中 $a_{ij}=\left.\dfrac{\partial^2}{\partial q_i \partial q_j}V(q_1,q_2,q_3)\right|_{(q_{10},q_{20},q_{30})}\quad (i,j=1,2,3).$

由多元函数分析知识, 根据矩阵 $\boldsymbol{A}$ 的性质, 有如下结论:

(1) 当矩阵 $\boldsymbol{A}$ 是正定时, 势能面 $V(q_1,q_2,q_3)$ 在驻点 (q_{10},q_{20},q_{30}) 具有极小值;

(2) 当矩阵 $\boldsymbol{A}$ 是负定时, 势能面 $V(q_1,q_2,q_3)$ 在驻点 (q_{10},q_{20},q_{30}) 点具有极大值;

(3) 当矩阵 $\boldsymbol{A}$ 非定时, 驻点 (q_{10},q_{20},q_{30}) 是势能面 $V(q_1,q_2,q_3)$ 的鞍点.

矩阵 A 的具体表达式在此不再列出, 可参见文献 [13]、[14]. 具体的计算可采用数值计算.

但是作为例子, 给出 C_2HF 分子势能面的鞍点情况[13].

对驻点 $r_1=1.06445\text{Å}$, $r_2=1.19855\text{Å}$, $r_3=1.22924\text{Å}$, 通过计算可以得出在此点处:

$$|a_{11}|>0, \tag{6.38}$$

$$\begin{vmatrix} a_{11} & a_{12} \\ a_{21} & a_{22} \end{vmatrix}>0, \tag{6.39}$$

$$\begin{vmatrix} a_{11} & a_{12} & a_{13} \\ a_{21} & a_{22} & a_{23} \\ a_{31} & a_{32} & a_{33} \end{vmatrix}>0. \tag{6.40}$$

表明矩阵 $\boldsymbol{A}$ 是非定的, 所以此驻点为分子势能面的鞍点.

6.6.4 应用

在本章的前面几节中, 应用扩展玻色子算符, 把代数 Hamilton 经典化后, 得到了四原子分子的全势能面, 并讨论了其有关的基本性质. 下面以 C_2H_2 分子为例给出具体四原子分子的计算.

该分子是典型的线型对称分子. 分子的解离能、键的解离能和力常数的值列于表 6.2.

表 6.2 C_2H_2 分子的力常数和解离能[14]

变量	计算值	文献 [10]
k_{11}	6.492μJ·Å·rad	6.370μJ·Å·rad
k_{12}	−0.00716μJ·Å·rad	−0.019μJ·Å·rad
k_{33}	15.035μJ·Å·rad	16.341μJ·Å·rad
k_{111}	−107.685μJ·Å·rad	
k_{13}	0.0μJ·Å·rad	−0.095μJ·Å·rad
$k_{\alpha\alpha}$	0.2478μJ·Å·rad	0.251μJ·Å·rad
k_{333}	−257.685μJ·Å·rad	
k_{3333}	3736.35μJ·Å·rad	
k_{121}	0.0197μJ·Å·rad	
$D_{e1}=D_{e1}$	4.272eV	
D_{e3}	8.854eV	
D_e	17.1988eV	17.552eV

图 6.2 表示 C_2H_2 的势能面随 r_1 和 r_2 的变化 (r_3 和键角处于平衡位置).

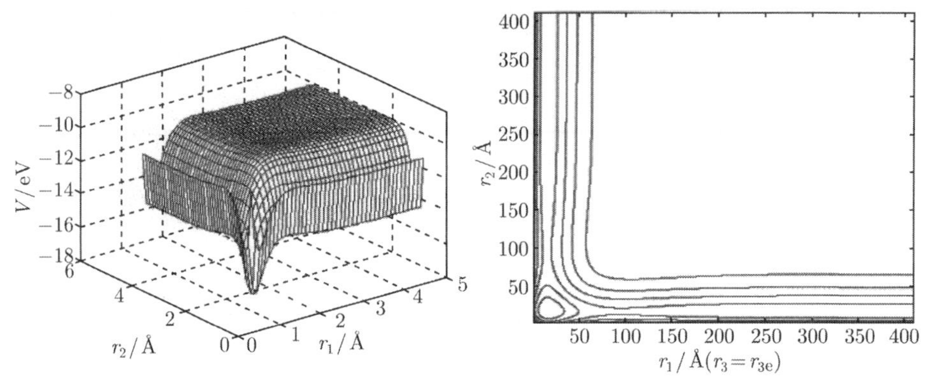

图 6.2 C_2H_2 分子的势能曲面. 其中分子 C—C 键和键角冻结在平衡位置

图 6.3 为 C_2H_2 的势能面随 r_1 和 r_3 的变化 (r_2 和键角处于平衡位置).

在上述图中, 也给出了相应的等高线.

考虑势能面随另外两个键的变化. 从图可以看出随着键长离平衡位置的增加, 势能面随之增加. 因此当 C 原子接近 HCH 时, 分子的势能面减小, 到分子的平衡位置势能面达到最小, 越过平衡位置势能面随之增加. 在代数模型的数值计算中, 得到 $K_{13}=0$, 而实验值不为零. 造成计算误差的原因是没有考虑键 1(或 2) 和键 3 的相互作用. 通过下面的计算可以发现在加入键 1(2) 和键 3 的相互作用后这一误差可以解除.

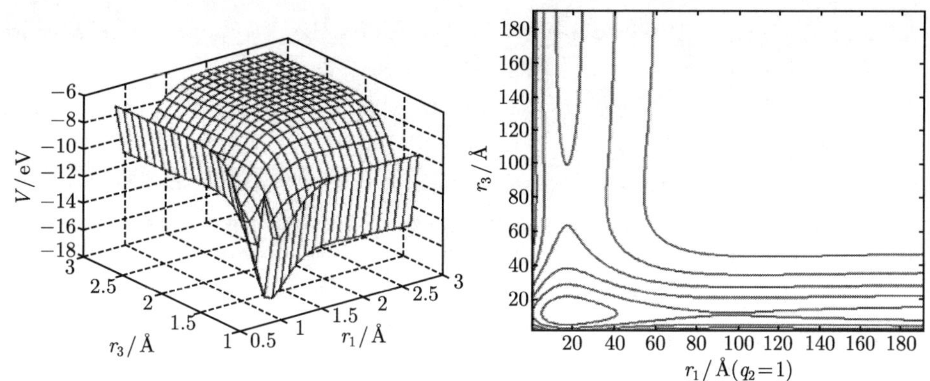

图 6.3 C_2H_2 分子的势能曲面. 其中分子的一个 C—H 键和键角冻结在平衡位置

在上面四原子分子的计算中, 可以看出在没有考虑 $q_3 = 0$ 的情形, 因为这对应着四原子分子分成两个双原子分子的情形. 通过与勃杰鲁姆所提出的价力假设: **被价键连接起来的两个原子之间的距离如有所改变, 则沿价键方向必有很强的回复力; 把一个原子和另外两个原子连接起来的两个价键之间的夹角的改变, 要受到一个回复力的阻碍.** 可以看出, 所用到的分子模型相当于中间一根较粗的弹簧连着两边两根较细的弹簧. 通过计算所得的力常数的值与用其他方法得到的值一致.

另外, 该理论方法可用于研究四原子分子的动力学性质, 如

$$\left.\begin{array}{l}\mathrm{II}+\mathrm{C}\equiv\mathrm{C\Gamma(II,D)}\\ \mathrm{HC}\equiv\mathrm{C}+\mathrm{F(H,D)}\end{array}\right\}\longleftrightarrow\mathrm{HC}\equiv\mathrm{CF(H,D)}\longleftrightarrow\mathrm{HC}+\mathrm{CF(H,D)},\tag{6.41}$$

$$\left.\begin{array}{l}\mathrm{H}+\mathrm{C}\equiv\mathrm{NO}\\ \mathrm{HC}\equiv\mathrm{N}+\mathrm{O}\end{array}\right\}\longleftrightarrow\mathrm{HC}\equiv\mathrm{NO}\longleftrightarrow\mathrm{HC}+\mathrm{NO}.\tag{6.42}$$

参 考 文 献

[1] Iachello F, Levine R D. Algebraic Theory of Molecules. Oxford: Oxford Univesity Press, 1994

[2] Oss S. Algebraic models in molecular spectroscopy. Adv. Chem. Phys., 1996, 93: 455

[3] Gilmore R. Catastrople Theory for Scientists and Engineers. New York: John Wiley & Sons Ltd, 1981

[4] Benjamin I, Levine R D. Potential energy surfaces for stable triatomic molecules using an algebraic Hamiltonian. Chem. Phys. Lett., 1985, 117: 314

[5] Zheng Y, Ding S. Vibrational spectra of HCN and OCS from second-order expansion of the algebra. Phys. Lett. A, 1999, 256: 197

[6] Zheng Y, Ding S. Algebraic method for determining the potential energy surface for nonlinear triatomic molecules. Chem. Phys., 1999, 247: 225

[7] Zheng Y, Ding S. Lie algebraic approach to potential energy surface for symmetric triatomic molecules. J. Chem. Phys., 1999, 111: 4466

[8] Wang M, Ding S, Feng D. Lie-algebraic approach to vibrational spectra of a linear symmetrical tetratomic molecule: C2H2. Phys. Rev. A, 2002, 66: 022506

[9] Ding S, Wang M, Feng D. Recoupling coefficients of group SO(4) and their application to linear tetratomic molecules. Int. J. Quant. Chem., 2003, 94: 293

[10] 冯东太, 丁世良, 王美山. 非对称线型四原子分子高激发振动能级的动力学 Lie 代数方法, 中国科学 (G), 2003, 33: 378

[11] 冯东太, 丁世良, 王美山. 准线型四原子分子高激发振动能级的动力学李代数方法. Chem. J. Chin. Univ., 2003, 24: 1299

[12] Wang X, Ding S. Derivation and application of extended parabolic wave theories. II. Path integral representations. J. Math. Chem., 2004, 25: 297

[13] Wang X, Ding S. Lie algebraic approach to potential energy surface for symmetrical linear tetratomic molecule. Chem. Phys., 2004, 297: 111

[14] Wang X, Ding S. Saddle points of the potential energy surface for HCCF determined by an algebraic approach . Eur. Phys. J. D., 2004, 29: 337

第 7 章　动力学 Lie 代数方法

Lie 代数方法不仅能处理不含时问题, 对含时问题的处理也具有一定的优势. 人们从各种方面发展了应用 Lie 代数理论处理量子力学的含时问题. 目前应用较多的有 Wei-Norman 所发展的演化算符的代数分解和基于极大熵所确定的动力学 Lie 代数方法以及 Mangus 分解. 本章简要介绍这几种理论方法, 有关应用则在后面章节中介绍.

7.1　极　大　熵

对于一个碰撞系统, 系统碰撞后的密度算符可以表示为下面的形式:

$$\rho(t) = \exp\left(-\lambda_0 - \sum_{r=1} \lambda_r A_r\right), \tag{7.1}$$

其中 A_r 是算符 ($A_0 = I$, 为单位算符). 为方便, 以后称 A_r 为约束. λ_0, λ_r 为系数.

以式 (7.1) 为基础, 讨论时间演化与约束的有关问题. 在 Schrödinger 表象中, 时间演化算符用一个幺正演化算符 $U(t, t_0)$ 表示. 如果在初始时刻, 体系密度算符为 $\rho(t_0)$, 那么密度算符随时间 t 的演化可以写为

$$\rho(t) = U(t, t_0)\rho(t_0)U^\dagger(t, t_0). \tag{7.2}$$

利用时间演化算符的幺正性有

$$\begin{aligned}\ln[\rho(t)] &= \ln[U(t, t_0)\rho(t_0)U^\dagger(t, t_0)] \\ &= U(t, t_0) \ln\left(\rho(t_0)\right) U^\dagger(t, t_0).\end{aligned} \tag{7.3}$$

利用式 (7.3)(并考虑到演化算符的幺正性质), 可以证明体系的熵是不依赖时间变化的.

利用熵 $\mathcal{S}$ 与密度算符的关系

$$\mathcal{S} = -\mathrm{Tr}\left[\rho(t) \ln \rho(t)\right], \tag{7.4}$$

式 (7.1) 可以写为

$$-\ln \rho(t_0) = \sum_{r=0}^{n} \lambda_r(t_0) A_r. \tag{7.5}$$

考虑到式 (7.3), 有

$$-\ln\rho(t)=\sum_{r=0}^{n}\lambda_r(t_0)UA_rU^{\dagger}. \tag{7.6}$$

所谓精确的约束是所有用来确定系统在时刻 t 密度算符的一系列线性独立的算符 $A_r(r=0,1,\cdots,m,m\geqslant n)$. 这些算符构成了 $-\ln\rho(t)$ 的展开式

$$-\ln\rho(t)=\sum_{r=0}^{m}\lambda_r(t)A_r. \tag{7.7}$$

如果式 (7.7) 包含初始时刻的状态, 则要求当 $n<r\leqslant m$ 时, $\lambda_r(t_0)=0$.

由式 (7.6) 和式 (7.7), 可以得到下面的方程:

$$\sum_{r=0}^{m}\lambda_r(t)A_r=\sum_{s=0}^{n}\lambda_s(t_0)UA_sU^{\dagger}. \tag{7.8}$$

算符 A_r 是线性独立的, 并且展开式 (7.7) 要求适用于整个碰撞过程的任意时刻 t. 因此, 可以使式 (7.8) 两边算符 A_r 的系数相等, 这样就可以得出必定存在一个显含时间的矩阵 G, 而且矩阵 G 的元素由下面的公式确定

$$UA_sU^{\dagger}=\sum_{r=0}^{m}A_rG_{rs}. \tag{7.9}$$

把式 (7.9) 代入式 (7.8) 中, 可以得到

$$\lambda_r(t)=\sum_{s}G_{rs}\lambda_s(t_0). \tag{7.10}$$

进而, 由式 (7.9) 还可以得到

$$U^{\dagger}A_rU=\sum_{s=0}^{m}\left(G^{-1}\right)_{sr}A_s. \tag{7.11}$$

下面, 给出由式 (7.9) 推导式 (7.11) 的过程.

首先, 通过变换, 从式 (7.9) 得到 A_s 的表达式

$$A_s=U^{\dagger}(A_0\ \ A_1\ \ \cdots\ \ A_m)U\begin{pmatrix}G_{0s}\\G_{1s}\\\vdots\\G_{ms}\end{pmatrix}, \tag{7.12}$$

所以

$$(A_0\ A_1\ \cdots\ A_m)\begin{pmatrix} G'_{01} & G'_{02} & \cdots & G'_{0m} \\ G'_{11} & G'_{12} & \cdots & G'_{1m} \\ \vdots & \vdots & & \vdots \\ G'_{m1} & G'_{m2} & \cdots & G'_{mm} \end{pmatrix} = U^{\dagger}(A_0\ A_1\ \cdots\ A_m)U. \quad (7.13)$$

从而得到式 (7.11).

利用 Schrödinger 方程 $\mathrm{i}\hbar\frac{\partial}{\partial t}U(t) = \mathcal{H}(t)U(t)$ 与 $U(t_0, t_0) = I$, 当 $t = t_0$ 时对式 (7.9) 两边取时间的偏微分, 得到

$$\mathrm{i}\hbar\frac{\partial A_s}{\partial t} = \sum_{r=0}^{m} A_r \mathrm{i}\hbar\frac{\partial G_{rs}}{\partial t} = [\mathcal{H}(t), A_s]. \quad (7.14)$$

令 $\mathrm{i}\hbar\frac{\partial G_{rs}}{\partial t} = \alpha_{rs}$, 则有

$$[\mathcal{H}(t), A_s] = \sum_{r=0}^{m} A_r \alpha_{rs}. \quad (7.15)$$

这样描述任意时刻 t 密度算符的 $m+1$ 个约束是一组与 Hamilton 量对易的算符. 给出一个描述初始状态的由 $n+1$ 个算符构成的集合 $\{A_r\}$(也就是出现在展开式 $-\ln\rho(t_0)$ 中的算符).

考虑代数封闭的情况, 即所有在对易形式 $[\mathcal{H}(t), A_r]$ 下的算符 (设 $A_q = [\mathcal{H}(t), A_r]$), 如果算符 A_q 是初始集合 $\{A_r\}$ 中 $n+1$ 个算符的线性组合, 就说已经是封闭的. 如果还不是封闭的, 则需要把新产生的算符再与 Hamilton 量作对易运算, 即考虑

$$[\mathcal{H}(t), [\mathcal{H}(t), A_r]] = [\mathcal{H}(t), A_q], \quad (7.16)$$

直到最终得到集合是封闭的.

由算符平均值与密度的关系式

$$\langle A_r \rangle = \mathrm{Tr}\{\rho(t)A_r\}, \quad (7.17)$$

可以得到

$$\begin{aligned} \frac{\partial}{\partial t}\langle A_r\rangle(t) &= \mathrm{Tr}\left\{A_r\frac{\partial\rho(t)}{\partial t}\right\} \\ &= -\frac{1}{\mathrm{i}\hbar}\mathrm{Tr}\{A_r[\mathcal{H}(t), \rho(t)]\} \\ &= -\frac{1}{\mathrm{i}\hbar}\mathrm{Tr}\{\rho(t)[\mathcal{H}(t), A_r]\}, \end{aligned} \quad (7.18)$$

把式 (7.15) 代入上式中得到

$$\begin{aligned}\frac{\partial}{\partial t}\langle A_r\rangle(t) &= -\frac{1}{\mathrm{i}\hbar}\sum_s \alpha_{sr}\mathrm{Tr}\left\{\rho(t)A_r\right\} \\ &= -\frac{1}{\mathrm{i}\hbar}\sum_s \alpha_{sr}\langle A_s\rangle(t).\end{aligned} \tag{7.19}$$

把上式写成矩阵形式, 就得到约束的平均值满足的方程

$$\frac{\partial}{\partial t}\langle A\rangle(t) = -\frac{1}{\mathrm{i}\hbar}\langle A\rangle(t)\cdot\alpha. \tag{7.20}$$

在量子力学中, 讨论了不显含时间的力学量的平均值及概率分布随时间的演化. 在这种情况下, 力学量的平均值随时间的变化归结于状态波函数 $\psi(t)$ 随时间的演化, 而力学量本身是不随时间演化的. 这是 Schrödinger 表象中的描述方式.

在 Schrödinger 表象中, 体系的状态矢量 $\psi(t)$ 是随着时间演化的, 遵守 Schrödinger 方程

$$\mathrm{i}\hbar\frac{\partial}{\partial t}\psi(t) = \mathcal{H}(t)\psi(t). \tag{7.21}$$

若令

$$\psi(t) = U(t,t_0)\psi(t_0), \tag{7.22}$$

$U(t,t_0)$ 称为时间演化算符, 可以看作体系状态随时间演化的连续变换, 即把体系在时刻 t 的状态波函数 $\psi(t)$ 与初始时刻的状态波函数 $\psi(t_0)$ 联系起来的一种连续变换. 为了满足概率守恒的条件, 要求

$$U(t,t_0)U^\dagger(t,t_0) = U^\dagger(t,t_0)U(t,t_0) = 1, \tag{7.23}$$

或者

$$U(t,t_0) = U^\dagger(t,t_0). \tag{7.24}$$

也就是 $U(t,t_0)$ 具有幺正性. 很明显, 由式 (7.22) 的形式知, 已知初始时刻的状态波函数, 任意时刻的状态波函数随时间的演化可以通过演化算符得到.

对于力学量算符显含时间的情况, 状态传播子、波函数、熵随着时间演化的求解是一个很复杂的过程[1]. 由于 Schrödinger 方程只含波函数对时间的一次微商, 当给定体系的初态波函数 $\psi(0,\boldsymbol{r})$ 后, 求解 Schrödinger 方程, 原则上即可以确定以后任何时刻 $t>0$ 的波函数 $\psi(t,\boldsymbol{r})$. 由于 Schrödinger 方程给出了波函数随时间演化的规律, 任意时刻 t 的状态波函数 $\psi(t,\boldsymbol{r})$ 随时间的演化与初始时刻的状态波函数 $\psi(0,\boldsymbol{r})$ 存在下面的关系式:

$$\psi(t,\boldsymbol{r}) = U(t,0)\psi(0,\boldsymbol{r}). \tag{7.25}$$

在量子力学中, 详细地讨论了 Schrödinger 理论形式中的传播子 (propagator) 概念[1]. 按 Schrödinger 波动力学, 一个量子体系状态 $|\psi(t)\rangle$ 的演化由 Schrödinger 方程给出, 即

$$\mathrm{i}\hbar\frac{\partial}{\partial t}\psi(t)=\mathcal{H}(t)\psi(t), \tag{7.26}$$

其中, $\mathcal{H}(t)$ 为体系的 Hamilton 量.

为了便于讨论含时的情况, 首先简要回顾一下 Hamilton 量不显含时间 t 的情况.

按式 (7.26), 体系在时刻 t' 的状态 $|\psi(t)\rangle$, 可由时刻 $t(t\leqslant t')$ 的状态 $|\psi(t')\rangle$ 由下面的方程得到:

$$|\psi(t')\rangle=\exp[-\mathrm{i}\mathcal{H}(t'-t)/\hbar]|\psi(t)\rangle \tag{7.27}$$

如果采用坐标表象, 可以得到

$$\begin{aligned}\langle\boldsymbol{r}'|\psi(t')\rangle&=\langle\boldsymbol{r}'|\exp[-\mathrm{i}\mathcal{H}(t'-t)/\hbar]|\psi(t)\rangle\\&=\int\mathrm{d}\boldsymbol{r}\langle\boldsymbol{r}'|\exp[-\mathrm{i}\mathcal{H}(t'-t)/\hbar]|\boldsymbol{r}\rangle\langle r|\psi(t)|\rangle,\end{aligned} \tag{7.28}$$

或者表示为

$$\psi(\boldsymbol{r}',t')=\int\mathrm{d}\boldsymbol{r}'K(\boldsymbol{r}',t;\boldsymbol{r},t)\psi(\boldsymbol{r},t), \tag{7.29}$$

其中

$$K(\boldsymbol{r}',t;\boldsymbol{r},t)=\langle\boldsymbol{r}'|\exp[-\mathrm{i}\mathcal{H}(t'-t)/\hbar]|\boldsymbol{r}\rangle, \tag{7.30}$$

称为传播子, 是坐标表象中的表示式.

假设 $\psi(\boldsymbol{r},t)=\delta(\boldsymbol{r}'-\boldsymbol{r}_0)$, 即 t 时刻粒子处于空间 $\boldsymbol{r}_0$ 点, 则由式 (7.29), $\psi(\boldsymbol{r}',t')=K(\boldsymbol{r}',t;\boldsymbol{r}_0,t)$. 为了方便, 这里把 $\boldsymbol{r}_0$ 换为 $\boldsymbol{r}$, 即 t 时刻粒子位于 $\boldsymbol{r}$ 点, 则 t' 时刻粒子在 $\boldsymbol{r}'$ 点的波幅为 $\psi(\boldsymbol{r}',t')=K(\boldsymbol{r}',t';\boldsymbol{r},t)$. 由此得知传播子的物理意义为: 假设粒子在初始时刻 t 处于空间 $\boldsymbol{r}$ 处 (位置本征态), 则 $K(\boldsymbol{r}',t';\boldsymbol{r},t)$ 表示在以后某时刻 $t'(t'\geqslant t)$ 粒子处于空间 $\boldsymbol{r}'$ 点的概率波幅.

如果 Hamilton 量 $\mathcal{H}$ 显含时间 t, 比较方便的方法是用动力学 Lie 代数的方法求得该系统时间演化算符 $U(t,t_0)$, 然后就可以得到系统的传播子

$$K(\boldsymbol{r}',t';\boldsymbol{r},t)=\langle\boldsymbol{r}'|U(t',t)|\boldsymbol{r}\rangle. \tag{7.31}$$

也就是说, 对于力学量算符显含时间的体系, 如果要研究体系随时间演化问题, 可以转化为时间演化算符 $U(t,t_0)$ 求解问题, 一旦选定了一个初始状态, 并且求得体系的演化算符, 体系的状态波函数、熵、传播子等一系列问题将会迎刃而解.

在 Schrödinger 表象中, 时间演化算符用一个幺正演化算符 $U(t,t_0)$ 表示. 如果体系初始时刻密度算符 $\rho(t_0)$, 那么密度算符, 在时刻 t 随时间的演化可以写为

$$\rho(t)=U(t,t_0)\rho(t_0)U^\dagger(t,t_0). \tag{7.32}$$

由上面的讨论知：在解决复杂体系的力学量算符显含时间的有关问题时最首要的任务是得到时间演化算符 $U(t,t_0)$.

7.2　演化算符的极大熵分解

上节给出了密度算符的表达式. 由方程式 (7.1) 给出的 ρ 的形式, 最关键的是分析实验结果时, 相同的一组约束适应于相似机理过程的各种不同的反应. 下面给出相应的理论结果.

算符 A_r 作为一组约束, 根据式 (7.15) 得到任一约束与 Hamilton 量对易关系为

$$[\mathcal{H}(t),A_r]=\sum_s A_s\alpha_{sr}(t). \tag{7.33}$$

在式 (7.33) 中 Hamilton 量是显含时间的, 而且对于相似的问题, Hamilton 量显含时间的表达式会有所不同. 现在考虑一组“相似”的过程, 即设它们的 Hamilton 量都可以写成下面的形式：

$$\mathcal{H}(t)=\sum_{n=1} h_n(t)H_n, \tag{7.34}$$

在这里算符 H_n 与时间无关系, 不同的碰撞系统只是体现在时间函数 $h_n(t)$ 的表达式不同.

如果约束 A_r 与式 (7.34) 中的每一个 H_n 做对易运算后是封闭的, 共同的约束对于所有相似的系统都是适用的.

$$[H_n,A_r]=\sum_s d_{sr}(H_n)A_s,\quad n=1,\cdots, \tag{7.35}$$

在上式中, $d_{sr}(H_n)$ 是不依赖于时间的系数, 但与 s 和 r 是有关的, 而且算符 H_n 不同对应的 $d_{sr}(H_n)$ 是不同的. 这样通过式 (7.34) 和式 (7.35) 就可以求出式 (7.33) 适用所有的相似动力学过程.

$$\begin{aligned}[\mathcal{H}(t),A_r]&=\sum_n h_n(t)[H_n,A_r]\\&=\sum_n\sum_s h_n(t)d_{sr}(H_n)A_s\\&=\sum_s A_s\left(\sum_n h_n(t)d_{sr}(H_n)\right)\end{aligned} \tag{7.36}$$

因此, 得到这样一个关于 $\alpha_{sr}(t)$ 的表达式

$$\alpha_{sr}(t) = \sum_n h_n(t) d_{sr}(H_n) \tag{7.37}$$

当满足条件式 (7.35) 时, 所有相似系统的动力学过程有关解可以用一组形式相同的约束来描述. 对于具体不同的动力学过程只是拉格朗日参数的不同, 它们随时间演化的结果由矩阵 $\alpha(t)$ 来决定.

下面用更为一般的形式来讨论这方面的问题. 方程式 (7.34) 给出的 Hamilton 量中的算符 H_n 所构成的算符集合 $\{H_n\}$, 但 $\{H_n\}$ 中的算符之间的对易关系不一定是封闭的. 也就是说, 如果 H_n 和 H_m 都是集合 $\{H_n\}$ 中的元素, 对易关系式 $[H_n, H_m]$ 不一定是集合中算符的线性组合. 针对这种情况, 可以令 $H_l = [H_n, H_m]$ (算符 H_l 不是集合 $\{H_n\}$ 中的元素也不是这些元素的线性组合), 包括方程式 (7.34)$\mathcal{H}(t)$ 中的 $h_l(t) = 0$ 的情况. 新出现的算符 H_l 再与集合中的算符做对易关系, 这样依次进行直到得到一个最小的算符两两做对易关系后处于封闭的集合. 对于集合中任意两个算符 H_n 和 H_m 有

$$[H_n, H_m] = \sum_r C_{nm}^r H_r, \tag{7.38}$$

这样的一个最小的集合就是著名的 Lie 代数. 由 Hamilton 量中的算符产生. 其中系数 C_{nm}^r 为结构常数. 把上面定义的 Lie 代数称为“动力学代数”, 其中算符 H_n 称为代数的元.

现在来看在方程式 (7.35) 中介绍的这组“共同的约束”. 约束与 Hamilton 量中所包含的算符对易关系是封闭的, 同时与动力学代数中的元的对易关系也是封闭的. 然而, 在方程式 (7.34) 中, 考虑 $H_l = [H_n, H_m]$(H_l 不是 Hamilton 量中出现的算符). 因此 $n = l$ 这种情况不属于式 (7.35) 定义的“共同约束”的范围. 根据 Jacobi 行列式

$$[[A, B], C] + [[B, C], A] + [[C, A], B] = 0, \tag{7.39}$$

可以进行下面的推导:

$$\begin{aligned}
[[H_m, H_n], A_r] &= [[H_m, A_r], H_n] - [[H_n, A_r], H_m] \\
&= \sum_s \{d_{sr}(H_m)[A_s, H_n] - d_{sr}(H_n)[A_s, H_m]\} \\
&= \sum_s \sum_t \{d_{sr}(H_n) d_{ts}(H_m) - d_{sr}(H_m) d_{ts}(H_n)\} A_t.
\end{aligned} \tag{7.40}$$

由于 $H_l = [H_n, H_m]$, 可以把上式简化为

$$[H_l, A_r] = \sum_r d_{tr}(H_l) A_t, \tag{7.41}$$

其中

$$d_{tr}(H_l)=\sum_s\{d_{ts}(H_m)d_{sr}(H_n)-d_{ts}(H_n)d_{sr}(H_m)\}. \tag{7.42}$$

上式就是动力学代数的忠实表示, 不同的 Hamilton 量由不同的算符组成, 但是它们可以由相同的动力学代数产生, 所以给出一组共同的约束. 例如, 假设算符 H_l 在 Hamilton 量中没出现, 也就是在式 (7.34)$\mathcal{H}(t)$ 中的 $h_l(t)=0$, 然而算符 H_l 可能是 Hamilton 量 $\mathcal{H}'(t)$ 中的算符, 但是 $\mathcal{H}(t)$ 和 $\mathcal{H}'(t)$ 是属于同一族, 也就是说, 此时有共同的约束.

7.3　动力学群参数运动方程

这一节以两个关于动力学群参数的重要方程为出发点, 运用已有的代数知识来解决动力学群中参数的问题. 结合前面几节所讨论的知识, 从理论上推导出动力学群参数所满足的运动方程[2].

在 7.2 节, 引入了动力学代数这个概念, 并分析了由 Lie 代数 H_n 产生的 Hamilton 量 $\mathcal{H}(t)=\sum h_n(t)H_n$ 的特点. Alhassid 和 Levine 讨论过关于动力学群参数的两个重要的方程:

$$U(t,t_0)=\exp\left[-\left(\frac{\mathrm{i}}{\hbar}\right)\sum_n u_n(t,t_0)H_n\right], \tag{7.43}$$

$$U(t,t_0)=\prod_n\exp\left[-\left(\frac{\mathrm{i}}{\hbar}\right)\sum_n \mu_n(t,t_0)H_n\right]. \tag{7.44}$$

这一节, 运用前面表述的一些概念, 讨论动力学群参数的运动方程, 也就是式 (7.43) 和式 (7.44) 中关于 u_n 或 μ_n 的方程.

利用下面两个线性算符 A 和 B 的展开式

$$\begin{aligned}\mathrm{e}^{A}B\mathrm{e}^{-A}&=B+[A,B]+(1/2!)[A,[A,B]]+(1/3!)[A,[A,[A,B]]]+\cdots\\&\equiv\sum_{j=0}(j!)^{-1}(adA)^jB\\&=\mathrm{e}^{(adA)}B,\end{aligned} \tag{7.45}$$

其中,

$$(adA)^jB=\underbrace{[A,[A,[A,\cdots,[A}_{j\,个},B\underbrace{]]\cdots]}_{j\,个}. \tag{7.46}$$

由此可得到

$$\mathrm{e}^{(adA)}A=A. \tag{7.47}$$

如果用 $U = \mathrm{e}^A$ 定义 A, 并注意到 A 是由一个矢量来表示的, 并且这个矢量的分量是群参数. 类似的, 可以用 G 表示 $\mathrm{e}^{(adA)}$. 因此, 式 (7.47) 可以表示为如下的形式:

$$\underline{G}(t,t_0)\underline{u}(t,t_0) = \underline{u}(t,t_0). \tag{7.48}$$

由方程 (7.48) 可发现, 如果选择一个初始态 $\underline{\lambda}(t_0) = \underline{u}(t,t_0)$, 那么就有

$$\underline{\lambda}(t) = \underline{G}(t,t_0)\underline{\lambda}(t_0) = \underline{\lambda}(t_0). \tag{7.49}$$

这样选择的初始态从时刻 t_0 到时刻 t 的演化将会保持初始的形式. 为了得到群参数的运动方程, 写出算符 $U_I^\dagger$ 的运动方程

$$-\mathrm{i}\hbar\frac{\partial}{\partial t}U_I^\dagger = U_I^\dagger V_I(t), \tag{7.50}$$

由此得到

$$\mathrm{i}\hbar U_I\left(\frac{\partial U_I^\dagger}{\partial t}\right) = -V_I(t). \tag{7.51}$$

因为 $U_I = \mathrm{e}^A$, 式 (7.51) 还可以写为

$$\mathrm{e}^A\mathrm{i}\hbar\frac{\partial}{\partial t}\mathrm{e}^{-A} \equiv \mathrm{i}\hbar\mathrm{e}^{adA}\frac{\partial}{\partial t} = -V_I(t). \tag{7.52}$$

为了便于计算式 (7.52), 运用如下恒等式

$$\mathrm{i}\hbar\mathrm{e}^A\frac{\partial}{\partial t}\mathrm{e}^{-A} \equiv \mathrm{i}\hbar\mathrm{e}^{adA}\frac{\partial}{\partial t} = \mathrm{i}\hbar\int_0^1 \mathrm{d}x\mathrm{e}^{xadA}\frac{-\partial A}{\partial t} = \mathrm{i}\hbar\phi(adA)\frac{-\partial A}{\partial t}, \tag{7.53}$$

其中

$$\phi(z) = (\mathrm{e}^z - 1)/z = \sum z^{(n-1)}/n!. \tag{7.54}$$

恒等式 (7.53) 看起来有些复杂, 下面做一些简化:

用 $\underline{G}(xu)$ 表示 e^{xadA}, 用 $\partial u(t,t_0)/\partial t$ 表示因式 $\mathrm{i}\hbar\partial A/\partial t$, 同时, 用 $V_I(t)$ 表示 $v(t)$(也就是 $V_I(t) = \sum v_n(t)V_n$). 因此利用式 (7.52) 和式 (7.53), 得到

$$\int_0^1 \underline{G}(xu)\frac{\partial \underline{u}}{\partial t} = \underline{v}(t), \tag{7.55}$$

或者写作

$$\phi(\underline{d}(A))\frac{\partial \underline{u}}{\partial t} = \underline{v}(t). \tag{7.56}$$

式 (7.55) 和式 (7.56) 须满足边界条件 $\underline{u}(t_0,t_0)=0$. 由式 (7.53) 得到

$$\phi^{-1}(z)=\frac{z}{\mathrm{e}^z-1}=\sum_{k=0}\frac{B_k}{k!}z^k, \tag{7.57}$$

其中 B_k 是 Bernoulli 数. 因此通过式 (7.56) 有

$$\frac{\partial\underline{u}(t,t_0)}{\partial t}=\phi^{-1}[\underline{d}(A)]\underline{v}(t)=\sum_{k=0}\frac{B_k}{k!}\underline{d}^k(A)\underline{v}(t). \tag{7.58}$$

应用式 (7.44), 把演化算符写为

$$U_I=\prod_{r=1}^{N}U_r, \tag{7.59}$$

其中 $U_r(t,t_0)=\exp\left[-\left(\frac{\mathrm{i}}{\hbar}\right)\mu(t,t_0)V_r\right]$.

对式 (7.59) 两端对时间求微分

$$\mathrm{i}\hbar\frac{\partial U_r}{\partial t}=\frac{\partial U_r}{\partial t}V_rU_r, \tag{7.60}$$

即

$$\mathrm{i}\hbar\frac{\partial U_I}{\partial t}=\sum_{r=1}^{N}\frac{\partial U_r}{\partial t}\left(\prod_{k=1}^{r-1}U_k\right)V_r\left(\prod_{i=r+1}^{N}U_l\right). \tag{7.61}$$

进一步可以得到

$$\begin{aligned}\mathrm{i}\hbar\frac{\partial U_I}{\partial t}U_I^{\dagger}&=\sum_{r=1}^{N}\frac{\partial\mu_r}{\partial t}\left(\prod_{l=1}^{r-1}U_l\right)V_r\left(\prod_{i=r-1}^{1}U_l^{\dagger}\right)\\&=V_I(t)\\&=\sum_s v_s(t)V_s.\end{aligned} \tag{7.62}$$

对式 (7.62) 的右端可以运用式 (7.45) 进行展开运算, 定义一个表示矩阵 $G(\mu_1,\cdots,\mu_N)$, 从而得到下面的形式:

$$\begin{aligned}\left(\prod_{l=1}^{r-1}U_l\right)V_r\left(\prod_{i=r-1}^{1}U_l^{\dagger}\right)&=\sum_s G_{sr}\left(\mu_1,\mu_2,\cdots,\mu_{r-1},0,\cdots,0\right)V_s\\&=\sum_s G_{sr}^{(r-1)}V_s.\end{aligned} \tag{7.63}$$

这样, 矩阵 $G_{sr}^{(r-1)}$ 上面的方程中就有了具体的形式, 从而式 (7.62) 可以简写为如下方程:

$$\sum_{r=1}^{N}\frac{\partial\mu_r}{\partial t}G_{sr}^{(r-1)}=v_s(t),\quad s=1,\cdots,N. \tag{7.64}$$

式 (7.64) 中, $\mu_r = \mu_r(t, t_0)$ 满足边界条件 $\mu_r(t_0, t_0) = 0$. 系数 $G_{sr}^{(r-1)}$ 是参数 μ_r 的函数. 式 (7.64) 给出了关于群参数的 N 个非线性的运动方程, 通过求解这些方程就可以得到一系列参数的解, 也就得到了时间演化算符的解析式.

7.4 演化算符的 Wei-Norman 分解

在本节, 介绍 Wei-Norman 的演化算符的分解[1, 3].

考虑下面方程的解:

$$\frac{\mathrm{d}U(t)}{\mathrm{d}t} = A(t)U(t), \quad U(0) = I, \tag{7.65}$$

其中 A 和 U 是线性算符, I 是单位算符. 当算符 $A(t) = \dfrac{\mathcal{H}(t)}{\mathrm{i}\hbar}$ 可以写成下面形式时, 结果将是适用的

$$A(t) = \sum_{i=1}^{m} a_i(t) X_i, \tag{7.66}$$

其中 m 是有限值, $a_i(t)$ 是 t 的标量函数, 算符 X_i 是不含时的. 进一步要求, 由满足对易乘积 $[X_i, X_j] = X_i X_j - X_j X_i$ 的算符 X_i 生成的 Lie 代数 $\mathfrak{L}$ 是有限维 l 的. 很显然, 如果 A 和 U 都是有限矩阵算符, 上面结果肯定成立.

可以证明, 如果 U 是式 (7.65) 的解, 它还可以表示成以下形式:

$$U(t) = \prod_{i=1}^{l} \exp\left(g_i(t) X_i\right). \tag{7.67}$$

对于所有 Lie 代数的解以及实的 2×2 系统的方程, 上面的表示具有全局性.

7.4.1 局域性原理

定理 1 如果 $A(t)$ 由式 (7.66) 给出, 并且由 $A(t)$ 生成的 Lie 代数 $\mathfrak{L}$ 是有限维数 l, 则方程

$$\frac{\mathrm{d}U}{\mathrm{d}t} = A(t)U, \quad U(0) = I \tag{7.68}$$

的解在 $t = 0$ 附近可以表示成如下形式:

$$U(t) = \exp\left(g_1(t) X_1\right) \exp\left(g_2(t) X_2\right) \cdots \exp\left(g_l(t) X_l\right), \tag{7.69}$$

其中 $g_i(t)$ 是时间 t 的标量函数. 另外, $g_i(t)$ 满足一系列只依赖于 Lie 代数 $\mathfrak{L}$ 和 $a_i(t)$ 的微分方程.

证明 式 (7.69) 是由二次正交坐标系的 Magnus 表示直接得来的. 然而, 在推导由 $g_i(t)$ 满足的微分方程的时候将再次证明这个结果.

首先, 用 $A(t)=\sum_{i=1}^{l}a_i(t)X_i$ 代替 $A(t)=\sum_{i=1}^{m}a_i(t)X_i$, 对于 $i>m$ 的情况, 令 $a_i(t)\equiv 0$, 并且在 $t=0$ 时刻, 所有的 $g_i(t)=0$. 所以 $U(0)=I$ 在式 (7.69) 中也成立.

现在令 U 满足式 (7.69), 由于

$$\frac{\mathrm{d}U}{\mathrm{d}t}=\sum_{i=1}^{l}g_i'(t)\left(\prod_{j=1}^{i-1}\exp\left(g_jX_j\right)X_i\prod_{j=i}^{l}\exp\left(g_jX_j\right)\right) \tag{7.70}$$

$$AU=\sum_{i=1}^{l}a_i(t)X_i\cdot U.$$

把式 (7.70) 代入式 (7.68) 后, 乘上逆算符 U^{-1}

$$\begin{aligned}\sum_{i=1}^{l}a_i(t)X_i&=\sum_{i=1}^{l}g_i'(t)\left(\prod_{j=1}^{i-1}\exp\left(g_jX_j\right)X_i\prod_{j=i-1}^{1}\exp\left(-g_jX_j\right)\right)\\&=\sum_{i=1}^{l}g_i'(t)\left(\prod_{j=1}^{i-1}\exp\left(g_jadX_j\right)\right)X_i,\end{aligned} \tag{7.71}$$

式 (7.71) 可以变为

$$\sum_{k=1}^{l}a_k(t)X_k=\sum_{i=1}^{l}\sum_{k=1}^{l}g_i'(t)\xi_{ki}X_k \tag{7.72}$$

由于算符 X_k 是线性独立的, 所以 $a_k(t)$ 和 $g_k'(t)$ 之间也是线性关系. 变换矩阵 ξ 的矩阵元 ξ_{ki} 是 g_i 的解析函数.

$$\begin{bmatrix}a_1\\ \vdots\\ a_l\end{bmatrix}=\begin{bmatrix}\xi_{11}&\cdots&\xi_{1l}\\ \vdots&&\vdots\\ \xi_{l1}&\cdots&\xi_{ll}\end{bmatrix}=\begin{bmatrix}g_1'\\ \vdots\\ g_l'\end{bmatrix},\quad g(0)=0 \tag{7.73}$$

由于 ξ_{ki} 是 g 的解析函数, 所以 ξ 的行列式 $\varDelta$ 也是 g 的解析函数. 另外, 当 $t=0$ 时, $\xi=I$, 并且 $\varDelta(0)\neq 0$. 这两个事实证明, 肯定存在一个临近时间值 $N_0(t=0)$ 使得行列式 $\varDelta\neq 0$, 矩阵 ξ 可逆. 式 (7.73) 可以写成如下形式:

$$\frac{\mathrm{d}g}{\mathrm{d}t}=f(a,g)=\xi^{-1}a,\quad g(0)=0,\ t\in N_0 \tag{7.74}$$

由于 ξ^{-1} 在 N_0 范围内是解析的, 可以确信在临近值 $t=0$ 时刻, 式 (7.74) 的解肯定存在, 并且是唯一的. 这样这个定理证明完毕.

7.4.2 全局性结果

定理 2 如果 $\mathfrak{L}$ 是可解的, 那么肯定存在一系列有序基, 使得定理 1 是全局性的.

定理 3 如果 $\mathrm{d}U/\mathrm{d}t = BU$, 并且 B 是任意连续的 2×2 实矩阵, 则 U 有这样的形式

$$U = \exp(g_1 K)\exp(g_2 A)\exp(g_3 N)\exp(g_4 I), \tag{7.75}$$

其中

$$\begin{aligned} K &= E_{12} - E_{21}, \\ A &= E_{11} - E_{22}, \\ N &= E_{12}, \end{aligned} \tag{7.76}$$

I 是单位矩阵, 这种表示具有全局性.

7.5 Mangus 分解

Magnus 展开式是由 Magnus 在 1954 年提出的满足形如下面方程的解的形式[1, 4]:

$$\partial U(t)/\partial t = A(t)U(t), \quad U(t_0) = I, \tag{7.77}$$

且

$$U(t, t_0) = \mathrm{e}^{\Omega(t,t_0)}, \tag{7.78}$$

其中 $\Omega(t, t_0)$ 是如下的无穷级数:

$$\Omega(t, t_0) = \sum_{k=0}^{\infty} \Omega_k(t, t_0). \tag{7.79}$$

上述方程构成了微分方程式 (8.47) 解的所谓 Magnus 展开式. 级数式 (7.79) 中的每一项都是多重交换子的多元积分, 它们可以迭代生成. Magnus 展开式已经非常有效地用于数值求解线性矩阵微分方程, 甚至用于求解 Lie 群或齐次空间上的非线性微分方程, Hamilton 系统的微分方程. 其优点在于即使适当截断, 它依然保持精确解的渐近性质、辛性质、Lie 对称性等定性性质. Philip 和 John 利用 Magnus 展开式给出了量子力学中时间演化算子的 Magnus 近似形式, 并且自动满足时间演化算子的幺正性. 下面给出前两阶 Magnus 近似形式:

$$\begin{aligned} \Omega_1(t, t_0) &= -\frac{\mathrm{i}}{\hbar}\int_{t_0}^{t} \mathrm{d}t_1 \mathcal{H}_2'(t_1), \\ \Omega_2(t, t_0) &= \frac{1}{2\hbar}\int_{t_0}^{t} \mathrm{d}t_2 \int_{t_0}^{t_2} \mathrm{d}t_1 [\mathcal{H}_2'(t_1), \mathcal{H}_2'(t_2)]. \end{aligned} \tag{7.80}$$

参 考 文 献

[1] Tannor D J. Introduction to Quantum Mechanics: A time-depedndent perspective. California: University Science Books, 2007

[2] Alhassid Y, Levine R D. Connection between the maximal entropy and the scattering theoretic analyses of collision processes. Phys. Rev. A, 1978, 18: 89

[3] Wei J, Norman E. On global representations of the solutions of linear differential equations as a product of exponentials. Proc. Am. Math. Soc., 1964, 15: 327

[4] Magnus W. On the exponential solution of differential equations for a linear operator. Commun. Pure Appl. Math., 1964, 7: 649

第 8 章　强红外场中分子多光子过程的代数方法

多光子跃迁在 1931 年被 Göeppert-Mayer 预言后, 于 1950 年, 由 Hughes 和 Grabner 在射频中观测到此现象[1]. 近年来, 随着超短脉冲激光 (ps, fs) 技术的出现, 可选择与分子共振的强红外激光场照射到孤立分子上, 而有效地产生解离. 此后, 发现多光子跃迁有一些重要的应用, 如多光子过程 3D 光学数据存储、生物系统中的医学影像、光动力学疗法、分离同位素. 同时, 多光子过程还可以实现分子的态选择跃迁、模选择跃迁及键选择解离等. 因此人们期望有可能利用多光子过程选择性地断开 DNA 分子中某些氢键, 从而可以控制 DNA 的复制过程、重组基因等, 促成可控变异等.

另外, 分子的多光子过程对分子的微观结构和特性与分子在强红外场中多光子吸收性质密切相关, 红外多光子激发可以产生分子过激发态, 导致电子的逆弛豫过程, 其辐射寿命比辐射电子态的自然寿命长大约 100 倍; 也提供了对分子的高激发态特性、非线性光学性质、振转模式间的相互作用和非绝热效应研究的有效手段.

在这一章, 采用前面几章所建立的分子的代数模型和动力学代数演化理论, 研究小分子体系的多光子问题, 以建立解释复杂激光脉冲下的控制机制的解析理论[2~5].

8.1　代 数 模 型

8.1.1　一般考虑

在这一小节, 首先给出理论的一般考虑方案.

设小分子 (双原子分子和三原子分子) 体系在激光场中的 Hamilton 量可写为

$$\mathcal{H} = \mathcal{H}_{\text{mol}} + V, \tag{8.1}$$

其中 $\mathcal{H}_{\text{mol}}$ 是分子的 Hamilton, V 是分子与激光场的相互作用. 分子与激光场的相互作用在偶极近似下是

$$V = -\boldsymbol{\mu} \cdot \boldsymbol{\mathcal{E}}(t), \tag{8.2}$$

其中 $\boldsymbol{\mathcal{E}}(t)$ 激光场, $\boldsymbol{\mu}$ 是分子的偶极矩.

通常, 该问题在相互作用表象中处理较为方便. 为此, 设体系的 Hamilton 量式 (8.1) 可分解成 $\mathcal{H}_0$ 部分和“相互作用” $\mathcal{H}'$ 部分, 即 Hamilton 量式 (8.1) 可写成

$$\mathcal{H} = \mathcal{H}_0 + \mathcal{H}'(t). \tag{8.3}$$

在相互作用表象中, Hamilton 量可写成

$$\mathcal{H}_I(t) = \mathrm{e}^{\mathrm{i}\mathcal{H}_0 t/\hbar}\mathcal{H}'(t)\mathrm{e}^{-\mathrm{i}\mathcal{H}_0 t/\hbar}, \tag{8.4}$$

时间演化算符是

$$\mathrm{i}\hbar\frac{\partial}{\partial t}U_I(t) = \mathcal{H}_I(t)U_I(t), \tag{8.5}$$

其初始条件是 $U_I(t=0)=1$.

一旦演化算符知道了, 就可以由此获得体系的动力学信息. 也就是说, 可以根据需要选择不同形式的激光场控制. 在这里所考虑的问题中, 可以求出体系从初态 $|v_i\rangle$ 跃迁到终态 $|v_f\rangle$ 的概率

$$\mathcal{P}_{v_i,v_f}(t) = \left|\langle v_f|U_I(t)|v_i\rangle\right|^2. \tag{8.6}$$

相应的长时间的时间平均结果是

$$\langle\mathcal{P}_{v_i,v_f}\rangle = \lim_{T\to\infty}\left\{\frac{1}{T}\int_0^T \mathcal{P}_{v_i,v_f}(t)\mathrm{d}t\right\}. \tag{8.7}$$

长时间平均吸收能谱是

$$\langle\varepsilon\rangle = \sum_f \langle\mathcal{P}_{v_i,v_f}\rangle\varepsilon_{v_i,v_f}, \tag{8.8}$$

分子吸收的平均光子数

$$\langle n(t)\rangle = \sum_f \frac{\varepsilon_{v_i,v_f}}{\hbar\omega_L}\mathcal{P}_{v_i,v_f}(t), \tag{8.9}$$

其中 ε_{v_i,v_f} 是态 $|v_f\rangle$ 与 $|v_i\rangle$ 的能量差, ω_L 是激光场的频率.

应当注意的是在表达式 (8.6) 和式 (8.7) 中, 为公式的简洁, 没有明显标记出描写激光场不同形式的参量. 式 (8.6)~式 (8.9) 的具体形式在下面的章节中给出.

8.1.2 双原子分子代数模型

对于一维双原子分子的振动, 其 Hamilton 量可写为

$$\mathcal{H}_{\mathrm{mol}} = \frac{\hat{p}^2}{2m} + D\left(1-\mathrm{e}^{-\alpha\hat{q}}\right)^2. \tag{8.10}$$

由第 3 章知道, 一维双原子分子具有 $U(2)$ 动力学对称性. 具有如下动力学群连

$$U(2)\supset U(1),\qquad(8.11)$$
$$U(2)\supset O(2).$$

$U(2)$ 群的产生子可表示为如下的产生和湮灭算符的双线性表示

$$t^\dagger t, s^\dagger s, t^\dagger s, s^\dagger t.\qquad(8.12)$$

借用上述的双线性算符, 可以构成如下的 Morse 振子的算符 (与 Schwinger 类似)

$$\begin{aligned}\hat{q}&=(1/2N)^{1/2}(t^\dagger s+s^\dagger t),\\ \hat{p}&=(1/2N)^{1/2}(t^\dagger s-s^\dagger t),\\ \hat{I}_0&=N^{-1}(s^\dagger s-t^\dagger t),\\ \hat{E}_0&=N^{-1}(t^\dagger t+s^\dagger s),\end{aligned}\qquad(8.13)$$

其中 N 是粒子数算符 $\hat{N}=t^\dagger t+s^\dagger s$ 的本征值.

因此, 非转动 Morse 振子 Hamilton 量式 (8.10) 可写成

$$\mathcal{H}_{\mathrm{mol}}=\hbar\omega_0\left(\hat{A}^\dagger\hat{A}+\frac{\hat{I}_0}{2}\right),\qquad(8.14)$$

其中 Morse 振子的产生算符 $A^\dagger$ 和湮灭算符 A 的定义如下

$$\hat{A}^\dagger=\frac{1}{\sqrt{2}}(\hat{q}-\mathrm{i}\hat{p}),\quad \hat{A}=\frac{1}{\sqrt{2}}(\hat{q}+\mathrm{i}\hat{p}),\qquad(8.15)$$

并满足对易关系:

$$[A,A^\dagger]=I_0,\quad [I_0,A]=-2\chi_0 A,\quad [I_0,A^\dagger]=2\chi_0 A^\dagger.\qquad(8.16)$$

应当注意的是: I_0 是一个算符, 并且在谐振极限, 算符 I_0 下趋于单位算符, $\chi_0\to 0$. 式 (8.14) 在 $\chi_0=\dfrac{1}{N}$ 的量级作了非谐性修正.

分子的偶极矩 $\boldsymbol{\mu}(x)$ 可以在其平衡位置展开, 这里仅保留其线形项, 即分子的偶极矩取为

$$\boldsymbol{\mu}(q)=\boldsymbol{\mu}_0 q.\qquad(8.17)$$

分子与激光场间的相互作用式 (8.2) 可写成 (其中, 用到式 (8.15))

$$V=-\frac{d(t)}{2}\left(A^\dagger+A\right),\qquad(8.18)$$

这里与时间 t 有关的参数 $d(t)$ 是

$$d(t) = \boldsymbol{\mu}_0 \cdot \boldsymbol{\mathcal{E}}(t)\frac{1}{\alpha}\sqrt{\frac{\hbar\omega_0}{D}}. \tag{8.19}$$

如果取 $\mathcal{H}_0 = \mathcal{H}_{mol}$ 和 $\mathcal{H}' = V$, 在相互作用表象中, 体系的 Hamilton 量式 (8.4) 则为

$$\begin{aligned}\mathcal{H}_I(t) =& \mathrm{e}^{\mathrm{i}\mathcal{H}_0 t/\hbar} V \mathrm{e}^{-\mathrm{i}\mathcal{H}_0 t/\hbar} \\ =& \mathrm{e}^{\mathrm{i}\omega_0\chi_0 t\hat{A}^\dagger\hat{A}} \mathrm{e}^{\mathrm{i}\omega_0 t I_0/2} d(A^\dagger + A) \mathrm{e}^{-\mathrm{i}\omega_0 t I_0/2} \mathrm{e}^{-\mathrm{i}\omega_0\chi_0 t A^\dagger A} \\ =& d\mathrm{e}^{\mathrm{i}\omega_0\chi_0 t}\mathrm{e}^{\mathrm{i}\omega_0 I_0 t} A^\dagger d\mathrm{e}^{\mathrm{i}\omega_0\chi_0 t}\mathrm{e}^{-\mathrm{i}\omega_0 I_0 t} A \\ \equiv& \gamma_+ A^\dagger + \gamma_- A.\end{aligned} \tag{8.20}$$

为计算简便, 在指数中, 把算符 I_0 近似取为单位算符. 由于非谐性修正保持在 χ_0 的量级, 因而对实际的分子这种近似的误差在 1% 以内.

由于产生子 $A^\dagger$, A 和 I_0 构成一封闭的 Lie 代数 (参见式 (8.16)), 因而, 时间演化算符可表示为

$$\begin{aligned}U_I =& \mathrm{e}^{-\frac{\mathrm{i}}{\hbar}\mu_0\hat{I}_0}\mathrm{e}^{-\frac{\mathrm{i}}{\hbar}\mu_+\hat{A}^\dagger}\mathrm{e}^{-\frac{\mathrm{i}}{\hbar}\mu_-\hat{A}} \\ \equiv& \prod_r U_r(t),\end{aligned} \tag{8.21}$$

$$U_r(t) = \mathrm{e}^{-\frac{\mathrm{i}}{\hbar}\mu_r(t)X_r}, \tag{8.22}$$

其中, 系数 $\mu_r(t)$ $(r = 0, +, -)$ 称为 Lagrangev 参数. 式 (8.21) 中 $X_0 \equiv I_0$, $X_+ \equiv A^\dagger$ 和 $X_- \equiv A$ 是算符.

由式 (8.5) 和式 (8.20) 知, 演化算符 $U_r(t)$ 满足如下的方程

$$\mathrm{i}\hbar\frac{\partial U_r(t)}{\partial t} = \frac{\partial\mu_r(t)}{\partial t}X_r U_r(t), \tag{8.23}$$

或 Lagrange 参数 $\mu_r(t)$(应用 Baker-Hausdorff 展开) 满足:

$$\begin{aligned}\dot{\mu}_0 =& -\frac{\mathrm{i}}{\hbar}\mu_+\gamma_-\mathrm{e}^{\frac{\mathrm{i}}{\hbar}2\chi_0\mu_0}, \\ \dot{\mu}_+ =& \gamma_+\mathrm{e}^{-\frac{\mathrm{i}}{\hbar}2\chi_0\mu_0} - \frac{\chi_0}{\hbar^2}\mu_+^2\gamma_-\mathrm{e}^{\frac{\mathrm{i}}{\hbar}2\chi_0\mu_0}, \\ \dot{\mu}_- =& \gamma_-\mathrm{e}^{\frac{\mathrm{i}}{\hbar}2\chi_0\mu_0}.\end{aligned} \tag{8.24}$$

方程的初始条件是

$$\mu_r(t=0) = 0 \quad (r = 0, \pm). \tag{8.25}$$

由式 (8.6), 体系从初态 $|v_i\rangle$ 跃迁到终态 $|v_f\rangle$ 的概率是

$$\mathcal{P}_{v_i,v_f}(t)=|\langle v_f|\mathcal{U}_I(t)|v_i\rangle|^2=|\lambda(t)|^2\delta_{v_f,v_i-m+n}, \tag{8.26}$$

其中

$$\begin{aligned}\lambda(t)=&\exp\left\{-\frac{\mathrm{i}}{\hbar}\mu_0[1-2\chi_0(v_i-m+n)]\right\}\\&\times\sum_{n=0}^{\infty}\frac{1}{n!}\left(-\frac{\mathrm{i}}{\hbar}\mu_+\right)^n\sqrt{\prod_{n'=0}^{n}[1-\chi_0(v_i-m'+n'-1)](v_i-m'+n')}\\&\times\sum_{m=0}^{\infty}\frac{1}{m!}\left(-\frac{\mathrm{i}}{\hbar}\mu_-\right)^m\sqrt{\prod_{m'=0}^{m}[1-\chi_0(v_i-m')(v_i-m'+1)]}.\end{aligned} \tag{8.27}$$

至此, 求得了分子体系振动跃迁概率的解析表达式, 该公式可应用到不同的分子体系[2~5].

8.1.3 三原子分子代数模型

对三原子分子, 其动力学对称性是

$$U_1(2)\otimes U_2(2). \tag{8.28}$$

应用式 (8.15), 考虑分子的伸缩振动, 代数 Hamilton 量是

$$\mathcal{H}_m=\hbar\omega_{01}\left(\hat{A}_1^{\dagger}\hat{A}_1+\frac{\hat{I}_{01}}{2}\right)+\hbar\omega_{02}\left(\hat{A}_2^{\dagger}\hat{A}_2+\frac{\hat{I}_{02}}{2}\right)-\lambda\left(\hat{A}_1^{\dagger}\hat{A}_2+\hat{A}_2^{\dagger}\hat{A}_1\right), \tag{8.29}$$

其中 ω_{01} 和 ω_{02} 分别是三原子分子键 1 和 2 的角频率. λ 是耦合系数. 上式中, 考虑了分子振动动能和势能的线性耦合.

三原子分子与激光场的相互作用是

$$V=d_1\left(\hat{A}_1^{\dagger}+\hat{A}_1\right)+d_2\left(\hat{A}_2^{\dagger}+\hat{A}_2\right), \tag{8.30}$$

其中

$$\begin{aligned}d_1&=-\frac{1}{2\alpha_1}\sqrt{\frac{\hbar\omega_{01}}{D_1}}\boldsymbol{\mu}_1\cdot\boldsymbol{\mathcal{E}}(t),\\d_2&=-\frac{1}{2\alpha_2}\sqrt{\frac{\hbar\omega_{02}}{D_2}}\boldsymbol{\mu}_2\cdot\boldsymbol{\mathcal{E}}(t),\end{aligned} \tag{8.31}$$

$\boldsymbol{\mu}_1$ 和 $\boldsymbol{\mu}_2$ 是分子的线性偶极矩.

在相互作用表象中, 三原子分子的 Hamilton 量是

$$\begin{aligned}\mathcal{H}_I(t)=&\mathrm{e}^{\mathrm{i}\mathcal{H}_0t/\hbar}\mathcal{H}'\mathrm{e}^{-\mathrm{i}\mathcal{H}_0t/\hbar}\\=&d_1\left(\kappa_{1+}\hat{A}_1^\dagger+\kappa_{1-}\hat{A}_1\right)+d_2\left(\kappa_{2+}\hat{A}_2^\dagger+\kappa_{2-}\hat{A}_2\right)\\&-\lambda\left(\kappa_{1+}\kappa_{2-}A_1^\dagger A_2+\kappa_{1-}\kappa_{2+}A_2^\dagger A_1\right),\end{aligned}\tag{8.32}$$

其中

$$\begin{aligned}\kappa_{j+}=&\mathrm{e}^{\mathrm{i}\omega_{0j}(x_{0j}+I_{0j})t},\\\kappa_{j-}=&\mathrm{e}^{\mathrm{i}\omega_{0j}(x_{0j}-I_{0j})t}\quad(j=1,2).\end{aligned}\tag{8.33}$$

在计算中取

$$\begin{aligned}\mathcal{H}_0=&\hbar\omega_{01}\left(\hat{A}_1^\dagger\hat{A}_1+\frac{\hat{I}_{01}}{2}\right)+\hbar\omega_{02}\left(\hat{A}_2^\dagger\hat{A}_2+\frac{\hat{I}_{02}}{2}\right),\\\mathcal{H}'=&-\lambda\left(\hat{A}_1^\dagger\hat{A}_2+\hat{A}_2^\dagger\hat{A}_1\right)+d_1\left(\hat{A}_1^\dagger+\hat{A}_1\right)+d_2\left(\hat{A}_2^\dagger+\hat{A}_2\right).\end{aligned}\tag{8.34}$$

考虑到代数计算上的简便, Hamilton 量式 (8.32) 可以分成如下的两部分:

$$\mathcal{H}_I(t)=\mathcal{H}_I^{(0)}+\mathcal{H}_I^{(1)}(t),\tag{8.35}$$

其中,

$$\mathcal{H}_I^{(0)}=d_1\left(\kappa_{1+}\hat{A}_1^\dagger+\kappa_{1-}\hat{A}_1\right)+d_2\left(\kappa_{2+}\hat{A}_2^\dagger+\kappa_{2-}\hat{A}_2\right),\tag{8.36}$$

$$\mathcal{H}_I^{(1)}(t)=-\lambda\left(\kappa_{1+}\kappa_{2-}A_1^\dagger A_2+\kappa_{1-}\kappa_{2+}A_2^\dagger A_1\right).\tag{8.37}$$

对应 Hamilton 量式 (8.36), 演化算符 $U_I^{(0)}(t)$ 满足如下方程:

$$\mathrm{i}\hbar\frac{\partial}{\partial t}U_I^{(0)}(t)=\mathcal{H}_I^{(0)}U_I^{(0)}(t),\tag{8.38}$$

其初始条件是 $U_I^{(0)}(0)=1$.

如果 $U_I^{(0)}(t)$ 是已知的, 描述整个体系的演化算符 $U_I(t)$ (对应总 Hamilton 量式 (8.32)) 为

$$U_I(t)=U_I^{(0)}(t)\cdot U_I^{(1)}(t),\tag{8.39}$$

其中 $U_I^{(1)}(t)$ 满足演化方程

$$\mathrm{i}\hbar\frac{\partial}{\partial t}U_I^{(1)}(t)=\mathcal{H}_I^{(1)\prime}(t)U_I^{(1)}(t),\tag{8.40}$$

和初始条件 $U_I^{(1)}(0)=1$. Hamilton 量 $\mathcal{H}_I^{(1)\prime}(t)$ 由下式给出

$$\mathcal{H}_I^{(1)\prime}(t)=U_I^{(0)^\dagger}(t)\mathcal{H}_I^{(1)}(t)U_I^{(0)}(t). \tag{8.41}$$

容易验证 Hamilton 量式 (8.36) 在对易关系式 (8.16) 下是封闭的. 由此, 时间演化算符 $U_I^{(0)}$ 可写成

$$U_I^{(0)}=\mathrm{e}^{-\frac{\mathrm{i}}{\hbar}\mu_{01}I_{01}}\mathrm{e}^{-\frac{\mathrm{i}}{\hbar}\mu_{1+}A_1^\dagger}\mathrm{e}^{-\frac{\mathrm{i}}{\hbar}\mu_{1-}A_1}\mathrm{e}^{-\frac{\mathrm{i}}{\hbar}\mu_{02}I_{02}}\mathrm{e}^{-\frac{\mathrm{i}}{\hbar}\mu_{2+}A_2^\dagger}\mathrm{e}^{-\frac{\mathrm{i}}{\hbar}\mu_{2-}A_2}. \tag{8.42}$$

与前类似, Lagrange 参数方程是

$$\begin{aligned}
\dot{\mu}_{01}&=-\frac{\mathrm{i}}{\hbar}d_1\kappa_{1-}\mu_{1+}\mathrm{e}^{\frac{\mathrm{i}}{\hbar}2\chi_{01}\mu_{01}},\\
\dot{\mu}_{1+}&=d_1\kappa_{1+}\mathrm{e}^{-\frac{\mathrm{i}}{\hbar}2\chi_{01}\mu_{01}}-\frac{\chi_0}{\hbar^2}d_1\kappa_{1-}\mu_{1+}^2\mathrm{e}^{\frac{\mathrm{i}}{\hbar}2\chi_{01}\mu_{01}},\\
\dot{\mu}_{1-}&=d_1\kappa_{1-}\mathrm{e}^{\frac{\mathrm{i}}{\hbar}2\chi_{01}\mu_{01}},\\
\dot{\mu}_{02}&=-\frac{\mathrm{i}}{\hbar}d_2\kappa_{2-}\mu_{2+}\mathrm{e}^{\frac{\mathrm{i}}{\hbar}2\chi_{02}\mu_{02}},\\
\dot{\mu}_{2+}&=d_2\kappa_{2+}\mathrm{e}^{-\frac{\mathrm{i}}{\hbar}2\chi_{02}\mu_{02}}-\frac{\chi_{02}}{\hbar^2}d_2\kappa_{2-}\mu_{2+}^2\mathrm{e}^{\frac{\mathrm{i}}{\hbar}2\chi_{02}\mu_{02}},\\
\dot{\mu}_{2-}&=d_2\kappa_{2-}\mathrm{e}^{\frac{\mathrm{i}}{\hbar}2\chi_{02}\mu_{02}},
\end{aligned} \tag{8.43}$$

其相应的初始条件是 $\mu_r(t=0)=0,\ (r=01,1\pm,02,2\pm)$.

Hamilton 量 $\mathcal{H}_I^{(1)\prime}(t)$ 可相应的写成

$$\begin{aligned}
\mathcal{H}_I^{(1)\prime}(t)&=(U_I^{(0)})^{-1}\mathcal{H}_I^{(1)}(t)U_I^{(0)}\\
&=\beta_0\hat{I}_{01}\hat{I}_{02}+\beta_1\hat{I}_{02}\hat{A}_1^\dagger+\beta_2\hat{I}_{02}\hat{A}_1+\beta_3\hat{I}_{01}\hat{A}_2^\dagger+\beta_4\hat{I}_{01}\hat{A}_2\\
&\quad+\beta_5\hat{A}_1^\dagger\hat{A}_2+\beta_6\hat{A}_1\hat{A}_2^\dagger+\beta_7\hat{A}_1^\dagger\hat{A}_2^\dagger+\beta_8\hat{A}_1\hat{A}_2,
\end{aligned} \tag{8.44}$$

其中

$$\beta_0=\frac{\eta_1}{\hbar^2}\mu_{1-}\mu_{2+}\left(1-\frac{\chi_{02}}{\hbar^2}\mu_{2+}\mu_{2-}\right)+\frac{\eta_2}{\hbar^2}\mu_{1+}\mu_{2-}\left(1-\frac{\chi_{01}}{\hbar^2}\mu_{1+}\mu_{1-}\right), \tag{8.45}$$

$$\begin{aligned}
\beta_1&=-\frac{\mathrm{i}}{\hbar}\eta_1\mu_{2+}\left(1-\frac{\chi_{02}}{\hbar^2}\mu_{2+}\mu_{2-}\right)+\frac{\mathrm{i}}{\hbar^3}\eta_2\chi_{01}\mu_{1+}^2\mu_{2-},\\
\beta_2&=-\frac{\mathrm{i}}{\hbar^3}\eta_1\chi_{01}\mu_{1-}^2\mu_{2+}\left(1-\frac{\chi_{02}}{\hbar^2}\mu_{2+}\mu_{2-}\right)+\frac{\mathrm{i}}{\hbar}\eta_2\mu_{2-}\left(1-\frac{\chi_{01}}{\hbar^2}\mu_{1+}\mu_{1-}\right)^2,\\
\beta_3&=\frac{\mathrm{i}}{\hbar^3}\eta_1\chi_{02}\mu_{1-}\mu_{2+}^2-\frac{\mathrm{i}}{\hbar}\eta_2\mu_{1+}\left(1-\frac{\chi_{01}}{\hbar^2}\mu_{1+}\mu_{1-}\right),\\
\beta_4&=\frac{\mathrm{i}}{\hbar}\eta_1\mu_{1-}\left(1-\frac{\chi_{02}}{\hbar^2}\mu_{2+}\mu_{2-}\right)^2-\frac{\mathrm{i}}{\hbar^3}\eta_2\chi_{02}\mu_{1+}\mu_{2-}^2\left(1-\frac{\chi_{01}}{\hbar^2}\mu_{1+}\mu_{1-}\right),\\
\beta_5&=\eta_1\left(1-\frac{\chi_{02}}{\hbar^2}\mu_{2+}\mu_{2-}\right)^2+\frac{\eta_2}{\hbar^4}\chi_{01}\chi_{02}\mu_{1+}^2\mu_{2-}^2,
\end{aligned}$$

$$\beta_6 = \frac{\eta_1}{\hbar^4}\chi_{01}\chi_{02}\mu_{1-}^2\mu_{2+}^2 + \eta_2\left(1 - \frac{\chi_{01}}{\hbar^2}\mu_{1+}\mu_{1-}\right)^2,$$
$$\beta_7 = \eta_1\frac{\chi_{02}}{\hbar^2}\mu_{2+}^2 + \eta_2\frac{\chi_{01}}{\hbar^2}\mu_{1+}^2,$$
$$\beta_8 = \eta_1\frac{\chi_{01}}{\hbar^2}\mu_{1-}^2\left(1 - \frac{\chi_{02}}{\hbar^2}\mu_{2+}\mu_{2-}\right)^2 + \eta_2\frac{\chi_{02}}{\hbar^2}\mu_{2-}^2\left(1 - \frac{\chi_{01}}{\hbar^2}\mu_{1+}\mu_{1-}\right)^2.$$

方程式 (8.45) 中系数 η_1 和 η_2 的定义是

$$\eta_1 = -\lambda\kappa_{1+}\kappa_{2-}\mathrm{e}^{\frac{\mathrm{i}}{\hbar}2(\chi_{02}\mu_{02}-\chi_{01}\mu_{01})}, \tag{8.46}$$
$$\eta_2 = -\lambda\kappa_{1-}\kappa_{2+}\mathrm{e}^{\frac{\mathrm{i}}{\hbar}2(\chi_{01}\mu_{01}-\chi_{02}\mu_{02})}.$$

对应 Hamilton 量式 (8.44) 的时间演化算符 $U_I^{(1)}(t)$(考虑到 Magnus 近似) 是

$$U_I^{(1)}(t) = \exp\left[\sum_{m=1}^{\infty}\Gamma_m(t)\right], \tag{8.47}$$

其中 Γ_m 表示 m 重对易子.

应用式 (8.39) 可以计算出体系总的时间演化算符 $U_I(t)$. 体系从态 $|v_{1i}, v_{2i}\rangle$ 到态 $|v_{1f}, v_{2f}\rangle$ 的跃迁概率是

$$P_{if}(t) = |\langle v_{1f}, v_{2f}|U_I(t)|v_{1i}, v_{2i}\rangle|^2, \tag{8.48}$$

其明显的解析表达式可参阅文献 [4]. 另外, 键的平均能量也可由时间演化算符计算.

8.2 小分子体系的多光子过程

本节主要研究线性三原子分子 HCN 和 DCN 在强红外激光场中吸收光子而产生的振动态间的跃迁, 分析多光子激发的特点. 同时, 讨论采用调频脉冲激光达到控制振动态跃迁的问题, 实现分子的多光子选择激发.

8.2.1 多光子激发

通常情况下, 一个分子或原子只能吸收一个光子, 从基态跃迁到激发态, 当光强足够高时, 就会产生多光子跃迁. 所谓多光子激发指的是分子在近共振激光照射下, 当达到一定的激光强度时, 分子可以同时吸收多个光子激发到较高激发态的过程. 飞秒激光器的产生, 使得多光子激发的宏观应用成为可能. 目前, 以双光子技术为代表的多光子技术已经在生物及医学成像、单分子探测、三维信息存储、微加工等领域得到了广泛应用, 展示了广阔的发展前景.

在这一节, 探讨分子在激光场 $\mathcal{E}(t)=\mathcal{E}_0\cos(\omega_L t)$ 下的多光子共振激发. 假设分子在 $t=0$ 时刻处于振动基态. 通过调节场强 $\mathcal{E}_0$ 和频率 ω_L, 振动跃迁概率可以达到相对较大的值. 随着激光频率的变化, 可以获得一组振动跃迁峰, 峰值所对应的激光频率若满足下面的条件, 相应的振动激发可称为 n 光子吸收[6]:

$$n=\frac{E_n-E_0}{\hbar\omega_n}, \tag{8.49}$$

其中 E_n-E_0 是从基态到第 n 个激发态的能量间隔, ω_n 称为共振跃迁频率 (共振跃迁对应的激光频率 ω_L). 需要注意的是这只是根据光子能量和分子能级而定义的, 与激发机理没有直接的联系.

1) 跃迁概率

当用 $\mathcal{E}_0=0.011\text{a.u.}$ 即光强 $I\approx 0.88\text{TW/cm}^2$ 的激光场激发时, 对 HCN 分子, 调节激光频率变化范围为 $\omega_L=0.011\sim0.017\text{a.u.}$ $(2400\sim2700\text{cm}^{-1})$; 对 DCN 分子, 调节激光频率变化范围为 $\omega_L=0.008\sim0.18\text{a.u.}$ $(1800\sim3100\text{cm}^{-1})$. 分别可以得到两分子从基态到各激发态的长时间平均跃迁概率, 如图 8.1 和图 8.2 所示.

从图 8.1 和图 8.2 发现: 随着能级的升高, 其跃迁概率值越来越小, 并且对应的跃迁共振频率值也变小了; 比较图 8.1(a) 与图 8.1(b), 以及图 8.2(a) 与图 8.2(b), 可以看到, 图 8.1(a) 与图 8.2(a) 中相邻峰之间的间隔明显大于图 8.1(b) 与图 8.2(b) 中跃迁峰的间隔. 可把此归结为 HCN 分子的非谐性参数明显大于 DCN 分子的非谐性参数. 非谐性参数越大, 对 Morse 振子来说, 其能级间隔会随着能态量子数的增加而减少得更快, 也就是说振动能级越来越密. 所以对同一个多光子激发, 不同的非谐性参数导致其共振频率的变化不同. 分子的非谐性越高, 其共振频率值就会

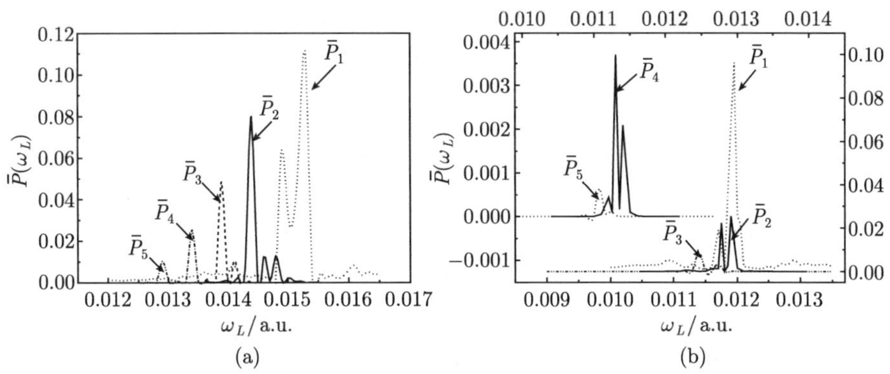

图 8.1 长时间平均跃迁概率随激光频率的变化曲线

(a) 代表 HCN 分子从振动基态到激发态 $|1,0\rangle$, $|2,0\rangle$, $|3,0\rangle$, $|4,0\rangle$ 和 $|5,0\rangle$ 的跃迁概率; (b) 代表 DCN 分子从振动基态到激发态 $|1,0\rangle$, $|2,0\rangle$, $|3,0\rangle$, $|4,0\rangle$ 和 $|5,0\rangle$ 的跃迁概率

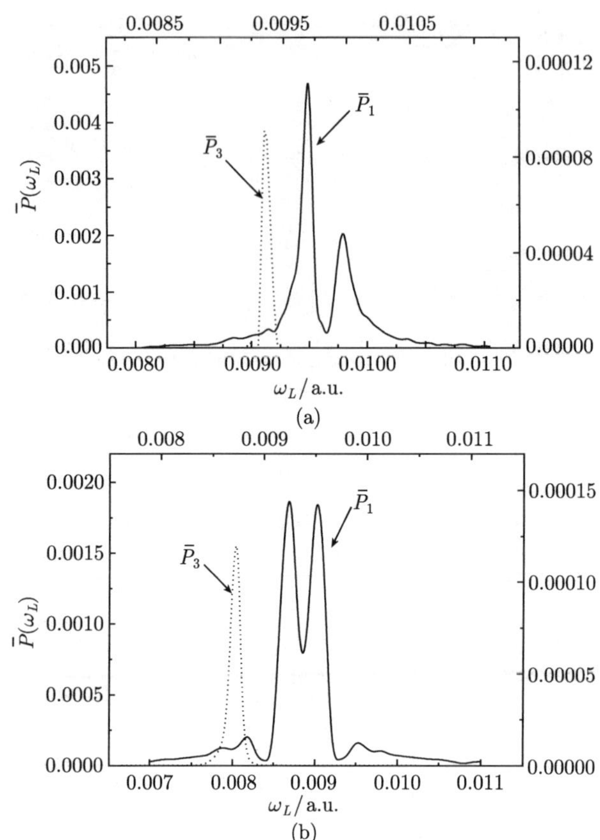

图 8.2　长时间平均跃迁概率随激光频率的变化曲线

(a) HCN 分子从振动基态到激发态 $|0,1\rangle$ (P_1) 和 $|0,3\rangle$ (P_3) 的跃迁概率; (b) DCN 分子从振动基态到激发态 $|0,1\rangle$ (P_1) 和 $|0,3\rangle$ (P_3) 的跃迁概率. 其中图中 P_1 曲线用底部和左边的坐标轴标度, P_3 曲线用顶部和右边的坐标轴标度

随着能态量子数的增加而减少得越快, 相应的, 相邻共振峰的间隔值也越大, 也可以称为非谐性越强. 因此, 随着能级的升高其非谐性偏移也就越大. 由于 DCN 分子中含有重氢的原因, 其解离能要比 HCN 的高, 也自然比 HCN 分子更难被激发, 所以在相同的光强作用下, 其跃迁概率明显小于相应的 HCN 分子的跃迁概率.

从图 8.1 和 8.2 中可以得到跃迁峰值所对应的共振频率值, 可以得到相应的跃迁属于几光子吸收. 例如图 8.1(a) 中, 跃迁峰对应的激光频率值为 0.0149a.u./0.0153a.u., 而分子从振动基态到第一激发态 $|1,0\rangle$ 的振动能级差约为 0.015036a.u., 由此根据式 (8.49) 可以得到 $n=(E_1-E_0)/\hbar\omega_L\approx 1.01/0.98$, 说明这个跃迁是单光子共振激发, 即吸收一个光子而产生的跃迁. 同样可以算出其余的跃迁分别属于二光子、三光子、四光子、五光子共振激发. 研究这些多光子激发对应的跃迁概率

在皮秒范围时间的变化规律, 可以反映出多光子激发过程的微观特性, 在皮秒动力学研究领域中是非常有意义的, 而且可以对皮秒光谱的研究提供一些参考. 由于这几个多光子激发相邻的共振频率相差不大, 为了得到的图形更利于分析, 这里只给出单光子、三光子和五光子激发对应的跃迁概率随时间的变化规律, 变化曲线见图 8.3 和图 8.4.

根据图 8.1 和图 8.2 得到的共振频率值, 在相同的场强下, 分别计算得到两个三原子分子从基态到激发态 $|1,0\rangle$, $|3,0\rangle$, $|5,0\rangle$, $|0,1\rangle$ 和 $|0,3\rangle$ 的跃迁概率, 取时间范围为 800 个光学周期左右 (一个光学周期大约为 464a.u.), 大约等于 9ps 左右的时间领域. 从图 8.3 和图 8.4 中可以看出:

(1) 单光子和三光子激发表现出规则的周期, 而五光子激发在峰与峰值间出现了不规则形状, 但是周期还是较有规律的, 这与分子的非谐性有关, 随着能级的升高, 出现了近共振或非共振跃迁的缘故;

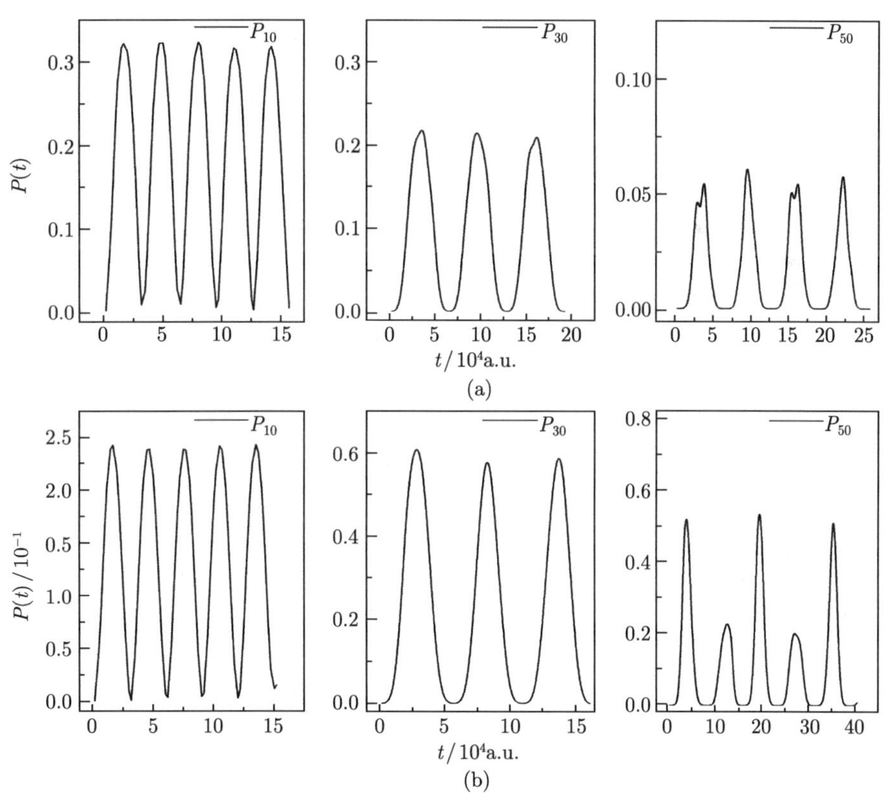

图 8.3 在相应共振频率下的跃迁概率随时间的变化关系

(a) HCN 分子的单光子, 三光子, 五光子共振跃迁概率曲线; (b) DCN 分子的单光子、三光子、五光子共振跃迁概率曲线

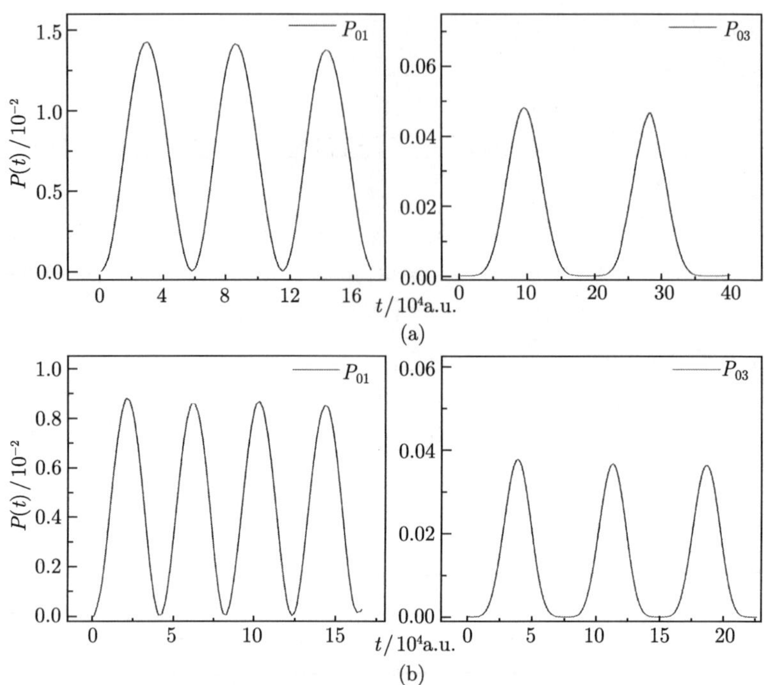

图 8.4 在相应共振频率下的跃迁概率随时间的变化关系

(a) HCN 分子的单光子, 三光子共振跃迁概率曲线; (b) DCN 分子的单光子, 三光子共振跃迁概率曲线

(2) 多光子的跃迁概率明显小于单光子跃迁概率, 且分子吸收三个光子到达振动态 $|3,0\rangle$ 的概率要比到达振动态 $|0,3\rangle$ 的概率大, 说明 HC(DC) 键要比 CN 键更容易被激发, 而达到较高激发态;

(3) 在相同的场强作用下, HCN 分子中的 CN 键被激发到激发态的概率高于 DCN 分子的, 但是所需要的时间却比 DCN 分子的长, 这同样由于 HCN 分子中 CN 振子的非谐性大于 DCN 分子的, 所以 HCN 分子的非谐性漂移 (峰值对应的频率与能级间隔频率的偏差) 大, 随着振动能态量子数的增加, 非完全共振跃迁出现的更早.

所有相关数据总结, 列在表 8.1 和表 8.2 中.

表 8.1 HCN 分子振动态间共振跃迁频率与周期性

跃迁概率	共振频率 ω_n	n 光子跃迁	共振周期 t_n
$P_{00\to10}$	0.0149/0.0153	1.01/0.98	3×10^4
$P_{00\to30}$	0.0139/0.0141	3.12/3.08	6.5×10^4
$P_{00\to50}$	0.0130	5.35	1.3×10^5
$P_{00\to01}$	0.0095/0.0098	1.01/0.97	5.5×10^4
$P_{00\to03}$	0.00935	3.01	1.85×10^5

表 8.2 DCN 分子振动态间共振跃迁频率与周期性

跃迁概率	共振频率 ω_n	n 光子跃迁	共振周期 t_n
$P_{00\to10}$	0.01195	1.003	3×10^4
$P_{00\to30}$	0.0114/0.0117	3.10/3.02	5.5×10^4
$P_{00\to50}$	0.01105	5.25	1.55×10^5
$P_{00\to01}$	0.0087/0.009	1.01/0.97	4×10^4
$P_{00\to03}$	0.00875	2.97	7.5×10^4

从以上分析知: 共振跃迁表现出了准周期行为, 而多光子共振激发周期长于单光子共振激发周期, 显示多光子激发是一个长时间过程.

2) 平均吸收能量和吸收的平均光子数

在对分子多光子激发过程的实验研究中, 长时间分子平均吸收能量或吸收的平均光子数的更有实际参考价值. 下面以 DCN 分子为例, 利用式 (8.7) 和式 (8.9), 计算分子长时间平均吸收能量, 及吸收的平均光子数. 如图 8.5 所示.

从图 8.5 中可以看出, 随着激光场强的增大, 平均吸收能量逐渐增加, 吸收峰的数量也不断增多. 但是图 8.5 显示, 由于激发光场的强度不一样, 最高吸收峰对应的激光频率并不一样, 表明是由不同的振动态共振激发, 即属于不同的多光子共振激发. 这表明在不同的激光场强下的最高吸收峰是属于不同的多光子共振, 也就是说要使某个多光子共振概率最大, 只能在特定的激光场强下实现. 如果场强太低, 共振激发就不能被有效激发, 而场强过强, 又有可能引起其他的共振, 而无法实现目标共振激发达到最大. 图 8.6 给出了 DCN 分子在单光子和七光子共振激发中吸收的平均光子数随时间的变化关系.

结合图 8.5, 对分子在场强为 $E_0=0.003\text{a.u.}$ ($I\approx0.32\text{TW/cm}^2$) 的激光激发时的情况作简要讨论. 分子在该场强激发下, 图 8.5 显示分子体系在 $\omega_L=0.012\text{a.u.}$ 处呈现单光子共振激发, 在 $\omega_L=0.01075\text{a.u.}$ 处产生七光子共振激发. 分别在这两个共振频率处计算了其相应的分子吸收平均光子数. 在单光子共振过程中, 曲线表现出简单的 Rabi 振荡, 振动周期约为 150 个光学周期; 在 Rabi 振荡循环中, 曲线呈现锥形 (cone-shaped) 形状的峰和较宽的基底. 而在七光子共振过程中, 曲线的峰出现无规则分裂, 吸收的平均光子数呈现出长的准周期行为, 振动的准周期大约为 430 个光学周期, 这进一步说明: 在半经典或量子描述中多光子共振确实是一个长时间现象, 较高激发态的多光子共振需要更长的脉冲时间来达到最大可能的能量激发. 同时, 也不难看出, 在多光子共振过程中, 分子吸收的平均光子数明显多于在单光子共振过程中吸收的平均光子数.

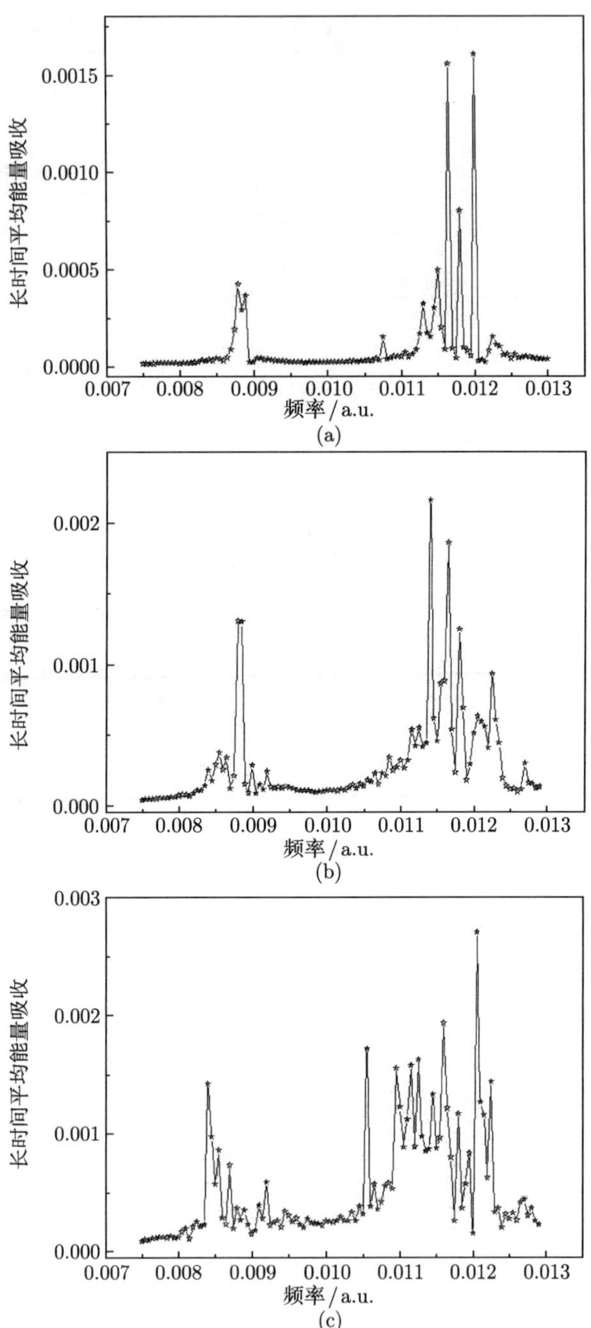

图 8.5　DCN 分子在不同光强下的长时间平均能量吸收谱

(a) $E_0 = 0.003\text{a.u.}(I \approx 0.32\text{TW/cm}^2)$; (b) $E_0 = 0.009\text{a.u.}(I \approx 2.84\text{TW/cm}^2)$;

(c) $E_0 = 0.015\text{a.u.}(I \approx 7.89\text{TW/cm}^2)$

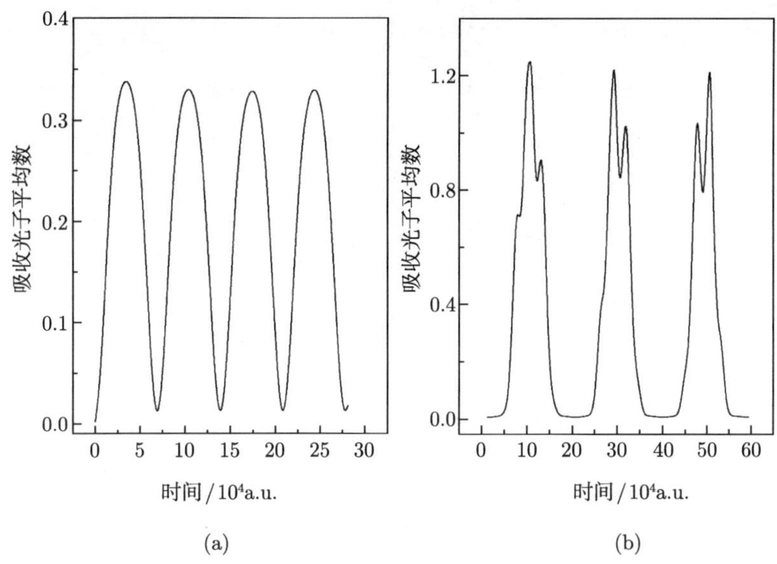

图 8.6 DCN 分子在场强时吸收的平均光子数

(a) $\omega_L = 0.012$a.u.(2630cm^{-1}), 单光子共振激发; (b) $\omega_L = 0.01075$a.u.(2360cm^{-1}), 七光子共振激发

8.2.2 多光子选择激发

分子多光子选择激发在选择制备分子初始态中是必不可少的, 它的研究对分子光谱学, 选模激光化学及分子反应动力学有着重要的意义. 例如, 可以用来增强双分子和单分子反应速率, 或对选择键的裂变 (fissions) 和异构化 (isomerizations) 等. 随着激光技术的发展, 利用高效超短红外激光脉冲对分子振动态进行选择激发成为分子动力学领域的研究热点. 有研究表明利用超短红外激光脉冲获得分子态选择振动激发要比传统的连续波红外多光子吸收方式有效得多. 本节中采用一种调频脉冲激光对 HCN 和 DCN 分子的多光子选择激发进行了研究, 并讨论了不同的激光脉冲形状对分子振动态选择激发的影响.

1. 激光脉冲对选择激发的影响

调频脉冲激光已经成为分子动力学控制的有力工具, 许多理论工作者对其进行了研究利用其实现目标态的选择控制[7~9]. 考虑如下激光场:

$$\mathcal{E}(t) = \mathcal{E}_0 f(t) \cos \Omega(t), \tag{8.50}$$

其中 $\Omega(t) = \int_0^t (\omega_1 + \omega_2 \mathrm{e}^{-(t/\tau)^2})\mathrm{d}t$, τ 为激光脉冲宽度.

为了方便与其他研究比较, 脉冲函数选取以下几个常用类型: 正弦平方型

(square-sinusoidal shape), 高斯型 (Gaussian shape) 和三角型 (triangular shape).

$$f_1(t)=\sin^2(\pi t/\tau), \quad \text{(square-sinusoidal shape)}, \tag{8.51}$$

$$f_2(t)=\mathrm{e}^{-4\ln 2(2t/\tau-1)^2}, \quad \text{(gaussian shape)}, \tag{8.52}$$

$$f_3(t)=1-|2t/\tau-1|, \quad \text{(triangular shape)}. \tag{8.53}$$

下面对 DCN 分子的四光子选择激发进行研究. 首先要先确定四光子激发的共振频率. DCN 分子在普通激光场 $\mathcal{E}(t)=\mathcal{E}_0\cos\omega_L t$ 作用下, 当场强为 $\mathcal{E}_0=0.005\text{a.u.}$ 时, 激光频率从 $\omega_L=0.007\text{a.u.}$ 变化到 $\omega_L=0.012\text{a.u.}$, 可以知道: 跃迁 $P_{00\to11}$ 属于近两光子共振激发, 跃迁 $P_{00\to12}$ 属于近三光子共振激发, 跃迁 $P_{00\to40}$ 和 $P_{00\to04}$ 属于四光子共振激发, 跃迁 $P_{00\to13}$ 和 $P_{00\to31}$ 属于近四光子共振激发. 具体数据在表 8.3 中给出.

表 8.3 DCN 分子共振跃迁频率和光子吸收

跃迁概率	共振频率 ω_n	n 光子吸收
$P_{00\to11}$	0.0091	2.29
$P_{00\to12}$	0.0088	3.31
$P_{00\to13}$	0.0085/0.0087	4.45/4.35
$P_{00\to40}$	0.0113	4.08
$P_{00\to04}$	0.00855	4.04
$P_{00\to31}$	0.0114/0.0117	3.85/3.75

下面研究 DCN 分子从振动基态到激发态 $|0,4\rangle$ 和 $|4,0\rangle$ 在不同激光脉冲作用下的选择激发. 通过调节激光参数使目标态的跃迁概率达到最大, 优化步骤为:

(1) 根据上面得到的共振频率值, 作为初始参考值, 在某个特定的场强下调节参数 ω_1 和 ω_2, 使目标态跃迁概率随脉冲时间逐渐增加;

(2) 然后根据优化过的 ω_1 和 ω_2 值调节场强 E_0, 实现目标态跃迁概率在脉冲末时刻 τ 达到较高的激发值.

以振动基态到 $|4,0\rangle$ 态的选择激发为例 (在正弦平方型脉冲函数下): 设脉宽 $\tau=5000\text{a.u.}$, 以 $\mathcal{E}_0=0.005\text{a.u.}$, $\omega_1=0.0113\text{a.u.}$, $\omega_2=0.00001\text{a.u.}$ 为初始值, 分别计算态 $|0,4\rangle$ 和态 $|4,0\rangle$ 在不同激光脉冲作用下获得的最大跃迁概率值, 计算结果见表 8.4.

表 8.4 DCN 分子在不同脉冲函数下的选择激发概率值

跃迁概率	正弦平方型	高斯型	三角型
$P_{00\to40}$	0.213	0.207	0.181
$P_{00\to04}$	0.203	0.199	0.179

从表 8.4 中可以看出, 在正弦平方型激光脉冲作用下, 两个振动态的选择概率

值最大, 说明这种脉冲函数对态选择激发控制效果最好, 优化参数见表 8.5.

表 8.5 在正弦平方脉冲函数下的激光优化参数

跃迁概率	激光场振幅	激光场频率 ω_1	激光场频率 ω_2
$P_{00\to40}$	0.023	0.01142	0.000036
$P_{00\to04}$	0.024	0.00845	0.000037

可以看出在调谐脉冲控制下, 两个态的选择激发过程中有如下几个现象:

(1) $|4,0\rangle$ 态的选择激发中, 跃迁概率值大于 10^{-5} 的振动激发曲线明显少于对 $|0,4\rangle$ 态的选择激发中出现的振动激发曲线;

(2) 除了目标态在激光脉冲末达到较大的值外, 其余态的激发概率都逐渐减小接近零;

(3) 另外从表 8.4 中也可以看到 $|0,4\rangle$ 振动态的激发需要更高的光强.

这些都说明在氢化氘分子中 C—N 键要比 C—D 键更难被激发. 这也是不难理解的, C—N 键的解离能大于 C—D 键的, 而且 C—N 键的跃迁偶极距小于 C—D 键的, 因此 C—N 键的激发需要更高的场强, 而场强如果过强, 正如上一节中所讲, 其他振动态的共振激发对目标态的选择激发影响就会增大. 对另外两个近四光子激发, 即振动态 $|1,3\rangle$ 和 $|3,1\rangle$, 研究中发现用单一的调谐激光脉冲很难实现其选择激发, 激发概率很小, 说明同时吸收四个光子到达这两个态的概率是非常小的, 其选择激发不能采用单纯的一个激光脉冲.

2. 调频脉冲激光下的选择激发

根据上面的计算结果, 利用正弦平方型调频激光脉冲, 讨论分子 HCN 和 DCN 态 $|3,0\rangle$ 和态 $|5,0\rangle$ 振动态的选择激发, 目的是为了观察在两个分子中同位素氢和氘对分子多光子选择激发过程的影响, 这对采用强红外光辐射下通过多光子吸收实现同位素分离的研究有一定参考价值. 具体优化步骤同上节中的介绍, 脉冲宽度不变, 所有优化参数在表 8.6 中给出.

表 8.6 HCN 和 DCN 分子振动态的选择激发优化参数

分子	态	E_0	$\Delta\omega_1$	$\Delta\omega_2$
HCN	P_{30}	0.018	0.00195	0.0139
	P_{50}	0.02	0.00041	0.0128
DCN	P_{30}	0.022	0.00035	0.0116
	P_{50}	0.025	0.000084	0.0112

在分子振动态的选择激发过程中从基态到各激发态的跃迁概率随时间变化曲线 (所有跃迁概率值大于 10^{-6} 的振动跃迁曲线) 见图 8.7~图 8.10.

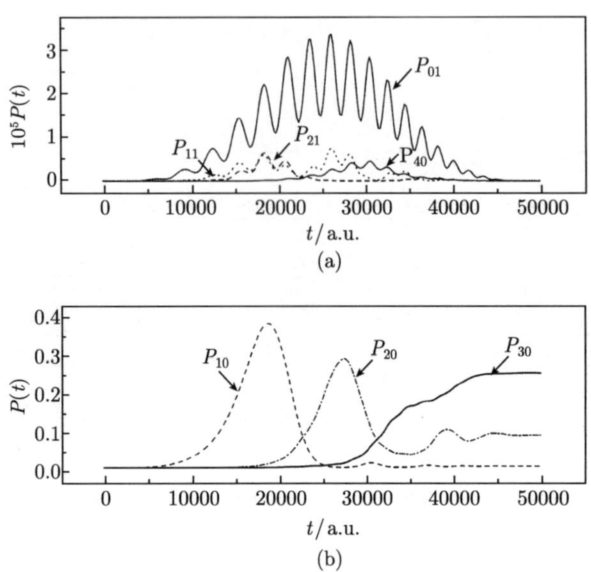

图 8.7　HCN 分子态 $|3,0\rangle$ 选择激发

(a) 从 $|0,0\rangle$ 到态 $|0,1\rangle$, $|1,1\rangle$ 和 $|2,1\rangle$ 的依赖时间的跃迁概率; (b) 从 $|0,0\rangle$ 到 $|1,0\rangle$, $|2,0\rangle$, $|3,0\rangle$ 和 $|4,0\rangle$ 的依赖时间的跃迁概率粗线表示目标态 $|3,0\rangle$ 的跃迁

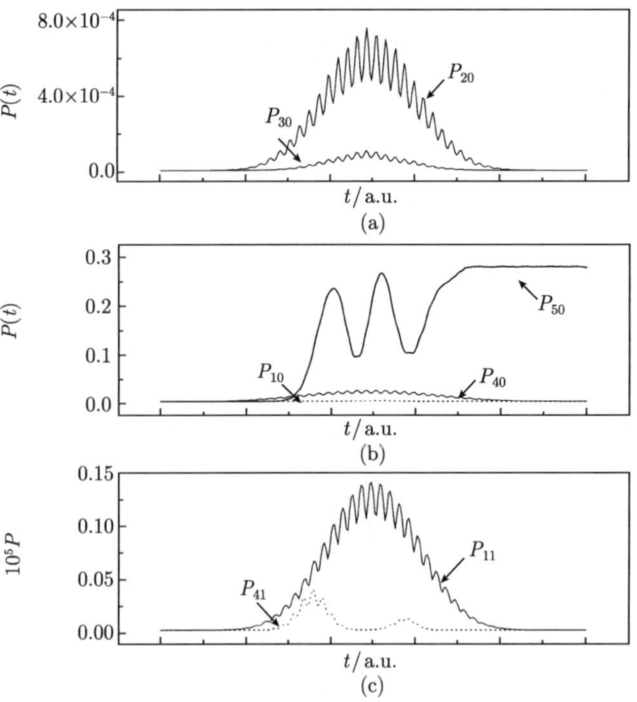

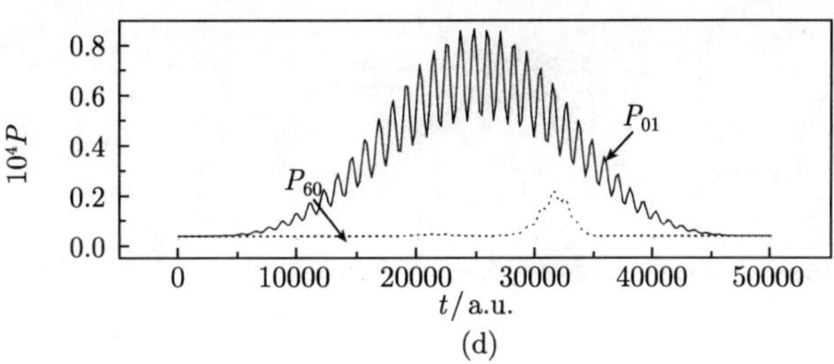

图 8.8 同图 8.7, 但是对态 $|5,0\rangle$

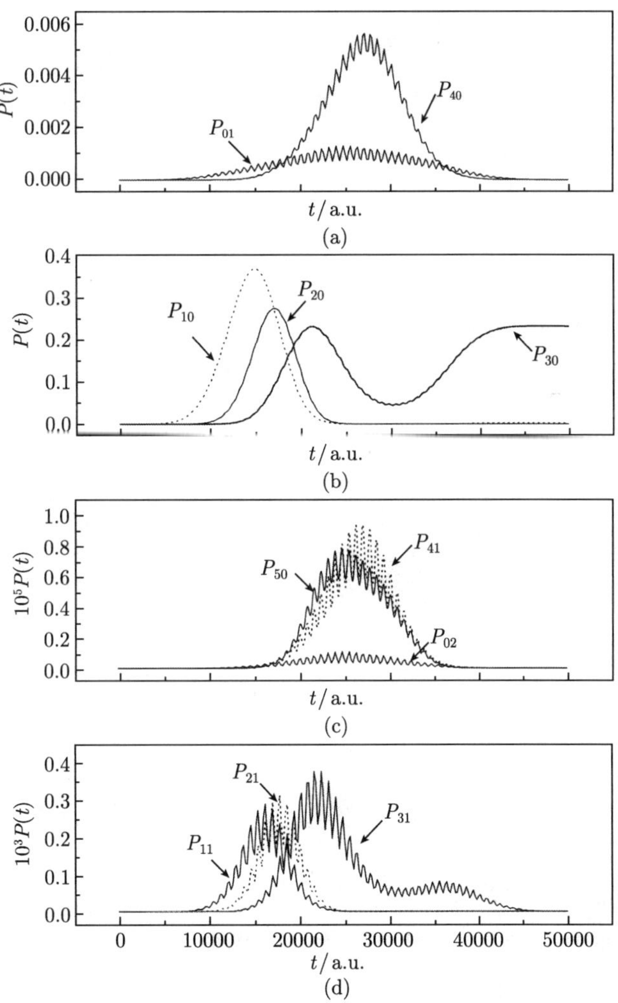

图 8.9 同图 8.7, 但对分子 DCN

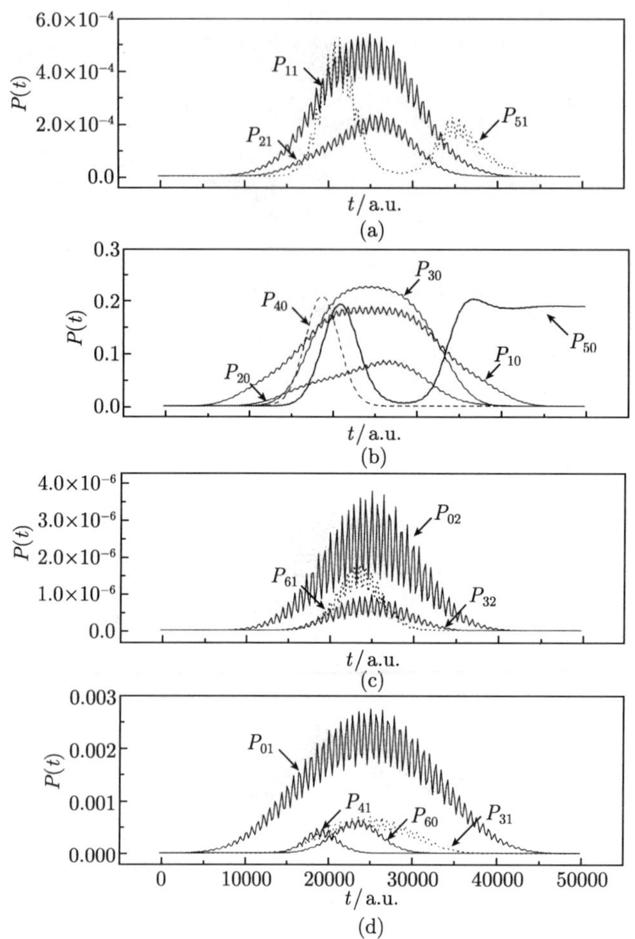

图 8.10 同图 8.8, 但对分子 DCN

计算表明分子 HCN 态 $|3,0\rangle$ 和态 $|5,0\rangle$ 振动态的选择激发, 从振动基态到第一激发态 $|1,0\rangle$ 的跃迁概率随着时间的增加而一个接一个地迅速减少, 其余的跃迁概率值都很小, 只有在激光脉冲末时刻达到了稳定的最大值, 也即是实现了态 $|3,0\rangle$ 振动态的选择跃迁. 相应的, 只有在激光脉冲末时刻达到了稳定的最大值, 其他的跃迁概率值都很小, 同样实现了对态 $|5,0\rangle$ 振动态的选择跃迁.

对分子 DCN, 态 $|3,0\rangle$ 和态 $|5,0\rangle$ 振动态的选择激发, 实现这两个态的选择激发, 但其他跃迁概率值大于 10^{-6} 的振动激发个数明显多于 HCN 分子的情况, 而且最后目标态的跃迁概率值也都略小于 HCN 分子, 这些都说明含有重氢的 DCN 分子的选择性要比含有氢的 HCN 分子的选择性降低. 其原因是含有重氢的分子内部振动重新分布 (IVR) 更快而导致.

下面以线性三原子分子 HCN 和 DCN 为例, 研究它们在强连续激光场中多光子激发特点, 并用调频脉冲激光实现多光子选择激发. 多光子激发是一种长时间现象, 较高激发态的多光子共振则需要更长的脉冲时间达到最大可能的能量激发, 而且由于振子的非谐性因素, 随着振动能级的升高, 共振频率与分子振动能级差会越来越大, 就会导致非完全共振的产生. 分子的平均吸收能量随着光强的增大而增加, 吸收峰也会增多, 但是不同的场强下最大吸收峰却对应着不同的吸收频率, 说明一个多光子共振的获得需要特定的光强. 在多光子选择激发的研究中发现利用调频脉冲激光可以很好的实现目标态的选择激发, 而且正弦平方型的脉冲形式要优于其他脉冲形式. 值得一提的是, HCN 分子和 DCN 分子在同样的调频脉冲激光作用下, 目标态的选择性是不同的, DCN 分子的选择性要低, 也就是说该分子更不好控制, 原因就在于由于重氢元素的存在使分子内部振动的重新分布速度加快.

8.3 小分子在强场中振动激发的控制

量子控制在物理学、化学、量子计算、密码学等方面具有重要的应用 [10~14]. 其中, 对分子振动激发和解离的控制, 对控制化学反应和量子态的制备等具有重要意义. 在分子动力学领域里, 提出了许多研究方法. 例如, 泵浦方案 (pump-dump scheme), 首先采用 pump 脉冲产生激发势能面 (PES) 的波包, 经过适当时间延迟后再利用 dump 脉冲诱导目标态的模拟跃迁; 脉冲原理 (pulse method), 就是众所周知的傅里叶变换核磁共振 (Fourier transform nuclear magnetic resonance, FT-NMR), 也被用来实现分子的粒子数反转; 优化控制理论 (optimal control theory, OCT) 从理论上给出用来控制分子的一种高效脉冲激光形式; Bergmann 等提出了 stimulated Raman adiabatic passage (STIRAP) 方法, 在分子系统中获得完全粒子数反转. 在这一节, 应用代数方法研究分子的态激发和键激发的控制问题, 并探讨激光位相和脉冲形式对控制的影响等若干问题.

8.3.1 双原子分子态选择激发

本节中利用二次型非谐振子模型和上节中介绍的理论方法, 研究双原子分子在强场中态选择激发的问题.

1. *多光子激发*

以 OH 和 OD 为例, 研究双原子分子多光子振动激发的问题.

有关 OH 的参数为 $\omega_0 = 0.01664\text{a.u.}$, $\chi_0 = 0.02323\text{a.u.}$, $D = 0.1614\text{a.u.}$, $\alpha = 1.156\text{a.u.}$; 有关 OD 的参数为 $\omega_0 = 0.0122\text{a.u.}$, $\chi_0 = 0.01645\text{a.u.}$, $D = 0.1636\text{a.u.}$, $\alpha = 1.142\text{a.u.}$.

假设分子在 $t=0$ 时刻处于振动基态. 在给定的场强下, 通过调节外场的频率并利用

$$\ln P_n = n\ln I + C, \tag{8.54}$$

表示的形式光强法则 (the formal intensity law)[15~17] 来判断跃迁是几光子激发产生的.

上式中 n 代表跃迁光子数, C 代表常数. 如果在激光没有发生饱和的情况下, 就可以根据跃迁概率随激光光强变化的 log-log 曲线斜率得到相应的跃迁属于几光子激发. 如果从初态到某个激发态间的跃迁能量近似等于 n 光子能量, 则相应的跃迁可称为多光子共振跃迁. 即满足

$$\omega_r \approx \omega_n = \frac{E_f - E_0}{n\hbar} \tag{8.55}$$

$E_f - E_0$ 为初态到末态的能级间隔.

双原子分子 OH 和 OD 从基态到前六个激发态的跃迁概率随激光频率的变化曲线如图 8.11 所示.

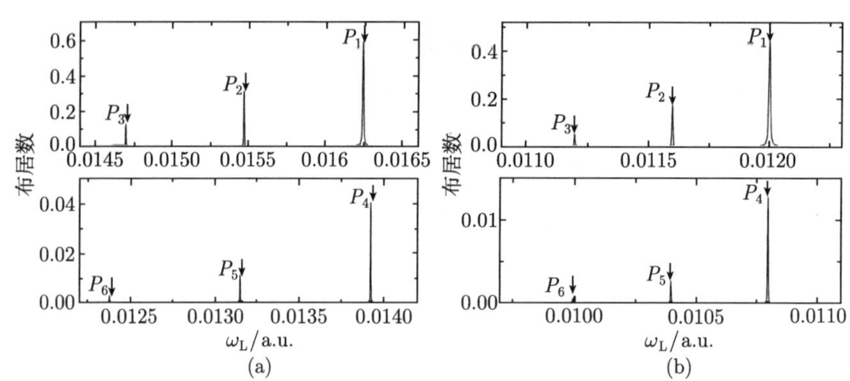

图 8.11　OH(a) 和 OD(b) 长时间平均跃迁概率随激光频率的变化

(a) 分子振动从基态到第一、二、三激发态的跃迁峰; (b) 分子振动从基态到第四、五、六激发态的跃迁峰. $P_i(i=1,2,3,4,5,6)$ 分别表示 $|v=0\rangle$ 到 $|v=i\rangle$ 的跃迁

利用从图中得到的共振频率值, 分别计算在这些共振频率时 OH 和 OD 的跃迁概率随激光光强的变化. 把图 8.11 得到的数据总结成表 8.7.

如表 8.7 所示, 从基态到第一、二、三、四、五、六激发态的跃迁分别属于一光子, 两光子, 三光子, 四光子, 五光子, 六光子跃迁. 而且, 随着振动能级的升高, 跃迁峰对应的频率与频率的偏差越来越大, 说明在高激发态的跃迁中由于非谐性的缘故产生了非共振跃迁. 从图 8.11 中可以看出, 当体系到达不同的末态时, 共振频率会有小的移动, 也就是说, 共振跃迁频率随着末态能级的升高而逐渐减小. 而

对 OD 分子的情况, 由于它有更高的解离能, 所以在相同的场强下, 其跃迁频率比 OH 的小得多. 而且在图 8.11 中, 跃迁峰之间的间隔为 0.000773a.u.(图中间隔值为 0.000401), 可以看到, OH 的跃迁峰间隔大于 OD 的, 原因是由于两分子的非谐性不同, OH 和 OD 的非谐性参数的比值 (OH/OD) 为 1.4, 而两者跃迁峰间隔的比值 0.000773/0.000401 大约等于 1.9, 这与非谐性参数的比值是很接近的, 说明非谐性的大小对共振频率的偏移有着决定性的影响.

表 8.7 OH 和 OD 的多光子跃迁对应的频率值

分子	参量	P_1	P_2	P_3	P_4	P_5	P_6
OH	ω_r	0.016253	0.015480	0.014707	0.013934	0.013161	0.012388
	n	1.002	2.004	3.005	4.008	5.003	5.984
	ω_n	0.016221	0.015835	0.015453	0.015063	0.014698	0.014359
	$\|\omega_n-\omega_r\|$	0.000032	0.000355	0.000746	0.001129	0.001537	0.001971
OD	ω_r	0.011999	0.011598	0.011197	0.010796	0.010395	0.009994
	n	1.003	2.014	3.011	3.973	5.002	6.020
	ω_n	0.011963	0.011716	0.011556	0.011474	0.011192	0.010959
	$\|\omega_n-\omega_r\|$	0.000036	0.000118	0.000359	0.000678	0.000797	0.000965

注: 所有参数除 n 外均为原子单位.

另外, 从表 8.7 中还可以看出 OH 的频率偏差 (ω_r) 要大于 OD 的, 通过上面的定性结果和定量的比较, 不难发现分子振动的非谐性对共振跃迁频率有着重要影响, 非谐性的大小决定了频率偏差的大小.

2. 多光子选择振动激发

(1) OH 多光子选择振动激发

对 OH 进行一光子、两光子、三光子、四光子吸收的计算. 为此, 选用激光场

$$\boldsymbol{\mathcal{E}}(t)=\boldsymbol{\mathcal{E}}_0 g(t)\sin(\omega_L t), \qquad (8.56)$$
$$g(t)=\exp[-(t-T_0)^2/\sigma^2],$$

其中, $T_0=100\text{ps}$, $\sigma=30\text{ps}$. 根据式 (8.49) 计算激光频率值 ω_L. 具体的比较结果 (最大光强值与目标态跃迁概率值) 在表 8.8 中给出.

表中光强的单位是 W/cm^2, 相对误差是由两者的最大光强值计算得到的. 从表 8.8 中可以看到, 代数模型的解析结果与精确数值解符合的很好.

在计算中, 由于共振跃迁频率的偏离 (表 8.7 和表 8.8), 首先计算从基态到四个激发态的共振跃迁频率, 然后将计算得到的频率作为激光频率研究 OH 的多光子选择振动激发. 研究发现当激光频率的值有个很小的改变 (0.000001a.u.) 时, 目标态的振动跃迁概率就会减小, 甚至在脉冲末尾出现下降的趋势而不是稳定在某个

值, 就是说这种小的改变会导致低的选择性和需要更高的光强, 说明振动激发的选择性对激光频率是非常敏感的.

表 8.8　OH 多光子吸收的最大光强值 $I_{\max}$ 与目标态跃迁几率值的数值比较

n 光子	OH*		OH	
	$I_{\max}/(\mathrm{W/cm^2})$	Ratio/%	$I_{\max}/(\mathrm{W/cm^2})$	Ratio/%
1-photon	4.74×10^6	100.00	4.68×10^6	99.99
2-photon	5.68×10^8	99.98	5.57×10^8	99.49
3-photon	5.58×10^9	99.88	5.42×10^9	99.23
4-photon	2.36×10^{10}	94.51	2.27×10^{10}	95.31

* 文献 [18] 中的数值解; 这里 Ratio 表示分子从初态 $|v_i\rangle$ 跃迁到终态 $|v_f\rangle$ 的概率, 其表达式是式 (8.26).

(2) OH 和 OD 分子振动激发的控制

为讨论其振动激发的控制, 首先计算 OH 和 OD 从振动基态到部分激发态的共振跃迁频率 (计算结果见表 8.7 和表 8.8), 并对分子 OH 和 OD 多光子选择振动激发的激光参数作相应优化, 激光优化参数见表 8.9.

表 8.9　OH 和 OD 多光子选择振动激发的激光优化参数

n 光子	OH			OD		
	$\Delta\omega_1$/a.u.	$\Delta\omega_2$/a.u.	$I_{\max}/(\mathrm{W/cm^2})$	$\Delta\omega_1$/a.u.	$\Delta\omega_2$/a.u.	$I_{\max}/(\mathrm{W/cm^2})$
1-photon	0.016253	0.0000042	3.59×10^6	0.011999	0.0000040	4.80×10^6
2-photon	0.015480	0.0000040	4.29×10^8	0.011598	0.0000033	5.61×10^8
3-photon	0.014707	0.0000038	4.25×10^9	0.011197	0.0000025	5.05×10^9
4-photon	0.013934	0.0000036	1.76×10^{10}	0.010796	0.0000018	1.91×10^{10}

下面利用这些数据来讨论它们的态选择激发的控制. 设激光场形式如下:

$$
\begin{aligned}
\mathcal{E}(t) &= \mathcal{E}_0 f(t)\cos\varPhi(t),\\
f(t) &= \exp[-(t-\tau/2)^2/(\tau/4)^2],
\end{aligned}
\tag{8.57}
$$

其中激光位相取两种形式来讨论:

$$
\varPhi(t)=\begin{cases}
\omega_r t, & \text{(non-chirped pulse)}\\
\varPhi_0+\displaystyle\int_0^t\left[\Delta\omega_1+\Delta\omega_2\mathrm{e}^{-(t'/\tau)^2}\right]\mathrm{d}t', & \text{(chirped pulse)}
\end{cases}
$$

在研究选择振动跃迁问题时经常用到非调频激光和调频激光. 分别讨论它们对双原子分子态选择激发的控制, 观察这两种类型的激光位相对控制的影响.

首先计算其在非调频脉冲激光下从振动基态到第一和第二激发态的跃迁. 图 8.12 给出了 OH 分子跃迁概率在不同场强下随脉冲时间的变化曲线.

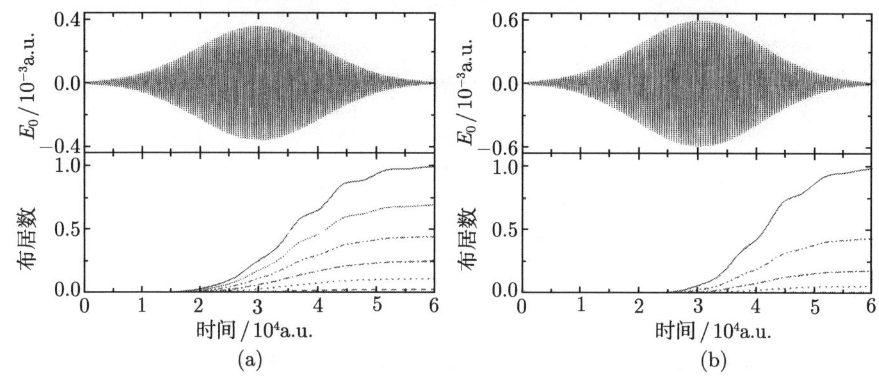

图 8.12 在非调频激光作用下 OH 的跃迁概率和激光场随时间的变化曲线

(a) 从振动基态 $|0\rangle$ 到第一激发态 $|1\rangle$ 的单光子激发; (b) 从振动基态 $|0\rangle$ 到第二激发态 $|2\rangle$ 的两光子激发. 不同的线形表示在不同的场强下的跃迁概率随时间的变化曲线, 激光场强的变化值在文中给出. 图中给出的激光脉冲曲线的最高峰是最大跃迁概率时对应的场强的值

从图中可以看出:

(1) 随着场强的升高, 跃迁概率值增大, 但是跃迁概率曲线出现了振荡;

(2) 单光子激发的每条跃迁概率曲线间隔的增加值比相应的双光子激发的小, 说明单光子激发随激光场强的增加其跃迁概率增大的速率没有双光子激发的快.

计算表明, 激光场强过强导致分子振动态间跃迁概率的振荡, 为了达到较大的跃迁概率值并避免其振荡的发生, 利用增加脉冲宽度减小场强值的方法, 结果发现, 其振荡幅度越来越小, 在脉冲宽度为 $\tau = 1.8 \times 10^6$a.u. ($\sim$ 40ps) 时, 达到最大的跃迁概率也没有振荡现象的发生. 图 8.13 给出了在这个脉冲宽度下, OH 分别在非调频和调频激光作用下的一光子和两光子激发.

图 8.13(a) 中的非调频激光的场强值从 0.000001a.u. 变化到 0.000011a.u., 间隔为 0.000002a.u., 调频激光的场强值从 0.0000017a.u. 变化到 0.0000102a.u., 间隔为 0.0000017a.u.; 图 8.13(b) 中的非调频激光的场强值从 0.00004a.u. 变化到 0.00012a.u., 间隔为 0.00002a.u., 调频激光的场强值从 0.00003a.u. 变化到 0.00011a.u., 间隔为 0.00002a.u.. 从图中可以看出:

(1) 非调频脉冲激光作用下的跃迁概率在脉冲末端才达到最大值, 而调频脉冲激光下的跃迁概率随脉冲时间的增加而较早的达到一个最大稳定值;

(2) 调频脉冲激光作用下跃迁概率开始增加的时间也早于非调频脉冲激光下跃迁概率增大的起始时间. 结果表明在调频脉冲激光作用下, 分子的态选择激发效果更好.

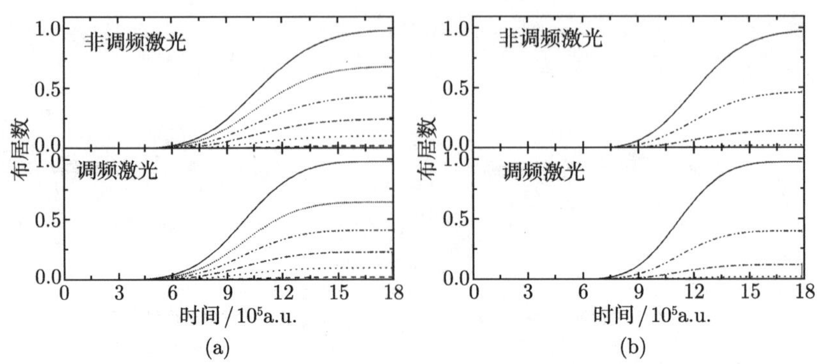

图 8.13　分别在非调频激光和调频激光作用下 OH 的跃迁概率随时间的变化曲线

(a) 从振动初态到第一激发态的单光子激发; 场强从下至上:

$\mathcal{E}_0 = 0.000001\text{a.u.} \sim \mathcal{E}_0 = 0.000011\text{a.u.}(\approx 4.25 \times 10^6\text{W/cm}^2)$(non-chirped pulse);

$\mathcal{E}_0 = 0.0000017\text{a.u.} \sim \mathcal{E}_0 = 0.0000102\text{a.u.}(\approx 3.59 \times 10^6\text{W/cm}^2)$(chirped pulse);

(b) 从振动初态到第二激发态的两光子激发. 场强从下至上:

$\mathcal{E}_0 = 0.00004\text{a.u.} \sim \mathcal{E}_0 = 0.00012\text{a.u.}(\approx 5.05 \times 10^8\text{W/cm}^2)$(non-chirped pulse);

$\mathcal{E}_0 = 0.00003\text{a.u.} \sim \mathcal{E}_0 = 0.00011\text{a.u.}(\approx 4.29 \times 10^8\text{W/cm}^2)$(chirped pulse)

从上面的研究中, 可以看出如果想对双原子分子的振动态激发获得更好的选择性, 优化激光需要采用调频脉冲激光, 且频率取随时间逐渐减少的函数形式. 另外, OH 的调频速率要快于 OD.

8.3.2　三原子分子键选择激发

对三原子分子来说, 在激光控制振动激发问题中可以获得更丰富的信息, 本节主要研究三原子分子内部键的共振激发问题. 分子内部振动重新分布 (IVR) 问题不会出现在双原子分子的研究中, 在 IVR 干涉选择激发的研究中最简单的模型就是三原子分子, 所以也对此现象作简要讨论. 这里以 HCN 和 DCN 分子为例. 选用线性调频光场

$$\begin{aligned} E(t) &= E_0 f(t)\cos\varPhi(t),\\ \varPhi(t) &= \varOmega_0 t\left(1-\frac{\alpha_c t}{2\tau}\right), \end{aligned} \tag{8.58}$$

其中瞬时频率为: $\varOmega_{\text{ins}}(t) = \varOmega_0\left[1-\alpha_c\left(\dfrac{t}{\tau}\right)\right]$. 在计算中, $\varOmega_0$ 取选择键的非谐性振动频率 ($\varOmega_0 = \omega_{01}$ 或者 ω_{02}), α_c 代表在脉冲末瞬时频率的降低比值, 调频的数量取决于参数 α_c, 而 α_c 由选取键的目标激发态决定的.

对 HCN 分子, 将 C—H 或 C—N 键激发到 $v_1 = 10$ 或 $v_2 = 10$ 的振动态, 而保持另一个键处于基态时, 其瞬时频率 $\varOmega_{\text{ins}}(t)$ 也随时间的增加逐渐接近这个键的

第 10 激发态对应的共振频率并在脉冲末端达到共振频率值, 这时就有 $\alpha_c = 0.38$ (C—H 键) 或 $\alpha_c = 0.3$ (C—N 键);

对 DCN 分子, 则有 $\alpha_c = 0.26$ (C—D 键) 或 $\alpha_c = 0.11$ (C—N 键). 其中, 假定与激光场随时间变化相比, 瞬时频率是一个随时间变化较缓慢的函数. 在这种形式的调频脉冲下, 由于键的非谐性因素导致振动频率是逐渐减小的, 那么随着激发能级的升高, 激光脉冲与键的振动可以保持共振一致性, 也就使键的共振选择激发成为可能.

这里, 考虑三种不同的激光脉冲形式: 直角 (rectangular)、高斯 (Gaussian)、双曲正割 (sech-shaped) 型激光脉冲.

1) 直角型激光脉冲下的键选择激发

HCN 和 DCN 两个分子在直角型激光脉冲下的键选择激发结果在图 8.14 中给出.

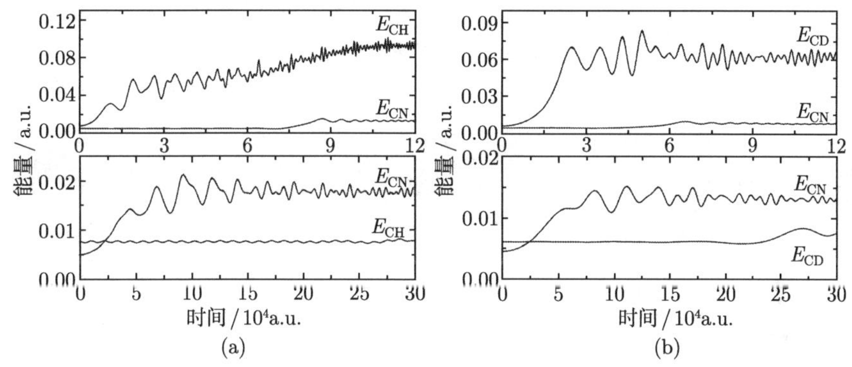

图 8.14 HCN(a) 和 DCN(b) 分子在直角型脉冲线性调频激光下的键选择激发

(a) C—H 键 (E_{CH}, (a)) 及 C—D 键能量 (E_{CD}, (b)) 随时间的变化. 激光脉冲参数: $I = 0.9 \times 10^{12}\text{W/cm}^2$; $\tau \approx 2.8$ps. HCN 分子的 $\alpha_c = 0.38$, DCN 分子的 $\alpha_c = 0.26$. (b) C—H 键 (E_{CH}) (a) 和 C—D 键 (E_{CD}) (b) 的能量随时间的变化. 激光脉冲参数: $I = 0.5 \times 10^{13}\text{W/cm}^2$; $\tau \approx 7.2$ps. HCN 分子的 $\alpha_c = 0.13$, DCN 分子的 $\alpha_c = 0.11$

从图 8.14 中, 可以看到目标键的激发在激光脉冲末时间获得了较大的能量, 而另一个键上的能量在脉冲末时间仍然较小, 但并不是在初始能量附近振动, 而是在目标选择键上的能量增加后也随着有个明显的增加. 有两种原因可能导致这种现象:

(1) 由于分子内部振动的重新分布 (IVR) 导致目标选择键上的能量有一部分传递给了另一键;

(2) 在激光脉冲末时刻, 瞬时激光频率值接近了这个键的频率值 (ω_{01} 或 ω_{02}) 导致的伴随共振.

对具体的 HCN 分子来说, 图 8.14(a) 中 C—H 键上的能量在脉冲末时刻到达较大的值, 而 C—N 键上的能量较小, 只是在脉冲末尾出现了一次明显的增加, 这个现象可能是上面分析的原因产生的, 有可能是其中一种原因也有可能两种原因都包括. 而图 8.14(b) 中, C—N 键在脉冲末时刻获得了较大的能量值, C—H 键上的能量则在初始能量附近振动, 说明保持弱键不变而强键被激发是可以实现的. 另外, C—N 键的选择激发所需要的激光光强值要比 C—H 键的选择激发需要的光强高, 所需的脉冲时间也要长的多, 并且 C—N 键最后获得的能量要小的多, 这是因为 C—N 键比 C—H 键的约化质量大, 键的结合力更强, 当 C—N 键被激发到更高的激发态能级或解离前, C—H 键就会先断裂而导致了 C—N 键激发的选择性降低.

对 DCN 分子的键选择激发, 从图 8.14 中可看到: 虽然也实现了 C—D 键的选择激发, 但是与 HCN 分子 C—H 键的选择激发相比, C—N 键上的能量突增的时刻提前了许多, 而且在同样的场强下, C—D 键上获得的能量明显小于 HCN 分子中 C—H 键上获得的能量, 从这里可以看出, DCN 分子内部振动重新分布要比 HCN 分子的快, 因此 C—D 键上的能量较早的传递给了 C—N 键而导致最终 C—D 键上获得的能量减少. 另外, 从图 8.14(b) 中可看到: 对 C—N 键的选择激发中, C—D 键上的能量在激光末时刻略有增加, 没有 HCN 分子中对 C—N 键选择激发的效果好, 这也同样说明了分子内部振动重新分布对 DCN 分子的键选择激发影响较大, DCN 分子内部振动重新分布快于 HCN 分子.

2) 高斯型和正割型激光脉冲下 HCN 分子中 C—H 键的选择激发

下面, 探讨不同的激光脉冲形式对分子键选择激发的影响, 以及如何使分子键的选择激发效率最高.

(1) 高斯型脉冲激光下 C—H 键选择激发. 采用两种不同脉冲宽度的高斯型脉冲激光对 C—H 键的选择激发进行了研究, 表明: 高斯型激光脉冲可以减弱键上能量初始时间段和末时间段上的振动, 且脉冲宽度对键上能量的振动行为有较大的影响. 与直角型激光脉冲相比, 虽然脉冲宽度值的减少可以使键上能量在脉冲末时刻振动变弱, 但是同时也降低了键上获得的最大能量值, 在相同的激光光强作用下, C—H 键上获得的能量最大值没有在直角型激光脉冲下获得的值大.

(2) 双曲正割型脉冲激光下 C—H 键选择激发. 双曲正割型脉冲激光也是在理论和实验研究中常用到的一种激光脉冲形式. 相比高斯型脉冲来说, 在同样的脉冲宽度下, 它的脉冲面积比高斯型脉冲面积大些. 计算表明: 所施加的激光脉冲面积增大, 目标键上获得的能量也跟着增加了, 说明激光脉冲的面积对键选择激发的影响是较大. 若想获得较高能级的激发, 激光脉冲面积就要相对大些. 但对双曲正割型脉冲激光来说, 相比高斯型脉冲激光, 虽然目标键上的能量更大, 但是其能量的振动幅度也变大了, 说明这种脉冲激光下键选择激发的效果还不是很理想.

(3) 超高斯型脉冲激光下 C—H 键和 C—N 键的选择激发. HCN 分子在平顶

超高斯型脉冲激光下的键选择激发, 这种脉冲形式在光学领域研究广泛, 有许多研究此类脉冲的相关文献报道, 因此讨论这种脉冲形式对选择激发的影响也是很有必要的. 计算表明, C—H 键上不仅获得了较大的能量值, 其振动也要相对小些, 与前两种脉冲形式比较, 这种脉冲形式取得键选择激发效果最好; 而且在 C—D 键的选择激发中, 其获得的能量也比直角型脉冲激光下的要多, 振动也相对小些, 这些都说明在超高斯型脉冲激光下分子键选择激发的效果要更好.

以上研究表明: 分子内部振动的重新分布 (IVR) 对键选择激发的影响是不可忽视的, 如果在更高的光强下要使目标键获得更高的激发甚至解离时, IVR 的影响也会加大, 导致控制的困难, 使激发不再具有选择性. 另外, 在键选择激发过程中, 激光脉冲面积和形状对控制的影响同样重要, 选择合适的激光脉冲形式可以使选择激发的效果事半功倍.

8.4 分子取向对多光子跃迁的影响

分子的取向与定向是分子动力学及相关问题的一个重要方面. 在本节我们考察分子的取向对分子体系多光子过程的一些影响. 为此, 需要考虑分子的转动部分. 因而, 分子 Hamilton 量就有两部分组成: 振动与转动.

8.4.1 分子的转振 Hamilton 量

分子振动的 Hamilton 量, 已在前面作了讨论, 在此不再重复. 对双原子分子, 其振动部分 Hamilton 量是式 (8.14). 在这一节, 主要讨论分子的转动 Hamilton 量. 转动 Hamilton 量可写为

$$\hat{\mathcal{H}}_{\text{rot}} = \frac{l(l+1)\hbar^2}{2\mu_m r^2}, \tag{8.59}$$

其中 μ_m 是分子的约化质量, r 是分子内原子核间的相对坐标, l 是分子转动的角动量量子数. 在偶极近似下, 上式可以写为

$$\begin{aligned}\hat{\mathcal{H}}_{\text{mol}} &= \frac{l(l+1)\hbar^2}{2\mu_m}\left(\frac{1}{r_0^2} - \frac{2}{r_0^3}\hat{x}\right) \\ &= -\frac{l(l+1)\hbar^2}{\mu_m r_0^3}\frac{1}{2\alpha}\sqrt{\frac{\hbar\omega_0}{D}}(\hat{A}_+ + \hat{A}_-) + \frac{l(l+1)\hbar^2}{2\mu_m r_0^2}.\end{aligned} \tag{8.60}$$

分子与激光场的相互作用是[16, 17]

$$\hat{\mathcal{H}}_{\text{int}} = -\boldsymbol{\mu}\hat{x}\boldsymbol{\mathcal{E}}(t)\cos\theta = -\frac{1}{2\alpha}\sqrt{\frac{\hbar\omega_0}{D}}\boldsymbol{\mu}\boldsymbol{\mathcal{E}}(t)\cos\theta\left(\hat{A}_+ + \hat{A}_-\right), \tag{8.61}$$

这里 θ 是分子的取向角. 分子的总 Hamilton 量是

$$\begin{aligned}\hat{\mathcal{H}}_{\text{mol}} &= \hat{\mathcal{H}}_{\text{vib}} + \hat{\mathcal{H}}_{\text{rot}} + \hat{\mathcal{H}}_{\text{int}} \\ &= \hbar\omega_0\left(\hat{A}_+\hat{A}_- + \frac{\hat{I}_0}{2}\right) + \Gamma_l(t)\left(\hat{A}_+ + \hat{A}_-\right) + \Gamma_0,\end{aligned} \tag{8.62}$$

其中 $\Gamma_l(t)$, Γ_0 分别是

$$\Gamma_l(t) = -\frac{l(l+1)\hbar^2}{\mu_m r_0^3}\frac{1}{2\alpha}\sqrt{\frac{\hbar\omega_0}{D}} - \frac{1}{2\alpha}\sqrt{\frac{\hbar\omega_0}{D}}\boldsymbol{\mu}\boldsymbol{\mathcal{E}}(t)\cos\theta, \tag{8.63}$$

和

$$\Gamma_0 = \frac{l(l+1)\hbar^2}{2\mu_m r_0^2}. \tag{8.64}$$

按前面的讨论, 在相互作用表象中, $\hat{\mathcal{H}}_0$ 和 $\hat{\mathcal{H}}'$ 分别取成

$$\begin{aligned}\hat{\mathcal{H}}_0 &= \hbar\omega_0\left(\hat{A}_+\hat{A}_- + \frac{\hat{I}_0}{2}\right) \\ \hat{\mathcal{H}}' &= \Gamma_l(t)\left(\hat{A}_+ + \hat{A}_-\right) + \Gamma_0,\end{aligned} \tag{8.65}$$

所以, 在相互作用表象中, 分子的 Hamilton 量是

$$\begin{aligned}\hat{\mathcal{H}}_I^{(l)}(t) &= \mathrm{e}^{\mathrm{i}\hat{H}_0 t/\hbar}\left\{\Gamma_l(\hat{A}_+ + \hat{A}_-) + \Gamma_0\right\}\mathrm{e}^{-\mathrm{i}\hat{H}_0 t/\hbar} \\ &= \mathrm{e}^{\mathrm{i}\omega_0\chi_0 t\hat{A}_+\hat{A}_-}\mathrm{e}^{\mathrm{i}\omega_0 t I_0/2}\Gamma_l(\hat{A}_+ + \hat{A}_-)\mathrm{e}^{-\mathrm{i}\omega_0 t I_0/2}\mathrm{e}^{-\mathrm{i}\omega_0\chi_0 t\hat{A}^\dagger\hat{A}} + \Gamma_0 \\ &= \Gamma_l\mathrm{e}^{\mathrm{i}(\omega_0\chi_0 + I_0)t}\hat{A}_+ + \Gamma_l\mathrm{e}^{\mathrm{i}(\omega_0\chi_0 - I_0)t}\hat{A}_- + \Gamma_0 \\ &\equiv \sum_s a_s^{(l)}(t)\hat{A}_s,\end{aligned} \tag{8.66}$$

其中

$$\begin{aligned}a_1^{(l)}(t) &= \Gamma_0, \\ a_2^{(l)}(t) &= 0, \\ a_3^{(l)}(t) &= \Gamma_l\mathrm{e}^{\mathrm{i}(\omega_0\chi_0 + I_0)t}, \\ a_4^{(l)}(t) &= \Gamma_l\mathrm{e}^{\mathrm{i}(\omega_0\chi_0 - I_0)t}.\end{aligned} \tag{8.67}$$

考虑到算符 $\hat{I}_0, \hat{A}_+, \hat{A}_-$ 和 $\hat{A}_0$ 满足对易关系式 (8.16), 即构成封闭的 Lie 代数, 因此在考虑了分子的转动取向后, 其时间演化算符是

$$\hat{U}_I^{(l)} = \mathrm{e}^{-(\mathrm{i}/\hbar)\mu_1^l\hat{A}_0}\mathrm{e}^{-(\mathrm{i}/\hbar)\mu_2^l\hat{I}_0}\mathrm{e}^{-(\mathrm{i}/\hbar)\mu_3^l\hat{A}_+}\mathrm{e}^{-(\mathrm{i}/\hbar)\mu_4^l\hat{A}_-}. \tag{8.68}$$

由此可得到分子从初态 $|v_i, l\rangle$ 跃迁到末态 $|v_f, l\rangle$ 的跃迁概率是

$$P_{if}^{(l)}(t) = \left|\langle v_f, l|\hat{U}_I^{(l)}(t)|v_i, l\rangle\right|^2$$

$$
\begin{aligned}
&= \delta_{v_f, v_i - j + k} \cdot \Bigg| \exp\left\{-\mathrm{i}\mu_2^l\left[1 - 2\chi_0(v_i - j_l + k_l)\right]/\hbar - \mathrm{i}\mu_1^l/\hbar\right\} \\
&\cdot \sum_{k_l=0}^{\infty} \frac{1}{k_l!}\left(-\frac{\mathrm{i}}{\hbar}\mu_3^l\right)^{k_l} \left\{\prod_{k_1'=0}^{k_l}\left[1 - \chi_0(v_i - j_1' + k_1' - 1)\right](v_i - j_1' + k_1')\right\}^{\frac{1}{2}} \\
&\cdot \sum_{j_l=0}^{\infty} \frac{1}{j_l!}\left(-\frac{\mathrm{i}}{\hbar}\mu_4^l\right)^{j_l} \left\{\prod_{j_1'=0}^{j_l}\left[1 - \chi_0(v_i - j_1')(v_i - j_1' + 1)\right]\right\}^{\frac{1}{2}} \Bigg|^2 .
\end{aligned} \tag{8.69}
$$

由于分子的振动跃迁与转动跃迁的能量差别较大, 在下面的讨论中, 不考虑分子转动的跃迁. 但由于分子取向的不同, 分子的转动会影响分子取向及其振动红外多光子过程.

8.4.2 取向对多光子跃迁的影响

考虑分子在如下激光场下的激发

$$
\boldsymbol{\mathcal{E}}(t) = \boldsymbol{\mathcal{E}}_0 \sin(\omega_L t), \tag{8.70}
$$

其中 ω_L 是激光场的频率, 其强度取为 $\mathcal{E}_0 = 0.0015\text{a.u.}$, 该强度不会引起分子转动激发 [19,20].

首先讨论分子 H_2、HD 和 D_2 的长时间能量吸收谱与激光场频率的关系. 图 8.15 给出了有关结果.

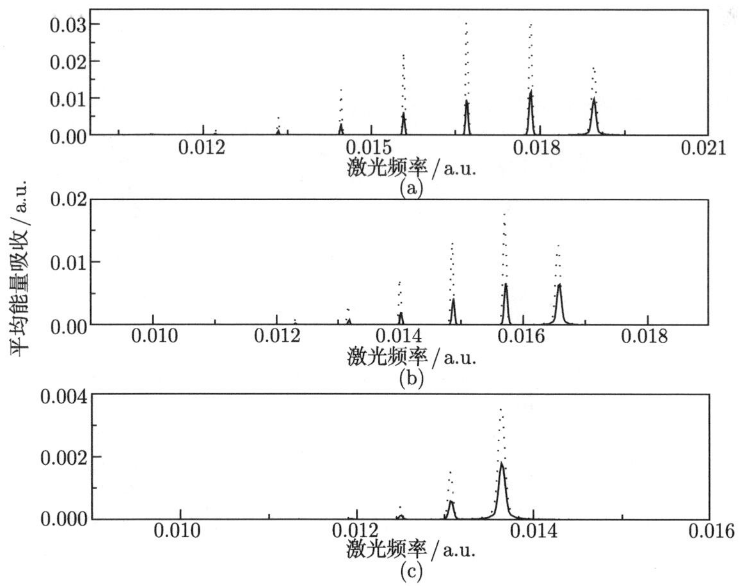

图 8.15 长时间平均能量吸收谱

(a) H_2; (b) HD; (c) D_2. 点化线是分子纯振动的情况; 实线是分子转振的情况

图中给出的对分子取向角 θ 在 $-\pi/2 \sim \pi/2$ 范围内的平均值. 图中, 虚线和实线分别对应的是只考虑分子振动和转–振时的长时间平均能量吸收谱. 图 8.15 表明: 在 $l=1$ 的情况下, 长时间平均能量吸收谱移向转振模式. 而对更高的 l 的情况, 计算表明偏移量较小. 这表明: 吸收能量所导致的分子偏移主要来自于分子的取向. 在激光场中分子在振转模式下经历不同的分子取向, 因此, 这导致分子与激光场的 “有效” 相互作用强度降低; 因而激光场导致分子在场中重定向[20]. 同时, 图 8.15 还表明: H_2 分子的吸收能量最高, 而 D_2 的吸收能量最低. 另外, H_2 的吸收峰也多于 D_2. 这一现象归结为: D_2 具有较小的谐振频率和较高的解离能.

由上面的讨论可以看出, 当分子的转动因子取为常数时, 对分子能量吸收谱的影响主要来至分子取向. 因此, 研究激光场频率 ω_L 和分子取向角 θ 对长时间平均跃迁概率的影响. 考虑分子转动参数 $l=1$ 时, 分子振动从基态跃迁到第一、第二和第三激发态时的情况. 由式 (8.49) 这些振动激发分别属于 1 光子、2 光子和 3 光子共振激发. 相应激光频率和在最大激发概率时的分子取向在表 8.10 中给出.

表 8.10 在最大几率时共振激发频率和相应的取向角

分子	1 光子		2 光子		3 光子	
	ω	θ	ω	θ	ω	θ
H_2	0.018956	0	0.0178301	0	0.016704	0.1492
HD	0.016552	0	0.015702	0	0.014854	0
D_2	0.013644	0	0.013068	0	0.012494	0.0892

注: 角度的单位用 rad.

概率分布随激光场和取向的变化分别在图 8.16、图 8.17 和图 8.18 中给出.

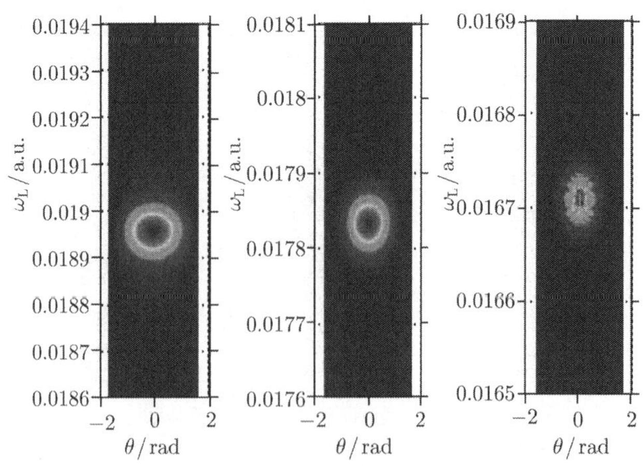

图 8.16 H_2 分子长时间平均概率分布随激光频率 ω_L 和角度 θ 的变化. 从左到右分别是 1 光子、2 光子和 3 光子激发

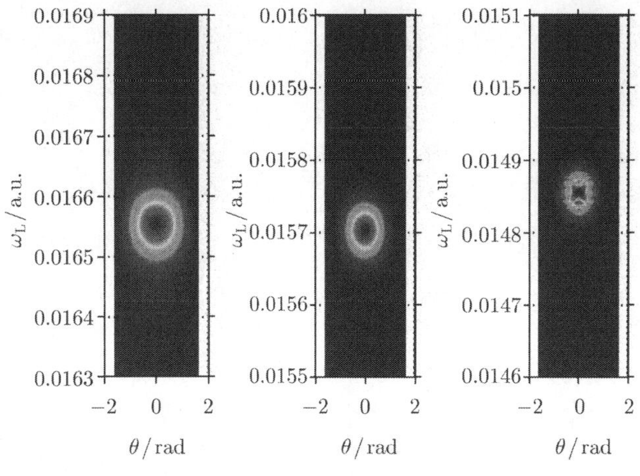

图 8.17 同图 8.16, 但对 HD

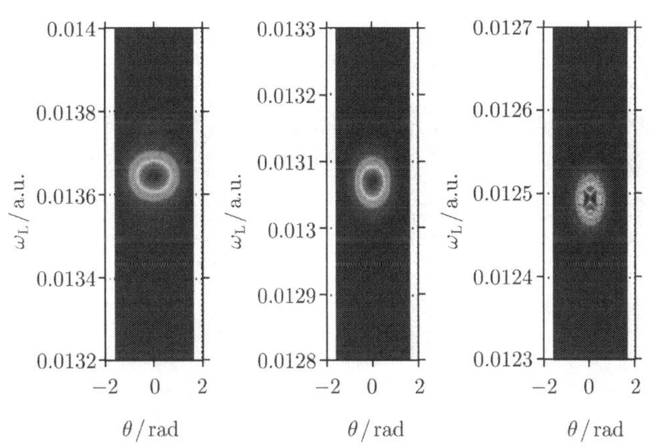

图 8.18 同图 8.16, 但对 D_2

由上面的分析可以看出：1 光子和 2 光子的概率分布呈现出相似的同心圆结构, 其最大值位置在分子取向与激光场共线时. 但是对 3 光子激发, 其分布具有不同的结构. H_2 和 D_2 分子, 取向角度在最大概率处发生偏移, 并且, D_2 分子的这种偏移大于 H_2 的偏移, 如表 8.10 所示. 但是, 对 HD 分子, 在 3 光子激发激发时的最大取向角与 1 光子和 2 光子激发时的情况一样. 这说明：对同核双原子分子而言, 分子取向对多光子共振激发的影响是明显的; 而对异核双原子分子则不明显. 因此, 不同分子取向会降低分子的长时间平均能量吸收; 分子取向对分子的振动跃迁概率具有较大的影响, 这种影响取决于分子的非谐性和分子种类.

8.5 小　结

本章利用分子代数模型研究了双原子分子的态选择激发和三原子分子的键选择激发两个方面的问题. 双原子分子以 OH 和 OD 为例, 计算了它们从基态到前六个激发态的长时间平均跃迁概率随激光频率的变化, 并给出了这些跃迁概率与激光光强的关系, 分析得到了每个跃迁对应的多光子激发和相应的共振频率, 根据这些共振频率数据研究了激光频率对态选择激发的影响, 实现了从一光子到四光子的完全选择激发; 三原子分子以 HCN 和 DCN 为例, 计算了每个键上能量随脉冲时间的变化, 研究了分子内部键的共振选择激发问题. 研究发现:

(1) 分子的非谐性振动对共振跃迁频率有很大影响, 其非谐性大小决定了共振频率与能级差之间的偏差的大小;

(2) 态选择激发对激光频率的变化是比较敏感的, 选取随时间逐渐减小的调频激光频率形式有利于态选择激发的控制;

(3) 分子内部振动的重新分布会影响键的选择激发, 但是选择合适的调频脉冲激光仍然可以实现分子内某个键的选择激发;

(4) 激光脉冲面积和激光脉冲形式的选取对分子键激发的选择性同等重要, 激光脉冲面积决定了目标键上获得能量的大小, 而合适的脉冲形状可以降低目标键上能量的振动.

参 考 文 献

[1] Hughes V, Grabner L. The radiofrequency spectrum of Rb85F and Rb87F by the electric resonance method. Phys. Rev., 1950, 79: 314

[2] Feng H, Ding S. Lie algebraic approach to multiphoton selective excitation of linear triatomic molecules in intense infrared laser fields. J. Phys. B., 2007, 40: 69

[3] Feng H, Zheng Y, Ding S. Study on infrared multiphoton excitation of the linear triatomic molecule by the Lie-algebra approach. Eur. Phys. J. D., 2007, 42: 227

[4] Feng H, Liu Y, Zheng Y, et al. Analytical Control for small molecules by intense laser pulses in an algebraic model. Phys. Rev. A, 2007, 75: 063417

[5] Feng H, Li P, Zheng Y. An analytic algebraic approach to study the influence of molecular alignment and orientation on multiphoton excitation in intense laser fields. Mol. Phys., 2011, 109: 2633

[6] Jakubetz W, Just B, Manz J, et al. Mechanism of State-Selective Vibrational Excitation by an Infrared Picosecond Laser Pulse Studied by Two Techniques. J. Phys. Chem., 1990, 9: 2294

[7] Paramonov G K. Coherent control of linear and nonlinear multiphoton excitation of molecular vibrations. Chem. Phys., 1993, 177: 169

[8] Korolkov M V, Paramonov G K, Schmidt B. State-selective control for vibrational excitation and dissociation of diatomic molecules with shaped ultrashort infrared laser pulses. J. Chem. Phys., 1996, 105: 1862

[9] Chelkowski S, Bandrauk A D. Control of vibrational excitation and dissociation of small molecules by chirped intense infrared laser pulses. Chem. Phys. Lett., 1991, 186: 264

[10] Zou S, Ren Q, Balint-Kurti G G, et al. Analytical control of molecular excitations including strong field polarization effect. Phys. Rev. Lett., 2006, 96: 243003

[11] Tannor D J, Rice S A. Control of selectivity of chemical reaction via control of wave packet evolution. J. Chem. Phys., 1985, 83: 5013

[12] Brumer P, Shapiro M. Luminescence of alkali halide crystals by multiphoton excitation. Chem. Phys. Lett., 1986, 126: 54

[13] Judson R S, Rabitz H. Teaching lasers to control molecules. Phys. Rev. Lett., 1992, 68: 1500

[14] Levis R J, Menkir G M, Rabitz H. Strong-field laser pulses. Science, 2001, 292: 709

[15] Lin S H, Fujimura Y. Multiphoton Spectroscopy of Molecules. London: Academic press, 1984

[16] Mohan M, Sharma B. Multiphoton vibration-rotation excitation of the OH molecule in the presence of an infrared laser beam. Chem. Phys. Lett., 1986, 128: 38

[17] Sharma B, Mohan M. Multiphoton rovibrational excitation of diatomic molecules in the presence of an intense infrared laser beam using a non-perturbative quasi-energy technique. J. Phys. B., 1992, 25: 399

[18] Broeckhove J, Feyen B, Leuven P V. Influence of rotation on multiphoton processes in HF. Int. J. Quantum Chem., 1994, 52: 173

[19] Leuven P V, Malvaldi M, Persico M. Infrared multiphoton absorption and alignment of diatomic molecules in a continuous wave field. J. Chem. Phys., 2002, 116: 538

[20] Rottke H, Ludwig J, Sandner W. The radiofrequency spectrum of Rb85F and Rb87F by the electric resonance method. Phys. Rev. A, 1996, 54: 2224

第 9 章　分子散射的动力学代数方法

在人类认识自然界的历程中关于对称性的考虑一直是一种有力的工具, 而物理、化学体系对称性质的数学表述最适宜的方法是群理论和方法. 研究各种量子体系的对称性和相应的守恒量, 可为发现未知的基本动力学方程提供必要的线索. 如果一个量子体系的 Hamilton 量算符 $\mathcal{H}$ 在某种群 G 作用下不变, 则对应于算符 $\mathcal{H}$ 的本征值 E_α 的 g_α 个本征函数 $\varphi_n^{(\alpha)}(n=1,2,\cdots,g_\alpha)$ 所张成的 g_α 维 Hilbert 空间 V 将荷载群 G 的一种 g_α 维表示 $D_{nm}^{(\alpha)}(n,m=1,2,\cdots,g_\alpha)$. 当 $D_{nm}^{(\alpha)}$ 是不可约表示时, 体系的能级可以由这种表示来标记和分类. 然而这里所涉及的仅仅是体系的定态问题. 是否可以利用群理论方法直接处理体系的态随时间演化过程, 或者等价地求解体系含时 Schrödinger 方程而不仅只是它的定态方程. 前者可以看成是利用量子体系的对称性处理体系的定态问题, 而后者则是利用体系演化过程中的对称性质来确定体系的态随时间演化过程. 关于这个问题可利用所谓动力学 Lie 代数方法解决.

如果在一个量子体系的 Hamilton 量算符 $\mathcal{H}$ 中所含有算符集合 $\{\mathcal{H}_\beta\}$ 可以形成一种 Lie 代数 h (它是有限维的, 称为动力学 Lie 代数), 从而对应着一个 Lie 群 G (称为动力学 Lie 群), 则体系的演化算符 $U(t,t_0)$ 将由动力学 Lie 代数 h 唯一确定. 显然, 这相当于求得了体系的波函数 $\varphi(t)$. 然而, 正像其他理论一样, 动力学理论也存在着缺点: 对于某些给定的散射体系很难找出相应的动力学 Lie 代数.

9.1　一 般 描 述

分子的光谱分析表明[1], 即使对于双原子分子, 它的能谱中除谐振项以外尚存在着各次非谐振项的贡献. 如果采用产生算符 $a^\dagger$ 和湮灭算符 a 来表示这种双原子分子的 Hamilton 量算符, 则有[1]

$$\mathcal{H}=\hbar\omega\left(a^\dagger a+\frac{1}{2}\right)+\hbar\omega x_e\left(a^\dagger a+\frac{1}{2}\right)^2+\hbar\omega y_e\left(a^\dagger a+\frac{1}{2}\right)^3+\cdots \tag{9.1}$$

其中 $x_e,y_e,\cdots$ 分别表示由实验确定的各次非谐振系数, 并且 $|y_e|\ll|x_e|\ll 1$. 由于上式中存在着 $(a^\dagger a)^2,(a^\dagger a)^3,\cdots$ 项, 因此当采用动力学 Lie 代数方法寻找这种体系的动力学 Lie 代数时, 将出现形如 $a^{\dagger l}a^k(l,k=0,1,2,\cdots)$ 的一系列算符. 这表明至少在有限维 Lie 代数的理论范围内, 关于这种体系的动力学 Lie 代数是不存在

的[2~4]. 实际上, 计算表明, 当体系的 Hamilton 量算符中含有形式为 $a^{\dagger l}a^k(l+k\geqslant 3)$ 的算符时, 均出现上述情况. 因此, 这是一种具有普遍性质的现象. 这表明, 将该理论推广到无限维 Lie 代数的情况, 不仅具有理论意义同时也具有实际应用的价值[2~5].

在 9.2 节将证明, 所有形式如 $a^{\dagger l}a^k(l,k=0,1,2,\cdots)$ 相互独立的算符张成一种具有可数基的 Banach 空间[6]. 在这种空间中可以引人通常的对易运算: $[X,Y]\equiv XY-YX$, 从而形成一种 Banach Lie 代数. 如果体系的 Hamilton 算符以及初始密度算符可以由这种代数的代数元来表示, 则这个 Banach Lie 代数就能作为体系的动力学 Lie 代数.

另一方面, 由于在无限维的情况下, "超"演化矩阵元 $G_{rs}(t,t_0)$、动力学 Lie 代数 $h^{(\infty)}$ 的结构常数 $d_{kl}(X_j)$ 等参量的数目都是无限的. 因此当这些参量并不具有简单的、明确的对指标 r,s,k,l,j 的依赖关系时, 实际上是无法计算出数值的. 因为按照动力学 Lie 代数理论探讨体系的演化过程时必须给定它们的数值. 为此引入有效集合 $\mathcal{C}$ 的概念: 它在微扰理论的意义下与动力学 Lie 代数 $h^{(\infty)}$ 对体系的演化过程具有近似的动力学后果. 由于这种有效集合是有限维的 (实际上它是由出现在体系的 Hamilton 算符中的代数元组成的); 因此所导致的参量数目也是有限的, 从而排除上述困难. 虽然, 有效集合概念是针对无限维 Lie 代数的情况被引入的, 但是从推导过程容易看出, 它同样适用于有限维 Lie 代数的情况. 因此这里实际上也给出了对于通常的动力学 Lie 代数理论的一种简便的计算方法.

在 9.3 节引入 $h^{(\infty)}$ 中的有效集合 $\mathcal{C}$, 并且导出了群参量与各次微扰之间的关系式. 结果表明, $\mathcal{C}$ 中的代数元所对应的群参量是较低次微扰的结果而不属于 $\mathcal{C}$ 的代数元所对应的群参量则是由较高次微扰所产生的修正结果. 因此在微扰理论的意义下可以近似地利用 $\mathcal{C}$ 来代替 $h^{(\infty)}$.

9.2 代数理论的无限维描述

既然算符 $N=a^{\dagger}a$ 的本征态矢量

$$|n\rangle=\frac{1}{\sqrt{n!}}a^{\dagger n}|0\rangle, \tag{9.2}$$

$$\langle m|n\rangle=\delta_{mn}\quad(n,m=0,1,\cdots), \tag{9.3}$$

$$a|0\rangle=\theta, \tag{9.4}$$

(θ 表示零态矢量) 组成归一化正交完备集, 从而张成以式 (9.2) 为基底的 Hilbert 空间 H[5], 在 H 上考虑下列形式的算符

$$X_j=a^{\dagger l}a^k,\quad j\equiv(l,k)\quad(l,k=0,1,\cdots), \tag{9.5}$$

当 $j \equiv (0,0)$ 时, $X_0 = a^{\dagger 0}a^0 = I$. 由于 X_j 是把 H 映射到 H 上的线性算符, 在这种算符集合中引入通常的加法及数的乘法运算以后成为线性空间. 因为 H 中的任何态矢量 $|Q\rangle \in H$ 均能借助于式 (9.91) 与式 (9.92) 归一化, 从而对于这些归一化的态矢量 $|Q\rangle \in H$ 可定义算符 X_j 的范数[6].

$$\|X_j\| = \sup\langle Q|X_j^\dagger X_j|Q\rangle \quad (j = 0, 1, \cdots), \tag{9.6}$$

这里 $\langle Q|Q\rangle \leqslant 1$ 是考虑到 H 中的零态矢量 $\theta \in H$, $\langle\theta|\theta\rangle = 0$. 利用 (9.6) 有

$$\begin{aligned}&\|X_j\| = \sup\langle Q|X_j^\dagger X_j|Q\rangle = \sup\langle P|P\rangle \leqslant 1,\\&|P\rangle = X_j|Q\rangle, \quad \langle P|P\rangle \leqslant 1,\end{aligned}$$

因此 X_j 是有界线性算符. 按照 Banach 理论[6], 所有形式为式 (9.5) 的算符集合在范数式 (9.6) 下成为一种 Banach 空间 B, 并且 $X_j (j = 0, 1, \cdots)$ 可以作为 B 的基底, 它的维数是可数的. 因此对于任何 $X \in B$ 有

$$X = \sum_{j=0}^{\infty} C_j X_j, \tag{9.7}$$

这里复数 C_j 可以看作是矢量 X 关于基底 X_j 的分量.

在 B 上可以引入通常的对易运算: $X, Y \in B$ 时, 有 $[X, Y] = XY - YX \in B$. 容易验证这种运算满足下列条件:

(1) $[\alpha X + \beta Y, Z] = \alpha[X, Z] + \beta[Y, Z]$;

(2) $[X, Y] = -[Y, X]$;

(3) $[X, [Y, Z]] + [Y, [Z, X]] + [Z, [X, Y]] = 0$,

其中 $X, Y, Z \in B$, α, $\beta \in$ 复数域. 从而 B 空间构成 Banach Lie 代数[6], 它的基底式 (9.5) 下是可数维数的. 对于任何基底 $X_j, X_i \in B$ 有

$$\begin{aligned}[X_j, X_i] &= \sum_{k=0}^{\infty} C_{ji}^k X_k \\&\equiv \sum_{k=0}^{\infty} d_{ki}(X_j) X_k, \quad (0 \leqslant i, j < \infty),\end{aligned} \tag{9.8}$$

这里复数 C_{ji}^k 是李代数 B 的结构常数. 这时利用条件 (2)、(3) 及式 (9.8) 可得到

(4) $C_{ij}^k = -C_{ji}^k (0 \leqslant i, j < \infty)$;

(5) $\sum\limits_{s=0}^{\infty} (C_{ij}^s C_{sk}^l + C_{jk}^s C_{si}^l + C_{ki}^s C_{sj}^l) = 0 (0 \leqslant i, j, k, l < \infty)$.

依照 Banach Lie 群的理论[6], 在单位元 I 的邻域内 Lie 代数 B 相应的 Banach Lie 群的元可以表示成下面形式

$$e^r = e^{\sum\limits_{j=0}^{\infty} \alpha_j X_j} \in G, \tag{9.9}$$
$$r = \sum_{j=0}^{\infty} \alpha_j X_j \in B, \quad \alpha_j \in \overline{C},$$

这里复数 α_j 称为 Lie 群 G 的群参量. $\overline{C}$ 表示复数域.

指标 $j \equiv (l,k)$ 可以分为三类：当 $l \neq k$ 时, 定义第一类 $j_1 \equiv (l,k)$; 第二类为 $j_2 \equiv (k,l)$. 当 $l = k$ 时, 定义第三类 $j_3 \equiv (l,l)$ (含有 $j_3 \equiv (0,0)$). 这时有

$$X_{j_1}^{\dagger} = \left(a^{\dagger l} a^k\right)^{\dagger} = a^{\dagger k} a^l = X_{j_2}, \quad X_{j_3}^{\dagger} = X_{j_3}, \tag{9.10}$$

另一方面, 关于群参量作变换

$$\alpha_j = \sqrt{(-1)}\beta_j = \mathrm{i}\beta_j, \tag{9.11}$$

并且选择 β_j 使

$$\overline{\beta}_{j_3} = \beta_{j_3}, \quad \overline{\beta}_{j_1} = \beta_{j_2}, \tag{9.12}$$

其中 $\overline{\beta}$ 表示 β 的复共轭. 这时有

$$Y = \sum_{j=0}^{\infty} \alpha_j X_j = \mathrm{i} \sum_{j=0}^{\infty} \beta_j X_j = \mathrm{i}W, \tag{9.13}$$

利用式 (9.10) 与式 (9.12) 得到

$$W^{\dagger} = \sum_{j_3} \beta_{j_3} X_{j_3} + \sum_{j_2} \beta_{j_2} X_{j_2} + \sum_{j_1} \beta_{j_1} X_{j_1} = W. \tag{9.14}$$

$$\left(e^Y\right)^{\dagger} = \left(e^{\mathrm{i}W}\right)^{\dagger} = e^{-\mathrm{i}W} = e^{-Y}, \quad e^Y, e^{-Y} \in G. \tag{9.15}$$

式 (9.15) 表明, $e^Y = e^{\mathrm{i}W}$ 是作用在 H 上的么正算符. 并且对于任何 $Y = \mathrm{i}W$, $Z = \mathrm{i}T (T^{\dagger} = T)$ 有

$$\left(e^Y e^Z\right)^{\dagger} = \left(e^{\mathrm{i}W} e^{\mathrm{i}T}\right)^{\dagger} = e^{-\mathrm{i}T} e^{-\mathrm{i}W} = \left(e^{\mathrm{i}W} e^{\mathrm{i}T}\right)^{-1} = \left(e^Y e^Z\right)^{-1}. \tag{9.16}$$

即 $e^Y e^Z = e^{\mathrm{i}W} e^{\mathrm{i}T}$ 也是么正算符. 因此当群参量满足条件式 (9.12) 时, 所有形式为 $e^{\mathrm{i}W}$ 的元构成群 G 的么正子群 G' ($G' \subset G$), 以后称它为动力学群. 如果令 B' 为与 G' 相应的 Lie 代数, 则 $B' \subset B$. 由于在相互作用表象中, 应用演化算符 $U(t,t_0)$ 讨论跃迁问题方便的特点, 在此后的关于跃迁问题讨论中, 约定在相互作用表象中

进行. 为了使动力学群 G' 的元能表示演化算符 $U(t_0,t)$, 首先应假设群参量 β_j 与演化 (散射) 过程的初始时间 t_0 及终止时间 t 相关. 令 $\beta_j=-u_j(t,t_0)/\hbar$ (这里 u_j 具有 $\hbar$ 的量纲), 从而有

$$U(t,t_0)=\mathrm{e}^{-\frac{\mathrm{i}}{\hbar}}\sum_{j=0}^{\infty}u_j(t,t_0)X_j. \tag{9.17}$$

由于演化算符满足条件

$$U^{-1}(t,t_0)=U^{\dagger}(t,t_0)=U(t_0,t), \tag{9.18}$$

因此由式 (9.17) 与式 (9.18) 得到

$$u_j(t,t_0)=-u_j(t_0,t). \tag{9.19}$$

式 (9.17) 表明, Banach Lie 代数 B' 可以作为散射体系的动力学 Lie 代数. 为了方便以后将仍用 B 来表示动力学 Lie 代数, 用 G 表示与 B 相应的 Lie 群.

密度算符定义为

$$P(t)=\mathrm{e}^{-\sum\limits_{s=0}^{\infty}\lambda_s(t)X_s} \tag{9.20}$$

这里 $\lambda_s(t)$ 表示与时间 t 相关的 Lagrange 参量. 基底算符 X_s 在时刻 t 的统计平均值为

$$\begin{aligned}\langle X_s\rangle(t)&=\mathrm{Tr}\{\rho(t)X_s\}\quad(s=0,1,\cdots),\\ \langle X_0\rangle(t)&=\mathrm{Tr}\{\rho(t)I\}=1.\end{aligned} \tag{9.21}$$

在式 (9.21) 中当 s 取有限值时, 由于 X_s 是作用在 H 上的线性算符, 显然 $|\mathrm{Tr}\{\rho(t)X_s\}|$ 是有限的, 这就是 Alhassid 与 Levine 所提出的有限维 Lie 代数的情况[7]. 但是当 $s\to\infty$ 时, 即在无限维 Lie 代数的情况下, 是否 $|\mathrm{Tr}\{\rho(t)X_s\}|$ 仍然是有限的呢? 这需要做如下证明:

按照定义式 (9.20), $\rho(t)$ 和 $\rho(t)X_s\in B$, 由空间 B 的完备性质有

$$\lim_{s\to\infty}\rho(t)X_s=\rho(t)X\in B. \tag{9.22}$$

既然当 s 取有限值时

$$|\mathrm{Tr}\{\rho(t)X_s\}|\leqslant M, \tag{9.23}$$

这里 M 是有限正实数. 因此由式 (9.22) 及式 (9.23) 得到

$$\lim_{s\to\infty}|\mathrm{Tr}\{\rho(t)X_s\}|=|\mathrm{Tr}\{\rho(t)X\}|\leqslant M. \tag{9.24}$$

式 (9.24) 表明, 对于任何下标 s (既包括具有可数基底 X_s 的无限维 Lie 代数的情况) 定义式 (9.21) 是正确的. 密度算符随时间的演化为

$$\rho(t) = U(t,t_0)\rho(t_0)U^\dagger(t,t_0). \tag{9.25}$$

体系在时刻 t 的熵为[7]

$$\begin{aligned} S &= -\mathrm{Tr}\{\rho(t)\ln\rho(t)\} \qquad (9.26)\\ &= -\mathrm{Tr}\{U\rho(t)U^\dagger U\ln\rho(t)U^\dagger\}\\ &= -\mathrm{Tr}\{\rho(t)\ln\rho(t_0)\}, \qquad (9.27)\end{aligned}$$

即

$$S(t) = S(t_0). \tag{9.28}$$

式 (9.28) 表明, 在散射过程中体系的熵保持不变. 按照 $\rho(t)$ 的定义式 (9.20) 及其随时间的演化, $\ln\rho(t)$ 存在着物理上等价的表达式

$$\ln\rho(t) = -\sum_{s=0}^{\infty}\lambda_s(t)X_s. \tag{9.29}$$

$$\ln\rho(t) = -\sum_{s=0}^{\infty}\lambda_s(t_0)U(t,t_0)X_sU^\dagger(t,t_0). \tag{9.30}$$

为了使式 (9.29) 与式 (9.30) 相容, 必须且只需存在着一种矩阵 $\underline{G}$ 使

$$U(t,t_0)X_sU^\dagger(t,t_0) = \sum_{r=0}^{\infty}X_rG_{rs}(t,t_0), \tag{9.31}$$

其中 $G_{rs}(t,t_0)$ 是矩阵 $\underline{G}$ 的矩阵元. 由式 (9.29)~式 (9.31) 得到

$$\lambda_r(t) = \sum_{s=0}^{\infty}G_{rs}(t,t_0)\lambda_s(t_0). \tag{9.32}$$

将式 (9.31) 的两边对时间 t 求导, 并利用 $U(t,t_0)$ 的动力学方程[7]:

$$\mathrm{i}\hbar\frac{\partial}{\partial t}U = H_I(t)U, \quad 且 H_I(t) = \sum_{j=0}^{\infty}v_j(t)X_j, \tag{9.33}$$

这里 $\mathcal{H}_I(t)$ 是体系在相互作用表象中的相互作用 Hamilton 量算符. 得到

$$[\mathcal{H}_I(t_0), X_s] = \sum_{r=0}^{\infty}X_rd_{rs}(t_0),$$

其中 $d_{rs}(t_0) = \mathrm{i}\hbar\frac{\partial}{\partial t}G_{rs}|_{t=t_0}$. 由于 t_0 是任意给定的, 因此可将上式中的 t_0 用 t 来代替

$$[\mathcal{H}_I(t), X_s] = \sum_{r=0}^{\infty} X_r d_{rs}(t). \tag{9.34}$$

式 (9.34) 表明, X_s 与 $H_I(t)$ 的对易运算关于基底 $X_s(s = 0, 1, \cdots)$ 是封闭的, 这与有限维 Lie 代数的情况相同[7]. 另一方面, 将式 (9.21) 的两边施以关于 t 求导并利用式 (9.34) 可得到

$$\frac{\partial}{\partial t}\langle X_s\rangle(t) = \frac{\mathrm{i}}{\hbar}\sum_{r=0}^{\infty} d_{rs}(t)\langle X_s\rangle(t). \tag{9.35}$$

至此得到无限维动力学 Lie 代数的表达式. 在 Banach 代数构架下, 它与在有限维动力学 Lie 代数情况所导出的各种结果一样. 容易看出, 理论的关键在于寻求群参量 $u_j(t, t_0)$ 对于无限维动力学 Lie 代数的情况.

令

$$A = -\frac{\mathrm{i}}{\hbar}\sum_{j=0}^{\infty} u_j(t, t_0)X_j, \tag{9.36}$$

$$[A, X_s] = \sum_{r=0}^{\infty} X_r d_{rs}(A), \tag{9.37}$$

$$dA = -\frac{\mathrm{i}}{\hbar}\sum_{j=0}^{\infty} u_j(t, t_0)d(X_j), \tag{9.38}$$

这里 $\underline{d}(A)$ 表示矩阵元为 $d_{rs}(A)$ 是矩阵. $d(X_j)$ 的矩阵元为 $d_{rs}(X_j) = C^r_{js}$ 的矩阵. C^r_{js} 是由式 (9.8) 定义的动力学 Lie 代数 B 的结构常数. 与有限维情况类试, 可得到

$$\underline{G}(t, t_0) = \mathrm{e}^{-\frac{\mathrm{i}}{\hbar}\sum\limits_{j=0}^{\infty} U_j(t,t_0)\underline{d}(X_j)}. \tag{9.39}$$

利用式 (9.31) 及算符 $U(t, t_0)$ 的性质:

$$U(t_2, t_1) = U(t_2, t_0)U(t_0, t_1), \tag{9.40}$$

可得到

$$\underline{G}(t_2, t_1) = \underline{G}(t_2, t_0)\underline{G}(t_0, t_1). \tag{9.41}$$

因此矩阵 $\underline{G}$ 可以作为动力学 Lie 群的无限维表示, 并且以 $u_j(j = 0, 1, \cdots)$ 为分量的矢量 u 是 $\underline{G}$ 的作用对象. 另一方面, 由演化算符的动力学方程 (9.33) 所导致的

一般性算符方程

$$e^{A}\left(i\hbar\frac{\partial}{\partial t}\right)e^{-A}\equiv e^{adA}\left(i\hbar\frac{\partial}{\partial t}\right)=-H_I(t). \tag{9.42}$$

$$\begin{aligned}e^{A}\left(i\hbar\frac{\partial}{\partial t}\right)&=\int_0^1 d\sigma e^{\sigma adA}\left(i\hbar\frac{\partial}{\partial t}A\right)\\&=\varPhi(adA)\left(-i\hbar\frac{\partial A}{\partial t}\right),\end{aligned} \tag{9.43}$$

其中 $\varPhi(Z)=(e^Z-1)/Z$, $(adA)X\equiv[A,X]$. 可知动力学 Lie 群元素与它的表示之间存在着下列对应关系:

$$\begin{aligned}e^{adA}&\to\underline{G},\\A&\to\underline{u},\\\mathcal{H}_I(t)&\to\underline{v}(t).\end{aligned}$$

这里列矢量 $\underline{v}(t)$ 的分量为 $v_j(t),(j=0,1,\cdots)$. 因此与 Lie 群元素方程式 (9.42) 和式 (9.43) 相对应的表示方程为

$$\int_0^1 d\sigma\underline{G}(\sigma\underline{u})\frac{\partial\underline{u}}{\partial t}=v(t), \tag{9.44}$$

和

$$\varPhi(\underline{d}(A))=\frac{\partial\underline{u}}{\partial t}=\underline{v}(t). \tag{9.45}$$

式 (9.44) 与式 (9.45) 就是在无限维 Lie 代数的情况下确定群参量的方程, 它们在形式上均与有限维 Lie 代数理论中相应的方程相同.

9.3 动力学 Lie 代数中的有效集合

分析与计算均表明, 在散射体系的演化算符 $U(t,t_0)$ 中所含有的群参量 $u_j(t,t_0)$ $(j=0,1,\cdots)$, 它们对于散射过程动力学行为的贡献并非是相同的. 实际上, 对于某种给定的散射体系, 在它的相互作用 Hamilton 量算符 $V(t)$ 中并不必含有动力学 Lie 代数 $B\equiv\{X_j\}$ 的全部代数元 $X_j(j=0,1,\cdots)$. 因此可以通过代数元之间前后次序的重新排列使出现在 $V(t)$ 中的代数元 $X_\alpha(\alpha=0,1,\cdots,m)$ 在其他代数元的前面. 这样, $\mathcal{B}$ 被划分为两部分: 集合 $\mathcal{C}\equiv\{X_\alpha\}(\alpha=0,1,\cdots,m)$ 与集合 $\mathcal{B}-\mathcal{C}\equiv\{X_\beta\}(\beta=m+1,m+2,\cdots)$, 它们分别与群参量 $u_\alpha(t,t_0)$ 与 $u_\beta(t,t_0)$ 相对应. 可以证明, 在微扰理论的意义下, 群参量 u_β 与 u_α 相比较前者可以被忽略. 因

此散射过程的动力学行为 (例如, 跃迁矩阵元、各种力学量的统计平均值等) 可以近似地由集合 $\mathcal{C}$ 来确定, $\mathcal{C}$ 称为动力学 Lie 代数 $\mathcal{B}$ 中的有效集合.

对于任何散射体系, 只要它的自由 Hamilton 函数 (经典量)$\mathcal{H}_0$ 与相互作用 Hamilton 函数 (经典量)V 满足条件 $|V| \ll |H_0|$, 就可以按照微扰理论来处理[5]. 另外, 对于任何体系, 如果它存在着动力学 Lie 代数 (有限维的或无限维的), 就能采用 Lie 代数方法来处理. 也就是说, 微扰理论与 Lie 代数方法在满足了各自所要求的条件下都可以看成是处理散射问题的一般理论. 这已经提示, 在既满足微扰条件又存在着动力学 Lie 代数的任何散射体系中去寻找微扰理论与 Lie 代数方法的相关性质. 将会看到, 正是由于这种相关性质提供了两种理论之间相互补充的功能.

9.3.1　散射体系 A + BC

为了明确, 这里以散射体系 A + BC 为例来探讨上述的相关性. 容易看出, 将所得到的结果推广到一般的散射体系并不存在任何困难[2~4]. 体系的总 Hamilton 算符可写成

$$\mathcal{H} = \hbar\omega\left(a^\dagger a + \frac{1}{2}\right) + \hbar\omega\left(a^\dagger a + \frac{1}{2}\right)^2 x_e + s_1 a + s_1 a^\dagger, \tag{9.46}$$

略去对散射过程无贡献的常数项, 并取自由 Hamilton 算符为 $\mathcal{H}_0 = \hbar\omega a^\dagger a$, 则相互作用 Hamilton 算符成为

$$V = s_1 a + s_1 a^\dagger + s_2 a^\dagger a + s_3 a^{\dagger 2} a^2, \tag{9.47}$$

这里 $s_2 = 2s_3 = 2\hbar\omega x_e$. 在相互作用表象中成为

$$V_I(t) = v_1 a + \overline{v}_1 a^\dagger + v_2 a^\dagger a + v_3 a^{\dagger 2} a^2, \tag{9.48}$$

其中 $v_1 = s_1 \mathrm{e}^{-\mathrm{i}\omega t}, v_2 = s_2, v_3 = s_3$. 与之相应的动力学 Lie 代数是无限维的 (Banach Lie 代数). 它的有效集合 $\mathcal{C}$ 为 $I, a, a^\dagger, a^\dagger a, a^{\dagger 2} a^2$. 利用有效集合可得到前两“轮”的对易关系:

$$\begin{aligned}
[a, a^\dagger] &= I, \\
[a, a^\dagger a] &= a, \\
[a, a^{\dagger 2} a^2] &= 2a^\dagger a^2, \\
[a^\dagger, a^\dagger a] &= -a^\dagger, \\
[a^\dagger, a^{\dagger 2} a^2] &= -2\underline{a^{\dagger 2} a}, \\
[a^\dagger a, a^{\dagger 2} a] &= 0,
\end{aligned} \tag{9.49}$$

$$
\begin{aligned}
[a, a^{\dagger}a^2] &= a^2, \\
[a^{\dagger}, a^{\dagger}a^2] &= -2a^{\dagger}a, \\
[a^{\dagger}a, a^{\dagger 2}a^2] &= -\underline{a^{\dagger}a^2}, \\
[a^{\dagger}a, a^{\dagger 2}a] &= -\underline{\underline{a^{\dagger 2}}}, \\
[a^{\dagger}, a^{\dagger 2}a^2] &= 2a^{\dagger}a, \\
[a^{\dagger}a, a^{\dagger 2}a] &= \underline{a^{\dagger 2}a}, \\
[a^{\dagger 2}a^2, a^{\dagger}a^2] &= -2a^{\dagger} - 2\underline{\underline{a^{\dagger 2}a^3}}, \\
[a^{\dagger 2}a^2, a^{\dagger 2}a] &= 2a + 2\underline{\underline{a^{\dagger 3}a^2}}.
\end{aligned} \tag{9.50}
$$

式 (9.49) 与式 (9.50) 分别表示第一及第二轮对易关系. 在下面标有下划线与双下划线的代数元分别表示在第一轮和第二轮的对易运算中所产生的新代数元. 因此两轮对易运算的结果产生了其动力学 Lie 代数中的一个集合 Ω : I, a, $a^{\dagger}$, $a^{\dagger}a$, $a^{\dagger 2}a^2$, $a^{\dagger}a^2$, $a^{\dagger 2}a$, a^2, $a^{\dagger 2}$, $a^{\dagger 2}a^3$, $a^{\dagger 3}a^2$ (这里已经约定代数元的排列次序), $\Omega \supset \mathcal{C}$. 演化算符可写成

$$
U(t, t_0) = \mathrm{e}^T, \tag{9.51}
$$

其中

$$
\begin{aligned}
T = -\frac{\mathrm{i}}{\hbar}\{&u_0 I + u_1 a + \overline{u}_1 a^{\dagger} + u_2 a^{\dagger}a + u_3 a^{\dagger 2}a^2 + u_4 a^{\dagger}a^2 \\
&+ \overline{u}_4 a^{\dagger 2}a + u_5 a^2 + \overline{u}_5 a^{\dagger 2} + u_6 a^{\dagger 2}a^3 + \overline{u}_6 a^{\dagger 3}a^2 \\
&+ \eta\left(\{u_j a^{\dagger l}a^k + \overline{u}_j a^{\dagger k}a^j\}\right)\},
\end{aligned} \tag{9.52}
$$

其中, η 表示由 $u_j a^{\dagger l}a^k + \overline{u}_j a^{\dagger k}a^l$ ($j = 7, 8, \cdots; k, l$ 应取使 $a^{\dagger l}a^k$ 或 $a^{\dagger k}a^l$ 不属于 Ω 的全体正整数, 直到无限大) 构成的线性组合.

另一方面, 依照通常的微扰理论, 如果散射体系的 Hamilton 函数 (经典量) 满足条件

$$
|V| \ll |\mathcal{H}_0|, \tag{9.53}
$$

则演化算符可写成

$$
U(t, t_0) = \sum_{n=0}^{\infty} U^{(n)}(t, t_0). \tag{9.54}
$$

这里

$$
U^{(n)}(t, t_0) = \left(-\frac{\mathrm{i}}{\hbar}\right)^n \int_{t_0}^{t} \mathrm{d}t_n \int_{t_0}^{t} \mathrm{d}t_{n-1} \cdots \int_{t_0}^{t} \mathrm{d}t_1 V_I(t_n) V_I(t_{n-1}) \cdots V_I(t_1),
$$

其中 $t_n < t_{n-1} < \cdots < t_1$. 注意条件式 (9.53) 意味着 $|v_1|, |v_2|, |v_3| \ll \hbar\omega$. 利用式 (9.101) 可得到

$$\begin{aligned}
U^{(0)}(t,t_0) &= I, \\
U^{(1)}(t,t_0) &= -\frac{\mathrm{i}}{\hbar}\int_{t_0}^{t}\mathrm{d}t_1 V_I(t_1) \\
&= -\frac{\mathrm{i}}{\hbar}\int_{t_0}^{t}\mathrm{d}t_1 v_1(t_1)a - \frac{\mathrm{i}}{\hbar}\int_{t_0}^{t}\mathrm{d}t_1 \overline{v}_1(t_1)a^{\dagger} \\
&\quad -\frac{\mathrm{i}}{\hbar}\int_{t_0}^{t}\mathrm{d}t_1 v_2(t_1)a^{\dagger}a - \frac{\mathrm{i}}{\hbar}\int_{t_0}^{t}\mathrm{d}t_1 v_3(t_1)a^{\dagger 2}a^2, \\
U^{(2)}(t,t_0) &= \left(-\frac{\mathrm{i}}{\hbar}\right)^2\int_{t_0}^{t}\mathrm{d}t_2\int_{t_0}^{t}\mathrm{d}t_1 V_I(t_2)V_I(t_1).
\end{aligned} \tag{9.55}$$

将上面结果代入到式 (9.54) 可得到

$$\begin{aligned}
U(t,t_0) = &\left\{1 + \left(-\frac{\mathrm{i}}{\hbar}\right)^2\int_{t_0}^{t}\mathrm{d}t_2\int_{t_0}^{t}\mathrm{d}t_1 v_1(t_2)\overline{v}_1(t_1) + \mathcal{O}^{(0)}\right\} I \\
&+ \left\{-\frac{\mathrm{i}}{\hbar}\int_{t_0}^{t}\mathrm{d}t_1 v_1(t_1) + \left(-\frac{\mathrm{i}}{\hbar}\right)^2\int_{t_0}^{t}\mathrm{d}t_2\int_{t_0}^{t}\mathrm{d}t_1 v_1(t_2)v_2(t_1) + \mathcal{O}^{(1)}\right\} a \\
&+ \left\{-\frac{\mathrm{i}}{\hbar}\int_{t_0}^{t}\mathrm{d}t_1 \overline{v}_1(t_1) + \left(-\frac{\mathrm{i}}{\hbar}\right)^2\int_{t_0}^{t}\mathrm{d}t_2\int_{t_0}^{t}\mathrm{d}t_1 v_2(t_2)\overline{v}_1(t_1) + \mathcal{O}^{(\overline{1})}\right\} a^{\dagger} \\
&+ \left\{-\frac{\mathrm{i}}{\hbar}\int_{t_0}^{t}\mathrm{d}t_1 v_2(t_1) + \left(-\frac{\mathrm{i}}{\hbar}\right)^2\int_{t_0}^{t}\mathrm{d}t_2\int_{t_0}^{t}\mathrm{d}t_1 \left[v_1(t_2)\overline{v}_1(t_1)\right.\right. \\
&\left.\left. + \overline{v}_1(t_2)v_1(t_1) + v_2(t_2)v_2(t_1)\right] + \mathcal{O}^{(2)}\right\} a^{\dagger}a \\
&+ \left\{-\frac{\mathrm{i}}{\hbar}\int_{t_0}^{t}\mathrm{d}t_1 v_3(t_1) + \left(-\frac{\mathrm{i}}{\hbar}\right)^2\int_{t_0}^{t}\mathrm{d}t_2\int_{t_0}^{t}\mathrm{d}t_1 \left[v_2(t_2)v_2(t_1)\right.\right. \\
&\left.\left. +2v_2(t_2)v_3(t_1) + 2v_3(t_2)v_2(t_1)\right] + \mathcal{O}^{(3)}\right\} a^{\dagger 2}a^2 \\
&+ \left\{\left(-\frac{\mathrm{i}}{\hbar}\right)^2\int_{t_0}^{t}\mathrm{d}t_2\int_{t_0}^{t}\mathrm{d}t_1 \left[v_1(t_2)v_2(t_1)\right.\right. \\
&\left.\left. + 2v_1(t_2)v_3(t_1) + v_2(t_2)v_1(t_1)\right] + \mathcal{O}^{(4)}\right\} a^{\dagger}a^2 \\
&+ \left\{\left(-\frac{\mathrm{i}}{\hbar}\right)^2\int_{t_0}^{t}\mathrm{d}t_2\int_{t_0}^{t}\mathrm{d}t_1 \left[\overline{v}_1(t_2)v_2(t_1)\right.\right. \\
&\left.\left. + 2v_3(t_2)\overline{v}_1(t_1) + v_2(t_2)\overline{v}_1(t_1)\right] + \mathcal{O}^{(\overline{4})}\right\} a^{\dagger 2}a
\end{aligned}$$

$$
\begin{aligned}
&+\left\{\left(-\frac{\mathrm{i}}{\hbar}\right)^2\int_{t_0}^{t}\mathrm{d}t_2\int_{t_0}^{t}\mathrm{d}t_1 v_1(t_2)v_1(t_1)+\mathcal{O}^{(5)}\right\}a^2\\
&+\left\{\left(-\frac{\mathrm{i}}{\hbar}\right)^2\int_{t_0}^{t}\mathrm{d}t_2\int_{t_0}^{t}\mathrm{d}t_1 \overline{v}_1(t_2)\overline{v}_1(t_1)+\mathcal{O}^{(\overline{5})}\right\}a^{\dagger 2}\\
&+\left\{\left(-\frac{\mathrm{i}}{\hbar}\right)^2\int_{t_0}^{t}\mathrm{d}t_2\int_{t_0}^{t}\mathrm{d}t_1 \left[v_1(t_2)v_3(t_1)+v_3(t_2)v_1(t_1)\right]+\mathcal{O}^{(6)}\right\}a^{\dagger 2}a^3\\
&+\left\{\left(-\frac{\mathrm{i}}{\hbar}\right)^2\int_{t_0}^{t}\mathrm{d}t_2\int_{t_0}^{t}\mathrm{d}t_1 \left[\overline{v}_1(t_2)v_3(t_1)+v_3(t_2)\overline{v}_1(t_1)\right]+\mathcal{O}^{(\overline{6})}\right\}a^{\dagger 3}a^2\\
&+\cdots,
\end{aligned}
\tag{9.56}
$$

其中 $\mathcal{O}$ 表示含有三次以及更高次的 v 的项, “$\cdots$”表示不属于 Ω 的代数元所对应的项.

如果仅考虑关于群参量的一次近似情况 (依照 Lie 群的性质, 群参量是一种小量, 因此关于它的任何次近似总是合理的), 则式 (9.54) 成为

$$
\begin{aligned}
U(t,t_0)=I-\frac{\mathrm{i}}{\hbar}&\left\{u_0 I+u_1 a+\overline{u}_1 a^{\dagger}+u_2 a^{\dagger}a+u_3 a^{\dagger 2}a^2+u_4 a^{\dagger}a^3+\overline{u}_4 a^{\dagger 2}a\right.\\
&\left.+u_5 a^2+\overline{u}_5 a^{\dagger 2}+u_6 a^{\dagger 2}a^3+\overline{u}_6 a^{\dagger 3}a^2+\eta\left(\left\{u_j a^{\dagger l}a^k+\overline{u}_j a^{\dagger k}a^l\right\}\right)\right\}.
\end{aligned}
\tag{9.57}
$$

由于形式为 $a^{\dagger l}a^k(l,k=0,1,\cdots)$ 的算符是相互独立的, 从而比较式 (9.56) 与式 (9.57) 得到

$$
\begin{aligned}
u_0&=-\frac{\mathrm{i}}{\hbar}\int_{t_0}^{t}\mathrm{d}t_2\int_{t_0}^{t}\mathrm{d}t_1 v_1(t_2)\overline{v}_1(t_1)+\mathcal{O}^{(0)},\\
u_1&=\int_{t_0}^{t}\mathrm{d}t_1 v_1(t_1)-\frac{\mathrm{i}}{\hbar}\int_{t_0}^{t}\mathrm{d}t_2\int_{t_0}^{t}\mathrm{d}t_1 v_1(t_2)v_2(t_1)+\mathcal{O}^{(1)},\\
\overline{u}_1&=\int_{t_0}^{t}\mathrm{d}t_1 \overline{v}_1(t_1)-\frac{\mathrm{i}}{\hbar}\int_{t_0}^{t}\mathrm{d}t_2\int_{t_0}^{t}\mathrm{d}t_1 v_2(t_1)v_1(t_2)+\mathcal{O}^{(\overline{1})}\\
u_2&=\int_{t_0}^{t}\mathrm{d}t_1 v_2(t_1)-\frac{\mathrm{i}}{\hbar}\int_{t_0}^{t}\mathrm{d}t_2\int_{t_0}^{t}\mathrm{d}t_1[v_1(t_2)\overline{v}_1(t_1)+\overline{v}_1(t_2)v_1(t_1)+v_2(t_1)v_2(t_1)]+\mathcal{O}^{(2)},\\
u_3&=\int_{t_0}^{t}\mathrm{d}t_1 v_3(t_1)-\frac{\mathrm{i}}{\hbar}\int_{t_0}^{t}\mathrm{d}t_2\int_{t_0}^{t}\mathrm{d}t_1[v_2(t_2)v_2(t_1)+2v_2(t_2)v_3(t_1)+2v_3(t_2)v_2(t_1)]+\mathcal{O}^{(3)},\\
u_4&=-\frac{\mathrm{i}}{\hbar}\int_{t_0}^{t}\mathrm{d}t_2\int_{t_0}^{t}\mathrm{d}t_1[v_1(t_2)v_2(t_1)+2v_1(t_2)v_3(t_1)+v_2(t_2)v_1(t_1)]+\mathcal{O}^{(4)}\\
\overline{u}_4&=-\frac{\mathrm{i}}{\hbar}\int_{t_0}^{t}\mathrm{d}t_2\int_{t_0}^{t}\mathrm{d}t_1[\overline{v}_1(t_2)v_2(t_1)+2v_3(t_2)\overline{v}_1(t_1)+v_2(t_2)\overline{v}_1(t_1)]+\mathcal{O}^{(\overline{4})},
\end{aligned}
$$

$$
\begin{aligned}
u_5 &= -\frac{\mathrm{i}}{\hbar}\int_{t_0}^{t}\mathrm{d}t_2\int_{t_0}^{t}\mathrm{d}t_1 v_1(t_2)v_1(t_1)+\mathcal{O}^{(5)}\\
\overline{u}_5 &= -\frac{\mathrm{i}}{\hbar}\int_{t_0}^{t}\mathrm{d}t_2\int_{t_0}^{t}\mathrm{d}t_1 \overline{v}_1(t_2)\overline{v}_1(t_1)+\mathcal{O}^{(\overline{5})},\\
u_6 &= -\frac{\mathrm{i}}{\hbar}\int_{t_0}^{t}\mathrm{d}t_2\int_{t_0}^{t}\mathrm{d}t_1 [v_1(t_2)v_3(t_1)+v_3(t_2)v_1(t_1)]+\mathcal{O}^{(6)}\\
\overline{u}_6 &= -\frac{\mathrm{i}}{\hbar}\int_{t_0}^{t}\mathrm{d}t_2\int_{t_0}^{t}\mathrm{d}t_1 [\overline{v}_1(t_2)v_3(t_1)+v_3(t_2)\overline{v}_1(t_1)]+\mathcal{O}^{(\overline{6})},\\
&\cdots,
\end{aligned} \tag{9.58}
$$

这里“$\cdots$”表示略去了不属于 Ω 的代数元所对应的群参量. 方程组式 (9.58) 表示通常的微扰理论与群参量之间的相关性质. 在一次微扰近似下 (即仅取到 v 的一次项), 式 (9.58) 成为

$$
\begin{aligned}
u_0 &= 0,\\
u_1 &= \int_{t_0}^{t}\mathrm{d}t_1 v_1(t_1),\\
\overline{u}_1 &= \int_{t_0}^{t}\mathrm{d}t_1 \overline{v}_1(t_1)\\
u_2 &= \int_{t_0}^{t}\mathrm{d}t_1 v_2(t_1),\\
u_3 &= \int_{t_0}^{t}\mathrm{d}t_1 v_3(t_1),
\end{aligned} \tag{9.59}
$$

$$
u_4=\overline{u}_4=u_5=\overline{u}_5=u_6=\overline{u}_6=0. \tag{9.60}
$$

式 (9.59) 表明, 不属于有效集合 $\mathcal{C}$ 的代数元: $a^{\dagger}a^2, a^{\dagger 2}a, a^2, a^{\dagger 2}, a^{\dagger 2}a^3, a^{\dagger 3}a^2$ 所对应的群参量可以被忽略. 这样就证明了上述的结论: 在动力学 Lie 代数方法的意义上, 散射体系的动力学行为可以近似地由有效集合 $\mathcal{C}\equiv\{X_a\}(\alpha=0,1,\cdots,m)$ 确定.

应指出:

(1) 虽然上述结果是由式 (9.47) 导出的, 但是将其推广到一般的情况 (如直接采用指数型势图[6]) 并不存在原则上的困难.

(2) 尽管上面的推导方法是针对存在着无限维动力学 Lie 代数的散射体系, 但是既然有限维 Lie 代数方法可以作为无限维 Lie 代数方法的特殊情况. 因此, 有效集合概念也自然地适用于存在着有限维动力学 lie 代数的散射体系.

(3) 实际上, 有效集合理论中的关键在于应用了算符系列 $a^{\dagger l}a^k$ $(l,k=0,1,\cdots)$ 的相互独立性质, 而不在于微扰条件式 (9.53) 是否成立. 也就是说, 上述理论方法也能适用于不满微扰足条件式 (9.53) 的散射体系.

(4) 忽略演化算符 $U(t,t_0)$ 中不属于有效集合 $\mathcal{C}$ 的代数元所对应的群参量以后, 式 (9.36) 与式 (9.37) 成为

$$A=-\frac{\mathrm{i}}{\hbar}\sum_{j=0}^{m}u_j(t,t_0)X_j, \tag{9.61}$$

$$[A,X_s]=\sum_{r=0}^{m}X_r d_{rs}(A)\quad(s=0,1,\cdots,m), \tag{9.62}$$

这里 $d_{rs}(A)$ 是 $(m+1)\times(m+1)$ 矩阵 $\underline{d}(A)$ 的矩阵元. 既然下标 $j>m$ 的代数元 X_j 对 $U(t,t_0)$ 无贡献, 因此可以在对易关系式 (9.8) 中略去下标大于 m 的代数元, 并且可形式上 (近似地) 写成

$$[X_j,X_i]=\sum_{k=0}^{m}C_{ji}^{k}X_k\equiv\sum_{k=0}^{m}d_{ki}(X_j)X_k\quad(0\leqslant i,j\leqslant m). \tag{9.63}$$

注意, 式 (9.63) 并不是 Lie 代数意义下的对易关系, 它仅能用来近似地确定 $C_{ji}^{k}\equiv d_{ki}(X_j)$. 就是说, 有效集合 $\mathcal{C}$ 中的对易运算并不是封闭的, 从而它们不能形成动力学 Lie 代数 B 的子代数. 式 (9.38) 成为

$$\underline{d}(A)=\sum_{j=0}^{m}u_j(t,t_0)\underline{d}(X_j), \tag{9.64}$$

其中 $\underline{d}(A)$ 与 $\underline{d}(X_j)$ 是 $(m+1)\times(m+1)$ 矩阵, 它们的矩阵元分别为 $d_{ki}(A)$ 与 $d_{ki}(X_j)$. 显然, 在有效集合的意义下, 式 (9.44) 和式 (9.45) 中的 $\underline{u}$ 是以 $u_j(t,t_0)(j=0,1,\cdots,m)$ 为分量的列矢量, 而 $\underline{G}=\mathrm{e}^{-\frac{\mathrm{i}}{\hbar}\sum\limits_{j=0}^{m}u_j(t,t_0)\underline{d}(X_j)}$.

这样, 在 Lie 代数方法中用有效集合 $\mathcal{C}$ 近似地代替了由动力学 Lie 代数 B 所导致的结果.

9.3.2 几点说明

(1) 在动力学 Lie 代数理论中 (即有限维 Lie 代数的情况)[7], 所谓约束集合是指一组独立的算符, 它是由散射体系的熵达到极大值时的不变性质作为条件而被引入的. 而动力学 Lie 代数则是由散射体系的 Hamilton 算符中所含有的独立算符之间的对易关系作为条件而引入的. 通常, 约束集合与动力学 Lie 代数并不重合, 除非体系的初始密度算符 $\rho(t_0)$ 也能通过动力学 Lie 代数来表示[7]. 但是, 对于无限维 Lie 代数的情况, 由于已经约定体系的 Hamilton 算符与初始密度算符均能利用动力学 Lie 代数的代数元来表示, 因此这里不会出现动力学 Lie 代数与约束集合不重合的情况, 就是说凡是约束都是动力学约束[2~4].

(2) 对于无限维动力学 Lie 代数的情况, 动力学 Lie 代数必然是 Banach Lie 代数. 这一点是重要的, 这是因为在推导过程中已经利用了这种 Lie 代数的两个重要性质: (i) Banach 空间的完备性; (ii) 在单位元素 I 的领域内所对应的 Banach Lie 群[6].

(3) 鉴于有效集合的导出方法, 它同时适用于有限维和无限维动力学 Lie 代数的两种情况. 已经看到, 利用有效集合的概念可以使存在着有限维动力学 Lie 代数的散射体系的计算过程得到充分地简化, 而使具有无限维动力学 Lie 代数的散射体系的实际计算成为可能.

(4) 按照 Banach 理论, Banach 空间并不必具有可数基底. 对于一般的 Banach Lie 群, 在单位元素的邻域内, 仍然可以利用所谓指数映象 (如式 (9.9)), 对应着确定的 Banach Lie 代数[6]. 然而, 在推导过程中已经多次地利用了可数基底 $X_j(j=0,1,\cdots)$ 的性质, 因此是否可以用一般的 Banach Lie 群的有关性质来建立上述的散射理论是有待进一步探讨的问题.

9.4 共线散射体系 $He+H_2$ 的平–振能量传递

9.4.1 共线散射体系 $He+H_2$ 的 Lie 代数及其有效集合

本节, 应用上述动力学 Lie 代数有效集合理论具体研究体系 $He+H_2$ 中的平–振能量传递. 这时体系的总 Hamilton 算符取为[8]

$$\mathcal{H}=\mathcal{H}_0+V', \tag{9.65}$$

其中

$$\mathcal{H}_0=\frac{1}{2\mu}P^2+\frac{1}{2}\mu\omega^2y^2, \tag{9.66}$$

$$V'=\frac{r}{L}E(t)y, \tag{9.67}$$

$$E(t)=E_0\mathrm{sech}^2(v_0t/2L), \tag{9.68}$$

这里 $E(t)$ 是 He 原子的所谓经典轨道, $E_0=\dfrac{1}{2}mv_0^2$, m 是整个散射体系的折合质量, μ 是双原子分子 H_2 的折合质量, v_0 是 He 原子初始速度, P 是与 H_2 分子的振动坐标 y 相应的动量算符, ω 是振动角频率, r 与 L 均为由实验确定的动力学参量.

如果引入下列变换

$$\begin{aligned}a&=\frac{1}{\sqrt{2}}\left(\sqrt{\frac{\mu\omega}{\hbar}}y+\mathrm{i}\sqrt{\frac{1}{\hbar\mu\omega}}P\right),\\ a^\dagger&=\frac{1}{\sqrt{2}}\left(\sqrt{\frac{\mu\omega}{\hbar}}y-\mathrm{i}\sqrt{\frac{1}{\hbar\mu\omega}}P\right).\end{aligned} \tag{9.69}$$

则式 (9.66) 与式 (9.67) 分别成为

$$\mathcal{H}_0 = \hbar\omega\left(a^\dagger a + \frac{1}{2}\right), \tag{9.70}$$

$$V' = \frac{r}{L}E(t)\sqrt{\frac{\hbar}{2\mu\omega}}\left(a^\dagger + a\right). \tag{9.71}$$

式 (9.71) 为相互作用 Hamilton 算符 V_d 在 Schrödinger 表象中的形式, 转换到相互作用表象则成为

$$V_I(t) = v_1 a + \overline{v}_1 a^\dagger, \tag{9.72}$$

这里 $v_1 = \frac{r}{L}\sqrt{\frac{\hbar}{2\mu\omega}}E(t)\mathrm{e}^{-\mathrm{i}\omega t}$, $\overline{v}_1$ 表示 v_1 的复数共轭. 在这种情况下, 动力学 Lie 代数是三维 Lie 代数 h_3. 其代数元为[7]I、a、$a^\dagger$. 确定这种代数结构的对易关系为 $[a, a^\dagger] = I$, 演化算符为

$$u(t, t_0) = \mathrm{e}^A. \tag{9.73}$$

因此可以按照动力学 Lie 代数理论求解出群参量 u_0、u_1, 从而确定 $u(t, t_0)$. 实际上, 式 (9.67) 是关于通常的指数形式的展开式[6]: $\mathrm{e}^{\frac{r}{L}y} = 1 + \frac{r}{L}y + \frac{r^2}{2L^2}y^2 + \cdots$, 取一次近似的结果[2, 3]. 如果考虑二次近似, 相互作用 Hamilton 算符成为

$$V'' = \frac{r}{L}E(t)y + \frac{r^2}{2L^2}E(t)y^2, \tag{9.74}$$

这时在相互作用表象中的 V'' 是

$$V_I(t) = v_1 a + \overline{v}_1 a^\dagger + v_2 a + a + v_3 a^2 + \overline{v}_3 a^{\dagger 2}, \tag{9.75}$$

其中 $v_2 = \frac{r^2}{L^2}\frac{\hbar}{4\mu\omega}E(t)$, $v_3 = v_2\mathrm{e}^{-2\mathrm{i}\omega t}$. 相应的动力学 Lie 代数是六维 Lie 代数 h_6, 它的代数元为 I、a、$a^\dagger$、$a^\dagger a$、a^2、$a^{\dagger 2}$. 确定这种代数结构的对易关系为

$$\begin{aligned} &[a, a^\dagger] = I, \quad [a, a^\dagger a] = a, \quad [a, a^{\dagger 2}] = 2a^\dagger, \\ &[a^2, a^\dagger a] = 2a^2, \quad [a^2, a^{\dagger 2}] = 2I + 4a^\dagger a. \end{aligned} \tag{9.76}$$

其他代数元之间可对易或可以通过取上面的对易关系的厄米共轭得到. 演化算符为

$$U(t, t_0) = \mathrm{e}^A, \tag{9.77}$$

$$A = -\frac{\mathrm{i}}{\hbar}\left\{u_0 I + u_1 a + \overline{u}_1 a^\dagger + u_2 a^\dagger a + u_3 a^2 + \overline{u}_3 a^{\dagger 2}\right\}.$$

因此仍然可以按照通常的动力学 Lie 代数理论确定群参量从而得到演化算符.

另一方面, 由于在 H_2 分子的振动能谱中除简谐项以外尚含有二级、三级、······非简谐项, 如果仅考虑二级非简谐项, 则散射体系的相互作用 Hamilton 算符在相互作用表象中为

$$V_I(t) = v_0 I + v_1 a + \overline{v}_1 a^\dagger + v_2 a + a + v_3 a^2 + \overline{v}_3 a^{\dagger 2} + v_4 a^\dagger a a^\dagger a, \tag{9.78}$$

这里

$$\begin{aligned} v_0 &= \frac{1}{4}\hbar\omega x_e, \\ v_1 &= \frac{r}{L}\sqrt{\frac{\hbar}{2\mu\omega}}E(t)\mathrm{e}^{-\mathrm{i}\omega t}, \\ v_2 &= \frac{r^2}{L^2}\frac{\hbar}{4\mu\omega}E(t) + \hbar\omega x_e, \\ v_3 &= \frac{r^2}{L^2}\frac{\hbar}{4\mu\omega}E(t)\mathrm{e}^{-2\mathrm{i}\omega t}, \\ v_4 &= \hbar\omega x_e. \end{aligned} \tag{9.79}$$

因为 $V_I(t)$ 中存在着算符 $a^\dagger a a^\dagger a$, 它将导致无限维 Lie 代数 $h^{(\infty)}$. 其有效集合为[2]

$$I,\ \ a, a^\dagger,\ \ a^\dagger a,\ \ a^2,\ \ a^{\dagger 2},\ \ a^\dagger a a^\dagger a. \tag{9.80}$$

在有效集合 $\mathcal{C}$ 中前 6 个算符形成 Lie 代数 h_6, 它们之间的对易关系如式 (9.76). 由于这里出现了算符 $a^\dagger a a^\dagger a$, 因此可以按照动力学 Lie 代数理论导出其他代数元[7]:

$$\begin{aligned} [a, a^\dagger a a^\dagger a] &= a + 2a^\dagger a^2, \\ [a^2, a^\dagger a a^\dagger a] &= 4a^2 + 4a^\dagger a^3 \end{aligned} \tag{9.81}$$

由于在式 (9.81) 中出现了新的代数元 $a^\dagger a^2$ 与 $a^\dagger a^3$, 因此必须重复上述方法再导出其他对易关系. 不难看出, 采用这种方法将会产生一系列形如 $a^{\dagger l}a^k (l, k = 0, 1, 2, \cdots)$ 的代数元, 即形成了一种无限维动力学 Lie 代数[2]. 采用前面介绍的有效集合方法, 则可略去对易关系式中不属于 $\mathcal{C}$ 的代数元 $a^\dagger a^2$, $a^\dagger a^3$, $\cdots$. 因此式 (9.81) 可以近似地表示为

$$\begin{aligned} [a, a^\dagger a a^\dagger a] &= a, \\ [a^2, a^\dagger a a^\dagger a] &= 4a^2, \end{aligned} \tag{9.82}$$

这样, 利用有效集合 $\mathcal{C}$ 代替无限维动力学 Lie 代数 $h^{(\infty)}$ 完成动力学 Lie 代数理论中的计算. 演化算符成为

$$U(t, t_0) = \mathrm{e}^A, \tag{9.83}$$

$$A = -\frac{\mathrm{i}}{\hbar}\left\{u_0 I + u_1 a + \overline{u}_1 a^\dagger + u_2 a^\dagger a + u_3 a^2 + \overline{u}_3 a^{\dagger 2} + u_4 a^\dagger a a^\dagger a\right\},$$

其中 u_0、u_2 和 u_4 是实数, u_1、u_3 为复数. 利用式 (9.76)、式 (9.82) 与式 (9.83) 可得到

$$\begin{aligned}
&[A, I] = 0,\\
&[A, a] = -\frac{\mathrm{i}}{\hbar}\left(-\overline{u}_1 I - u_2 a - 2\overline{u}_3 a^\dagger - u_4 a\right),\\
&[A, a^\dagger a] = -\frac{\mathrm{i}}{\hbar}\left(u_1 a - \overline{u}_1 a^\dagger + 2u_3 a^2 - 2\overline{u}_3 a^{\dagger 2}\right),\\
&[A, a^2] = -\frac{\mathrm{i}}{\hbar}\left(-2u_1 a - 2u_2 a^2 - 2\overline{u}_3 I - 4\overline{u}_3 a^\dagger a - 4u_4 a^2\right),\\
&[A, a^\dagger a a^\dagger a] = -\frac{\mathrm{i}}{\hbar}\left(u_1 a - \overline{u}_1 a^\dagger + 4u_3 a^2 - 4\overline{u}_3 a^{\dagger 2}\right).
\end{aligned} \tag{9.84}$$

其他代数元与 A 的对易关系可由取式 (9.84) 的厄米共轭得到.

如果考虑除二级非简谐项以外尚存在着三级非简谐项的贡献, 则散射体系 $He + H_2$ 的相互作用 Hamilton 算符在相互作用表象中为

$$\begin{aligned}
V_I(t) = {} & v_0 I + v_1 a + \overline{v}_1 a^\dagger + v_2 a^\dagger a + v_3 a^2 + \overline{v}_3 a^{\dagger 2} + v_4 a^\dagger a a^\dagger a\\
& + v_5 a^\dagger a a^\dagger a a^\dagger a,
\end{aligned} \tag{9.85}$$

其中

$$\begin{aligned}
&v_0 - \frac{1}{4}\hbar\omega(x_e + y_e), \qquad (9.86)\\
&v_1 = \frac{r}{L}\sqrt{\frac{\hbar}{2\mu\omega}}E(t)\mathrm{e}^{-\mathrm{i}\omega t},\\
&v_2 = \frac{r^2}{L^2}\frac{\hbar}{4\mu\omega}E(t) + \hbar\omega(x_e + y_e),\\
&v_3 = \frac{r^2}{L^2}\frac{\hbar}{4\mu\omega}E(t)\mathrm{e}^{-2\mathrm{i}\omega t},\\
&v_4 = \hbar\omega\left(x_e + \frac{3}{2}y_e\right),\\
&v_5 = \hbar\omega y_e.
\end{aligned}$$

有效集合 $\mathcal{C}$ 为

$$I,\ a,\ a^\dagger,\ a^\dagger a,\ a^2,\ a^{\dagger 2},\ a^\dagger a a^\dagger, a, a^\dagger a a^\dagger a a^\dagger a. \tag{9.87}$$

这里出现了新的代数元 $a^\dagger a a^\dagger a a^\dagger a$, 从而必须找出与其相应的对易关系. 重复上述计算可得到

$$[a, a^\dagger a a^\dagger a a^\dagger a] = a, \quad [a^2, a^\dagger a a^\dagger a a^\dagger a] = 8a^2. \tag{9.88}$$

其他对易关系可由取式 (9.88) 的厄米共轭得到. 在式 (9.88) 中已经略去了不属于 $\mathcal{C}$ 的代数元: $a^\dagger a^2, a^\dagger a^3, a^{\dagger 3}a^2, a^{\dagger 2}a^4$. 演化算符为

$$U(t,t_0) = \mathrm{e}^A, \tag{9.89}$$

$$A = -\frac{\mathrm{i}}{\hbar}\left\{u_0 I + u_1 a + \overline{u}_1 a^\dagger + u_2 a^\dagger a + u_3 a^2 + \overline{u}_3 a^{\dagger 2} + u_4 a^\dagger a a^\dagger a + u_5 a^\dagger a a^\dagger a a^\dagger a\right\},$$

其中 u_0, u_2, u_4 和 u_5 是实数, u_1, u_3 为复数. 利用式 (9.76)、式 (9.82) 与式 (9.88) 可得到

$$\begin{aligned}
&[A,I] = 0,\\
&[A,a] = -\frac{\mathrm{i}}{\hbar}\left\{-\overline{u}_1 I - (u_2+u_4+u_5)a - 2\overline{u}_3 a^\dagger\right\},\\
&[A,a^\dagger a] = -\frac{\mathrm{i}}{\hbar}\left\{u_1 a - \overline{u}_1 a^\dagger + 2u_3 a^2 - 2\overline{u}_3 a^{\dagger 2}\right\},\\
&[A,a^2] = -\frac{\mathrm{i}}{\hbar}\left\{-2\overline{u}_3 I - 2\overline{u}_1 a - 4\overline{u}_3 a^\dagger a - (2u_2+u_4+8u_5)a^2\right\},\\
&[A,a^\dagger a a^\dagger a] = -\frac{\mathrm{i}}{\hbar}\left\{u_1 a - \overline{u}_1 a^\dagger + 4u_3 a^2 - 4\overline{u}_3 a^{\dagger 2}\right\},\\
&[A,a^\dagger a a^\dagger a a^\dagger a] = -\frac{\mathrm{i}}{\hbar}\left\{u_1 a - \overline{u}_1 a^\dagger + 8u_3 a^2 + 8\overline{u}_3 a^{\dagger 2}\right\}.
\end{aligned} \tag{9.90}$$

其他代数元与 A 的对易关系可由式 (9.90) 取厄米共轭得到.

9.4.2 散射体系的演化算符

为了获得散射体系演化算符 $U(t,t_0)$ 的明显表达式, 必须确定群参量. 关于 H_2 分子振动能谱中的各级非简谐项, 将分两种情况处理:

(1) 仅考虑二级非简谐项的贡献;

(2) 除二级项以外尚有来自三级非简谐项的贡献.

依照动力学 Lie 代数理论, 在群参量的一次近似下, 群参量满足方程[2~4]

$$\frac{\partial}{\partial_t}\underline{u} = \left\{\underline{I} - \frac{1}{2}\underline{d}(A)\right\}\underline{v}, \tag{9.91}$$

这里 $\underline{u}$ 与 $\underline{v}$ 均表示矢量, 而 $\underline{I}$ 和 $\underline{d}(A)$ 均表示矩阵.

对于情况 (i), $\underline{u}$ 与 $\underline{v}$ 分别表示分量为 u_0, u_1, $\overline{u_1}$, u_2, u_3, $\overline{u_3}$, u_4 和分量为 v_0, v_1, $\overline{v_1}$, v_2, v_3, $\overline{v_3}$, v_4 的矢量. $\underline{I}$ 是 7×7 单位矩阵, $\underline{d}(A)$ 是由对易关系式 (9.84) 确定的 7×7 矩阵. 由式 (9.84) 可得到

$$\underline{d}(A) = -\frac{\mathrm{i}}{\hbar}\begin{pmatrix} D_{11} & D_{12}\\ D_{21} & D_{22}\end{pmatrix}, \tag{9.92}$$

其中

$$D_{11}=\begin{pmatrix} 0 & -\overline{u}_1 & u_1 \\ 0 & -(u_2+u_4) & 2u_3 \\ 0 & -2\overline{u}_3 & u_2+u_4 \end{pmatrix}, \tag{9.93}$$

$$D_{12}=\begin{pmatrix} 0 & -2\overline{u}_3 & 2u_3 & 0 \\ u_1 & -2\overline{u}_1 & 0 & u_1 \\ -\overline{u}_1 & 0 & 2u_1 & -\overline{u}_1 \end{pmatrix},$$

$$D_{21}=\begin{pmatrix} 0 & 0 & 0 \\ 0 & 0 & 0 \\ 0 & 0 & 0 \\ 0 & 0 & 0 \end{pmatrix},$$

$$D_{22}=\begin{pmatrix} 0 & -4\overline{u}_3 & 4u_3 & 0 \\ 2u_3 & -(2u_2+4u_4) & 0 & 4u_3 \\ -2\overline{u}_3 & 0 & 2u_2+4u_4 & -4\overline{u}_3 \\ 0 & 0 & 0 & 0 \end{pmatrix}.$$

利用式 (9.91) 与式 (9.92) 可得到确定群参量的方程

$$\begin{aligned}
\dot{u}_0&=v_0+\frac{\mathrm{i}}{2\hbar}\left\{\overline{v}_1u_1-v_1\overline{u}_1-2v_3\overline{u}_3+2\overline{v}_3u_3\right\},\\
\dot{u}_1&=v_1+\frac{\mathrm{i}}{2\hbar}\left\{2\overline{v}_1u_3-v_1(u_2+u_4)+v_2u_1-2v_3\overline{u}_1+v_4u_1\right\},\\
\dot{u}_2&=v_2+\frac{\mathrm{i}}{2\hbar}\left\{-4v_3\overline{u}_3+4\overline{v}_3u_3\right\},\\
\dot{u}_3&=v_3+\frac{\mathrm{i}}{2\hbar}\left\{2v_3u_3-v_3(2u_2+4u_4)+4v_4u_3\right\},\\
\dot{u}_4&=v_4,
\end{aligned} \tag{9.94}$$

这里 $\dot{u}$ 表示 u 关于时间 t 的导数. 式 (9.94) 是线性微分方程组, 它具有多种求解方法. 为了简便, 可以采用通常的迭代法. 其一次近似解为

$$u_0=\frac{1}{4}\hbar\omega(x_e+y_e)t, \tag{9.95}$$

$$u_1=\frac{r}{L}\sqrt{\frac{\hbar}{2\mu\omega}}E_0$$
$$\cdot\left\{\frac{L}{4(v_0-\mathrm{i}\omega L)}\left[\mathrm{e}^{\left(\frac{v_0}{L}-\mathrm{i}\omega\right)t}-1\right]-\frac{L}{4(v_0+\mathrm{i}\omega L)}\left[\mathrm{e}^{-\left(\frac{v_0}{L}+\mathrm{i}\omega\right)t}-1\right]-\frac{\sin\left(\frac{1}{2}\omega t\right)}{\omega}\mathrm{e}^{-\frac{1}{2}\mathrm{i}\omega t}\right\},$$

$$u_2 = \frac{r^2}{L^2}\frac{\hbar}{4\mu\omega}E_0\left\{\frac{L}{4v_0}\left[\mathrm{e}^{\frac{v_0}{L}}-1\right]-\frac{L}{4v_0}\left[\mathrm{e}^{\frac{v_0}{L}}-1\right]-t\right\}+\hbar\omega x_e t,$$

$$u_3 = \frac{r^2}{L^2}\frac{\hbar}{4\mu\omega}E_0$$

$$\cdot\left\{\frac{L}{4(v_0-2\mathrm{i}\omega L)}\left[\mathrm{e}^{\left(\frac{v_0}{L}-2\mathrm{i}\omega\right)t}-1\right]-\frac{L}{4(v_0+2\mathrm{i}\omega L)}\left[\mathrm{e}^{-\left(\frac{v_0}{L}+2\mathrm{i}\omega\right)t}-1\right]-\frac{\sin(\omega t)}{\omega}\mathrm{e}^{-\frac{1}{2}\mathrm{i}\omega t}\right\},$$

$$u_4 = \hbar\omega\left(x_e+\frac{3}{2}y_e\right)t.$$

对于情况 (ii), $\underline{u}$ 与 $\underline{v}$ 分别表示分量为 u_0, u_1, $\overline{u}_1$, u_2, u_3, $\overline{u}_3$, u_4 和分量为 v_0, v_1, $\overline{v}_1$, v_2, v_3, $\overline{v}_3$, v_4 的矢量. $\underline{I}$ 是 8×8 单位矩阵, $\underline{d}(A)$ 是由对易关系 (9.90) 式确定的 8×8 矩阵. 由式 (9.90) 得到

$$\underline{d}(A) = -\frac{\mathrm{i}}{\hbar}\begin{pmatrix} E_{11} & E_{12} \\ E_{21} & E_{22}\end{pmatrix}, \tag{9.96}$$

$$E_{11} = \begin{pmatrix} 0 & -\overline{u}_1 & u_1 & 0 \\ 0 & -(u_2+u_4+u_5) & 2u_3 & u_1 \\ 0 & -2\overline{u}_3 & u_2+u_4+u_5 & -\overline{u}_1 \\ 0 & 0 & 0 & 0 \end{pmatrix},$$

$$E_{12} = \begin{pmatrix} -2\overline{u}_3 & 2\overline{u}_3 & 0 & 0 \\ -2\overline{u}_1 & 0 & u_1 & u_1 \\ 0 & 2u_1 & -\overline{u}_1 & -\overline{u}_1 \\ -4\overline{u}_3 & 4\overline{u}_3 & 0 & 0 \end{pmatrix},$$

$$E_{21} = \begin{pmatrix} 0 & 0 & 0 & 2u_3 \\ 0 & 0 & 0 & -2\overline{u}_3 \\ 0 & 0 & 0 & 0 \\ 0 & 0 & 0 & 0 \end{pmatrix},$$

$$E_{22} = \begin{pmatrix} -(2u_2+4u_4+8u_5) & 0 & 4\overline{u}_3 & 8u_3 \\ 0 & 2u_2+4u_4+8u_5 & -4\overline{u}_3 & -8\overline{u}_3 \\ 0 & 0 & 0 & 0 \\ 0 & 0 & 0 & 0 \end{pmatrix}.$$

利用式 (9.91) 与式 (9.96), 可得到确定群参量的方程

$$
\begin{aligned}
\dot{u}_0 &= v_0 + \frac{\mathrm{i}}{2\hbar}\left\{-v_1\overline{u}_1 + \overline{v}_1 u_1 - 2v_3\overline{u}_3 + 2\overline{v}_3 u_3\right\}, \\
\dot{u}_1 &= v_1 + \frac{\mathrm{i}}{2\hbar}\left\{2\overline{v}_1 u_3 - v_1(u_2+u_4+u_5) + v_2 u_1 - 2v_3\overline{u}_1 + (v_4+v_5)u_1\right\}, \\
\dot{u}_2 &= v_2 + \frac{\mathrm{i}}{2\hbar}\left\{-4v_3\overline{u}_3 + 4\overline{v}_3 u_3\right\}, \\
\dot{u}_3 &= v_3 + \frac{\mathrm{i}}{2\hbar}\left\{2v_2 u_3 - v_3(2u_2+4u_4+8u_5) + (4v_4+8v_5)u_3\right\}, \\
\dot{u}_4 &= v_4, \\
\dot{u}_5 &= v_5.
\end{aligned} \tag{9.97}
$$

式 (9.97) 也是线性微分方程组, 仍采用迭代法求出其一次近似解:

$$
\begin{aligned}
u_0 &= \frac{1}{4}\hbar\omega\,(x_e+y_e)\,t, \\
u_1 &= \frac{r}{L}\sqrt{\frac{\hbar}{2\mu\omega}}E_0 \\
&\quad\cdot\left\{\frac{L}{4(v_0-\mathrm{i}\omega L)}\left[\mathrm{e}^{\left(\frac{v_0}{L}-\mathrm{i}\omega\right)t}-1\right]-\frac{L}{4(v_0+\mathrm{i}\omega L)}\left[\mathrm{e}^{-\left(\frac{v_0}{L}+\mathrm{i}\omega\right)t}-1\right]-\frac{\sin\left(\frac{1}{2}\omega t\right)}{\omega}\mathrm{e}^{-\frac{1}{2}\mathrm{i}\omega t}\right\}, \\
u_2 &= \frac{r^2}{L^2}\frac{\hbar}{4\mu\omega}E_0\left\{\frac{L}{4v_0}\left[\mathrm{e}^{\frac{v_0}{L}}-1\right]-\frac{L}{4v_0}\left[\mathrm{e}^{\frac{v_0}{L}}-1\right]-t\right\}+\hbar\omega\left(x_e+\frac{3}{4}y_e\right)t, \\
u_3 &= \frac{r^2}{L^2}\frac{\hbar}{4\mu\omega}E_0 \\
&\quad\cdot\left\{\frac{L}{4(v_0-2\mathrm{i}\omega L)}\left[\mathrm{e}^{\left(\frac{v_0}{L}-2\mathrm{i}\omega\right)t}-1\right]-\frac{L}{4(v_0+2\mathrm{i}\omega L)}\left[\mathrm{e}^{-\left(\frac{v_0}{L}+2\mathrm{i}\omega\right)t}-1\right]-\frac{\sin(\omega t)}{2\omega}\mathrm{e}^{-\frac{1}{2}\mathrm{i}\omega t}\right\}, \\
u_4 &= \hbar\omega\left(x_e+\frac{3}{2}y_e\right)t, \\
u_5 &= \hbar\omega y_e t.
\end{aligned} \tag{9.98}
$$

9.4.3 跃迁矩阵元和跃迁概率

在群参量的一次近似下, 散射体系的跃迁矩阵元可以近似地表示为

$$
\begin{aligned}
\langle m|U(t,0)|n\rangle &= \sum_{K=0}^{\infty}\frac{1}{K!}\langle m|A^K|n\rangle \\
&\simeq \langle m|I|n\rangle + \langle m|A|n\rangle \\
&\simeq \mathrm{e}^{\langle m|A|n\rangle},
\end{aligned} \tag{9.99}
$$

这里 $|n\rangle = \dfrac{a^{\dagger n}}{\sqrt{n!}}|0\rangle$, $|m\rangle = \dfrac{a^{\dagger m}}{\sqrt{m!}}|0\rangle$ 是算符 $a^\dagger a$ 的本征态[2]. 为了简便, 已经令散射过程的初始时间 $t_0 = 0$, 而过程的终止时间 (或有效碰撞时间)$t = t$. 既然算符 A 是群参量的线性组合, 从而式 (9.99) 在群参量的一次近似下总是成立的. 跃迁概率也可以近似地表示为

$$P_{n\to m} = |\langle m|U(t,0)|n\rangle|^2 \simeq \mathrm{e}^{2\mathrm{Re}\langle m|A|n\rangle}, \tag{9.100}$$

这里 Re 表示取复数 $\langle m|A|n\rangle$ 的实部.

对于情况 (1), 由式 (9.83) 得到

$$\begin{aligned}\langle m|A|n\rangle = -\frac{\mathrm{i}}{\hbar}\{&u_0\delta_{m,n} + u_1\sqrt{n}\delta_{m,n-1} + \overline{u}_1\sqrt{n+1}\delta_{m,n+1} + u_2 n\delta_{m,n} \\ &+u_3\sqrt{n(n-1)}\delta_{m,n-2} + \overline{u}_3\sqrt{(n+1)(n+2)}\delta_{m,n+2} + u_4 n^2\delta_{m,n}\}.\end{aligned} \tag{9.101}$$

对于情况 (2), 由式 (9.89) 得到

$$\begin{aligned}\langle m|A|n\rangle = -\frac{\mathrm{i}}{\hbar}\{&u_0\delta_{m,n} + u_1\sqrt{n}\delta_{m,n-1} + \overline{u}_1\sqrt{n+1}\delta_{m,n+1} + u_2 n\delta_{m,n} \\ &+u_3\sqrt{n(n-1)}\delta_{m,n-2} + \overline{u}_3\sqrt{(n+1)(n+2)}\delta_{m,n+2} \\ &+u_4 n^2\delta_{m,n} + u_5 n^3\delta_{m,n}\}.\end{aligned} \tag{9.102}$$

由跃迁矩阵元式 (9.101) (对于情况 (1)) 可得到 H_2 分子振动能级由 0 到 1 的跃迁概率为

$$\begin{aligned}&P_{0\to 1} \\ &= \exp\left\{\frac{rE_0}{\hbar L}\left(\frac{v_0 L\sin\omega t}{v_0^2-\omega^2L^2}\mathrm{sh}\frac{v_0 t}{L} - \frac{\omega L^2\cos\omega t}{v_0^2-\omega^2L^2}\mathrm{ch}\frac{v_0 t}{L} + \frac{\omega L^2}{v_0^2-\omega^2L^2} - \frac{2\sin\frac{1}{2}\omega t}{\omega}\right)\sqrt{\frac{\hbar}{2\mu\omega}}\right\},\end{aligned} \tag{9.103}$$

H_2 分子振动能级由 0 到 2 的跃迁概率为

$$\begin{aligned}&P_{0\to 2} \\ &= \exp\left\{\frac{\sqrt{2}r^2E_0}{4\mu\omega\hbar L^2}\left(\frac{v_0 L\sin 2\omega t}{v_0^2-4\omega^2L^2}\mathrm{sh}\frac{v_0 t}{L} - \frac{2\omega L^2\cos 2\omega t}{v_0^2-4\omega^2L^2}\mathrm{ch}\frac{v_0 t}{L} + \frac{2\omega L^2}{v_0^2-4\omega^2L^2} - \frac{\sin\omega t}{\omega}\right)\right\}.\end{aligned} \tag{9.104}$$

9.4.4 讨论说明

(1) 容易看出, 跃迁概率表达式 (9.103) 与 (9.104) 是针对共线散体系导出的, 它们适用于任何原子与双原子分子的共线碰撞. 不同体系之间的区别在于它们相应的动力学参量 (如原子与双原子分子的质量、分子振动角频率等) 不同.

(2) 计算表明, 群参量 $|u_j| \ll \hbar$, 因此演化算符 $U(t,t_0)$ 关于群参量 u_j 所取的任何次数的近似总是合理的. 为了简便, 这里仅取一次近似, 从而按照动力学 Lie 代数理论得到式 (9.91). 如果考虑关于群参量的二次近似, 则将导出下面方程[7]

$$\frac{\partial}{\partial t}\underline{u} = \left\{\underline{I} - \frac{1}{2}\underline{d}(A) + \frac{1}{12}\underline{d}^2(A)\right\}\underline{v}, \tag{9.105}$$

方程 (9.105) 式是关于群参量的非线性微分方程组, 它们仍可以采用迭代法求解.

(3) 计算表明, 对于情况 (1) 与 (2) 所得到的跃迁概率 $P_{0\to1}$(或 $P_{0\to2}$) 相同. 就是说来自 BC 分子振动能谱中的三级非简谐项对跃迁概率 $P_{0\to1}$(或 $P_{0\to2}$) 无贡献. 这是因为, 利用迭代法求解方程组 (9.97) 时仅取了一次近似解. 为了产生 BC 分子的三级非简谐项对 $P_{0\to1}$(或 $P_{0\to2}$) 的贡献, 必须考虑方程组 (9.97) 的二次近似解 (相应地也需要考虑方程组 (9.94) 的二次近似解).

(4) 本章所介绍的动力学 Lie 代数理论方法结合转动 Sudden 近似来处理原子与转动的双原子分子散射问题并没有困难, 它可以计算转动量子数对振动态跃迁概率的影响. 因为这种近似方法是将分子的角动量算符用其本征值代替, 而转动惯量中的 $1/r^2$ 可以在平衡键长处展开为 Taylor 级数, 因此可以出现振动转动相互作用项.

9.5 分子表面散射的代数描述

在本小节, 应用动力学 Lie 代数理论, 处理 NO 分子在 Ag(111) 表面的转动非弹性散射[8].

9.5.1 模型

假设 NO 分子是一刚性分子. 描述 NO 分子与 Ag(111) 表面散射的波函数为 $\varPsi(t)$, 满足含时 Schrödinger 方程

$$\mathrm{i}\hbar\frac{\partial}{\partial t}\varPsi(t) = \mathcal{H}\varPsi(t), \tag{9.106}$$

描写分子核运动的 Hamilton 量是

$$\mathcal{H} = \frac{1}{2M}P_z^2 + \frac{1}{2I}L^2 + V(z,\theta), \tag{9.107}$$

其中, 双原子分子假设为刚性转子, 其转动惯量是 I, 分子质心到表面的垂直距离记为 z, 分子相对于 z 轴的极角 θ. P_z 和 L 动量和角动量. 分子与表面的相互作用记为 $V(z,\theta)$.

为方便起见, 把分子波函数用 Legendre $P_J(\cos\theta)$ 多项式展开

$$\Psi(z,\theta,t)=\sum_J\sqrt{\frac{2J+1}{2}}P_J(\cos\theta)F_J(z,t), \tag{9.108}$$

其中 $P_J(\cos\theta)$ 是刚性分子的转动基函数, $F_J(z,t)$ 含时间的展开系数. 把上式代入到式 (9.106), 并在方程两端乘 $P^*_{J'}(\cos\theta)$ 并对角度积分后得

$$\mathrm{i}\hbar\frac{\partial}{\partial t}\boldsymbol{F}=[\boldsymbol{H}_0+\boldsymbol{V}]\,\boldsymbol{F}, \tag{9.109}$$

其中

$$\begin{aligned}(\boldsymbol{H}_0)_{J'J}&=\left[\frac{1}{2M}P_Z^2+\frac{J'(J'+1)\hbar^2}{2I}\right]\delta_{J'J},\\(\boldsymbol{V})_{J'J}&=\frac{\sqrt{(2J'+1)(2J+1)}}{2}\langle P_{J'}|V|P_J\rangle,\\(\boldsymbol{F})_{J'J}&=F_{J'J}.\end{aligned} \tag{9.110}$$

这里列向量 $\boldsymbol{F}$ 表示初始转动态. 显然 $\boldsymbol{H}_0$ 在这种处理中是对角的.

分子与表面的相互作用

$$V(z,\theta)=V_0(z)+P_1(\cos\theta)V_1(z)+P_2(\cos\theta)V_2(z), \tag{9.111}$$

其中 $P_l(\cos\theta)$ 是 Legendre 函数,

$$V_0(z)=D[C_1^{(0)}\mathrm{e}^{-2\alpha z}-2C_2^{(0)}\mathrm{e}^{-\alpha z}], \tag{9.112}$$

$$V_1(z)=D[C_1^{(1)}\mathrm{e}^{-2\alpha z}-2C_2^{(1)}\mathrm{e}^{-\alpha z}], \tag{9.113}$$

$$V_2(z)=D[C_1^{(2)}\mathrm{e}^{-2\alpha z}-2C_2^{(2)}\mathrm{e}^{-\alpha z}], \tag{9.114}$$

参数 D 和 α 分别表示势阱深度和 Morse 势的作用范围. 参数 $C_1^{(l)}$, $C_2^{(l)}(l=0,1,2)$ 为上式的系数. $V_0(z)$, $V_1(z)$ 和 $V_2(z)$ 是一般化的 Morse 势. 经过上面的代数运算, 式 (9.106) 可写为

$$\mathrm{i}\hbar\frac{\partial}{\partial t}F_{J'J}(z,t)=\left[\frac{P_Z^2}{2M}+\frac{J'(J'+1)\hbar^2}{2I}+V_{J'J'}\right]F_{J'J}(z,t), \tag{9.115}$$

其中

$$\boldsymbol{V}_{J'J'}=V_0(z)+\langle P_{J'}|P_1|P_{J'}\rangle V_1(z)+\langle P_{J'}|P_2|P_{J'}\rangle V_2(z). \tag{9.116}$$

为方便应用动力学 Lie 代数有效集合的理论方法, 引入

$$z = \frac{\lambda}{2\pi\sqrt{2}}(a^\dagger + a), \tag{9.117}$$
$$P_z = \frac{2\pi\hbar}{\sqrt{2}\lambda}\mathrm{i}(a^\dagger - a),$$

其中 λ 是入射分子的 de Broglie 波长; $a^\dagger$ 和 a 分别是产生和湮灭算符, 其满足如下对易关系

$$[a, a^\dagger] = I. \tag{9.118}$$

基于代数的有效集合理论方法, 式 (9.115) 可写为

$$\mathcal{H} = \mathcal{H}_0 + V \tag{9.119}$$
$$\mathcal{H}_0 = \frac{1}{2M}\left(\frac{2\pi\hbar}{\lambda}\right)^2 a^\dagger a + \frac{J'(J'+1)\hbar^2}{2I}$$
$$V = s_1 a^\dagger + s_2 a + s_3 a^\dagger a + s_4 a^{\dagger 2} + s_5 a^2.$$

其中 $\mathcal{H}_0$ 和 V 自由 Hamilton 量和相互作用. 在相互作用表象中的 Hamilton 量

$$V_I(t) = \mathrm{e}^{\frac{\mathrm{i}}{\hbar}H_0 t} V \mathrm{e}^{-\frac{\mathrm{i}}{\hbar}H_0 t} \tag{9.120}$$
$$= v_1 a^+ + v_2 a + v_4 a^{+2} + v_5 a^2$$
$$\equiv \sum_{k=0}^{5} v_k A_k,$$

这里下标 “I” 代表相互作用表象. 体系的有效代数集合: $A_0 = I, A_1 = a^\dagger, A_2 = a, A_3 = a^\dagger a, A_4 = a^{\dagger 2}, A_5 = a^2$. 并满足如下封闭对易关系:

$$[a, a^+] = I, \quad [a, a^+ a] = a, \tag{9.121}$$
$$[a^+, a^+ a] = -a^+, \quad [a^{+2}, a^+ a] = -2a^{+2},$$
$$[a^2, a^+ a] = 2a^2, \quad [a^2, a^{+2}] = 2I + 4a^+ a,$$
$$[a, a^{+2}] = 2a^+, \quad [a^+, a^2] = -2a,$$

构成动力学 Lie 代数 h_6.

9.5.2 演化算符

在封闭的动力学代数有效集合, 时间演化算符 $U(t, t_0)$ 可写成

$$U(t, t_0) = \mathrm{e}^{-\frac{\mathrm{i}}{\hbar}\sum\limits_{k=0}^{5} u_k(t,t_0) A_k} \equiv \mathrm{e}^T, \tag{9.122}$$

这里 $u_k(t,t_0)(k=0,1,\cdots,5)$ 代表群参量; t_0 和 t 分别表示初始和终态时间. $A_k(k=0,1,\cdots,5)$ 是动力学 Lie 代数 h_6 的代数元, 由如下的方程确定:

$$\frac{\partial}{\partial t}\underline{u}=\left\{\underline{I}-\frac{1}{2}\underline{d}(\underline{u})\right\}\underline{v}, \tag{9.123}$$

其中 $\underline{u}$ 和 $\underline{v}$ 列矢量. 其矩阵元分别是 u_0, u_1, $\cdots$, u_5; $0,v_1,v_2,0,v_4,v_5$. $\underline{d}(\underline{u})$ 是与群参数相关的 6×6 矩阵. $\underline{I}$ 是 6×6 单位算符. 矩阵元 $d_{lk}(\underline{u})$ 有如下的对易关系给出:

$$[T,A_k]=\sum_{l=0}^{5}A_l d_{lk}(\underline{u}), \tag{9.124}$$

其中

$$T=-\frac{\mathrm{i}}{\hbar}\sum_{l=0}^{5}u_l(t,t_0)A_l. \tag{9.125}$$

应用上面的对易关系, 有

$$\underline{d}(\underline{u})=-\frac{\mathrm{i}}{\hbar}\begin{pmatrix} 0 & u_2 & -u_1 & 0 & 2u_5 & -2u_4 \\ 0 & u_3 & -2u_4 & -u_1 & 2u_2 & 0 \\ 0 & 2u_5 & -u_3 & u_2 & 0 & -2u_1 \\ 0 & 0 & 0 & 0 & 4u_5 & -4u_4 \\ 0 & 0 & 0 & -2u_4 & 2u_3 & 0 \\ 0 & 0 & 0 & 2u_5 & 0 & -2u_3 \end{pmatrix}. \tag{9.126}$$

因此, 群参量方程 (9.123) 可写成

$$\begin{aligned} \dot{u}_0 &= -\frac{\mathrm{i}}{2\hbar}\left\{v_2u_2-v_3u_1+2v_5u_5-2v_5u_4\right\}, \\ \dot{u}_1 &= v_1-\frac{\mathrm{i}}{2\hbar}\left\{v_1u_4-2v_2u_4+2v_4u_2\right\}, \\ \dot{u}_2 &= v_2-\frac{\mathrm{i}}{2\hbar}\left\{2v_1u_5-2v_5u_1-v_2u_3\right\}, \\ \dot{u}_3 &= -\frac{\mathrm{i}}{2\hbar}\left\{4v_4u_5-4v_5u_4\right\}, \\ \dot{u}_4 &= v_4-\frac{\mathrm{i}}{\hbar}v_4u_3, \\ \dot{u}_5 &= v_5-\frac{\mathrm{i}}{\hbar}v_5u_4, \end{aligned} \tag{9.127}$$

其中 $\dot{u}_k$ 表示 $u_k(k=0,1,\cdots,5)$ 对时间的导数. 应用时间演化算符的幺正性: $u_0^*=u_0$, $u_1^*=u_2$, $u_3^*=u_3$, $u_4^*=u_5$, 上式的初始条件是 $u_l(t_0,t_0)=0(l=0,1,\cdots,5)$.

因此, 时间演化算符可写为

$$U(t,t_0)=\mathrm{e}^{T}, \tag{9.128}$$

其中

$$\begin{aligned}T=&-\frac{\mathrm{i}}{\hbar}\sum_{k=0}^{5}u_k(t,t_0)A_k \qquad (9.129)\\=&-\frac{\mathrm{i}}{\hbar}\left\{u_0+\frac{1}{\sqrt{2}}\left(\frac{\sqrt{2ME_i}}{\hbar}z-\frac{\mathrm{i}}{\sqrt{2ME_i}}P_z\right)u_1+\frac{1}{\sqrt{2}}\left(\frac{\sqrt{2ME_i}}{\hbar}z+\frac{\mathrm{i}}{\sqrt{2ME_i}}P_z\right)u_2\right.\\&+\frac{1}{2}\left(\frac{\sqrt{2ME_i}}{\hbar}z-\frac{\mathrm{i}}{\sqrt{2ME_i}}P_z\right)\left(\frac{\sqrt{2ME_i}}{\hbar}z+\frac{\mathrm{i}}{\sqrt{2ME_i}}P_z\right)u_3\\&\left.+\frac{1}{2}\left(\frac{\sqrt{2ME_i}}{\hbar}z-\frac{\mathrm{i}}{\sqrt{2ME_i}}P_z\right)^2u_4+\frac{1}{2}\left(\frac{\sqrt{2ME_i}}{\hbar}z+\frac{\mathrm{i}}{\sqrt{2ME_i}}P_z\right)^2u_5\right\}.\end{aligned}$$

E_i 是入射分子的能量转移.

9.5.3 密度算符和散射统计量

与算符 $\hat{B}$ 对应物理量的平均值是

$$\langle B\rangle(t)=\mathrm{Tr}\left\{\rho(t)B\right\}, \tag{9.130}$$

这里 $\mathrm{Tr}\{\rho(t)B\}$ 表示对 $\rho(t)B$ 求迹. 在初始时刻 $t_0=0$, 密度矩阵记为 $\rho(0)$, 其随时间的演化是

$$\rho(t)=U_s(t,0)\rho(0)U_s^{+}(t,0), \tag{9.131}$$

$U_s(t,0)$ 是时间演化算符, 满足

$$U_s(t,0)=\mathrm{e}^{-\frac{\mathrm{i}}{\hbar}\mathcal{H}_0t}U(t,0). \tag{9.132}$$

依据动力学代数理论 $\rho(0)$ 定义为

$$\rho(0)=\mathrm{e}^{-\frac{E_i+s_3}{kT}a^{+}a-\lambda_0}, \tag{9.133}$$

其中 λ_0 是体系的配分函数:

$$\lambda_0=-\ln(1-\mathrm{e}^{-\frac{E_i+s_3}{\kappa T}}), \tag{9.134}$$

式中 k 是 Boltzmann 常数, T 是体系的温度. 为便于计算上式的迹, 可以利用公式:

$$\begin{gathered}a^{\dagger}|n\rangle=\sqrt{n+1}|n+1\rangle,\quad a|n\rangle=\sqrt{n}|n-1\rangle, \qquad (9.135)\\a^{\dagger}a|n\rangle=n|n\rangle,\quad \sum_{n=0}^{\infty}|n\rangle\langle n|=I.\end{gathered}$$

由此, 可得到

$$\begin{aligned}\langle B\rangle(t) &= \sum_{n=0}^{\infty}\langle n|U_s(t,0)\rho(0)U_s^{+}(t,0)B|n\rangle \\ &= \sum_{n=0}^{\infty}\langle n|\rho(0)U^{+}(t,0)\mathrm{e}^{\frac{\mathrm{i}}{\hbar}H_0 t}B\mathrm{e}^{-\frac{\mathrm{i}}{\hbar}H_0 t}U(t,0))|n\rangle,\end{aligned} \tag{9.136}$$

NO/Ag(111) 体系的平动与转动能 (T→ R) 定义为

$$\Delta E = (E_i - E_f)a^{\dagger}a, \tag{9.137}$$

其中 E_i 和 E_f 分别是分子 NO 的初始和终态的能量.

能量转移的平均值为:

$$\begin{aligned}\langle \Delta E\rangle &= \langle (E_i - E_f)a^{+}a\rangle \\ &= \mathrm{Tr}\left\{\rho(0)U^{+}(t,0)\left(E_i - E_f\right)a^{\dagger}aU(t,0)\right\} \\ &= (E_i - E_f)\,\mathrm{Tr}\left\{\rho(0)\left[a^{\dagger}a + \frac{\mathrm{i}}{\hbar}(-u_1 a^{+} + u_2 a - 2u_4 {a^{\dagger}}^2 + 2u_5 a^2\right]\right\} \\ &= (E_i - E_f)\left(1 - \mathrm{e}^{-\frac{E_i+s_3}{kT}}\right)\sum_{n=1}^{\infty}\mathrm{e}^{-\frac{E_i+s_3}{kT}n},\end{aligned} \tag{9.138}$$

其中, 已考虑到

$$U^{+}(t,0)BU(t,0) = B + \frac{\mathrm{i}}{\hbar}\sum_{j=0}^{5}u_j[A_j, B], \tag{9.139}$$

和

$$\mathrm{e}^{\frac{\mathrm{i}}{\hbar}\mathcal{H}_0 t}B\mathrm{e}^{-\frac{\mathrm{i}}{\hbar}\mathcal{H}_0 t} = \mathrm{e}^{\frac{\mathrm{i}}{\hbar}t[ad\mathcal{H}_0]}B. \tag{9.140}$$

相互作用势能的平均值为

$$\begin{aligned}\langle V\rangle(t) &= \mathrm{Tr}\left\{\rho(0)U^{+}(t,0)\mathrm{e}^{\frac{\mathrm{i}}{\hbar}\mathcal{H}_0 t}V\mathrm{e}^{-\frac{\mathrm{i}}{\hbar}\mathcal{H}_0 t}U(t,0)\right\} \\ &= \sum_{n=0}^{\infty}\langle n|\rho(0)U^{+}(t,0)\mathrm{e}^{\frac{\mathrm{i}}{\hbar}\mathcal{H}_0 t}V\mathrm{e}^{-\frac{\mathrm{i}}{\hbar}\mathcal{H}_0 t}U(t,0)|n\rangle \\ &= \left(1 - \mathrm{e}^{-\frac{E_i+s_3}{kT}}\right)\left\{\frac{s_1}{\hbar}\left[u_1^I\cos\frac{E_i+s_3}{\hbar}t - u_1^R\sin\frac{E_i+s_3}{\hbar}t\right]\sum_{n=0}^{\infty}\mathrm{e}^{-\frac{E_i+s_3}{kT}n}\right. \\ &\quad \left. + \frac{s_4}{\hbar}\left[u_4^I\cos\frac{2(E_i+s_3)}{\hbar}t - u_4^R\sin\frac{2(E_i+s_3)}{\hbar}t\right]\sum_{n=0}^{\infty}(2+4n)\mathrm{e}^{-\frac{E_i+s_3}{kT}n}\right\},\end{aligned} \tag{9.141}$$

u^R 和 u^I 分别代表 u 的实部和虚部.

9.5.4 有关结果和讨论

本节具体考虑体系 NO-Ag(111) 相互作用的势能

$$V(z,\theta) = D[(1+0.25P_1-0.166P_2)\mathrm{e}^{-2\alpha z}-(2+0.3625P_1-0.155P_2)\mathrm{e}^{-\alpha z}] \quad (9.142)$$

式中 $D=0.25\mathrm{eV}$, $\alpha=1.5\text{Å}^{-1}$. $P_l(\cos\theta)$ 是第 i 阶 Legendre 多项式. 相应参数 $C_1^{(l)}$, $C_2^{(l)}(l=0,1,2)$ 是 $C_1^{(0)}=1$, $C_2^{(0)}=1$, $C_1^{(1)}=0.25$, $C_2^{(1)}=0.18$, $C_1^{(2)}=-0.166$, $C_2^{(2)}=-0.0775$. 初始转动态选为 $J=0$. 应用上面导出的公式, 对有关数据结果简述如下.

图 9.1 给出了在 $t=25000\text{a.u.}$ 和 $T=500\text{K}$ 时, 平均能量转移随终转动态 J' 的变化. 图 9.1 显示出: 平均能量转移随末态转动量子数 J' 增加而增大. 所计算的能量转移表明微弱的依赖于末转动态.

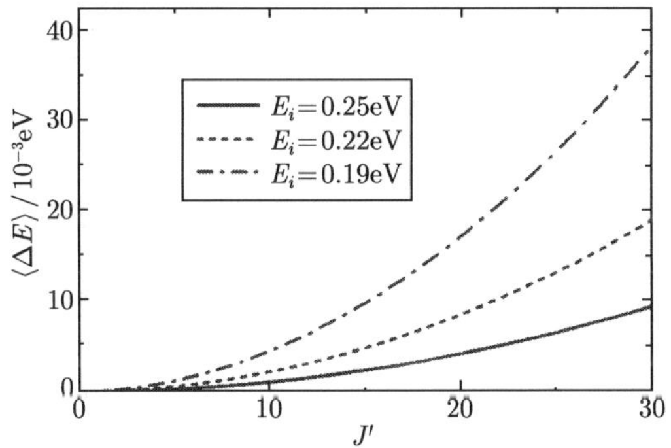

图 9.1 均能量转移随终转动态 J' 的变化

图 9.2 给出了在 $t=25000\text{a.u.}$, $J'=10$ 时, 对选取不同初始平动能时, 平均能量转移随温度的变化. 从图 9.2 可以看出, 平均能量转移随温度的增加而增加.

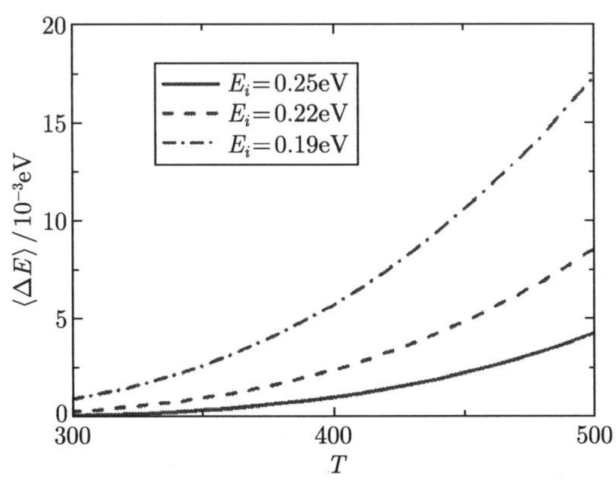

图 9.2 均能量转移随温度的变化

图 9.3 给出了在 $t = 25000\text{a.u.}$, $J' = 10$ 和 $E_i = 0.25\text{eV}$ 时, 体系平均相互作用能随体系温度的变化. 结果显示出: 平均相互作用明显依赖温度.

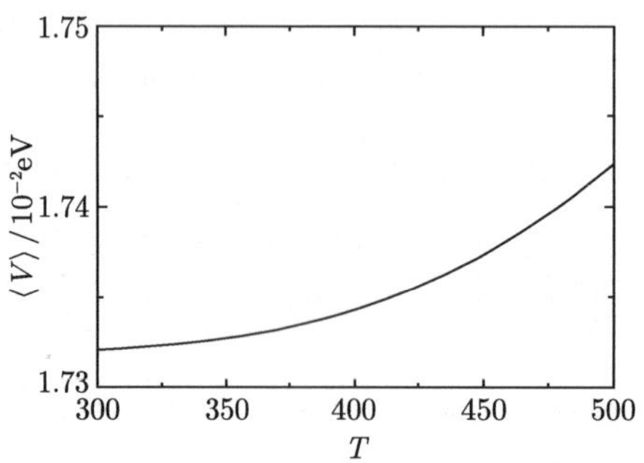

图 9.3　体系平均相互作用能随体系温度的变化

图 9.4 给出了 $t = 25000\text{a.u.}$, $J' = 10$ 和 $T = 500\text{K}$ 时, 平均相互作用能随初始平动能量的变化关系.

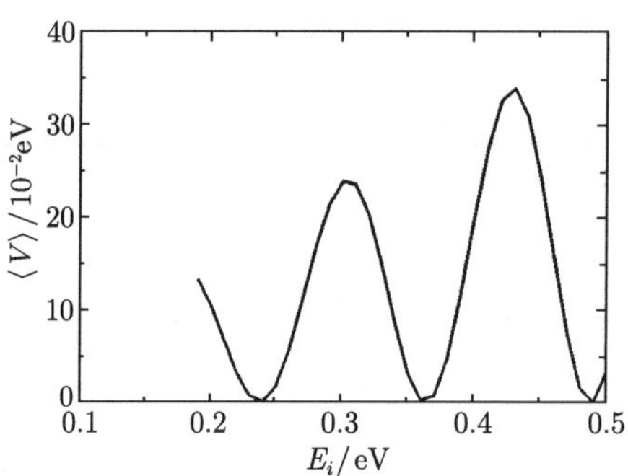

图 9.4　体系平均相互作用能随初始平动能量的变化

图 9.4 表明, 平均相互作用势能显示具有振荡结构. 平均相互作用势能随初始平动能和碰撞时间的关系, 可说明如下：由微观粒子的波粒二象性, 入射粒子可视为一组平面波, 因此, 在相互作用表象下导致相互作用势包含因子 $e^{\frac{i}{\hbar}E_i t}$, 因此它依赖于能量和时间. 上述计算表明：平均相互作用势能 $\langle \Delta V \rangle$ 将导致 V 包含有关的动力学信息而在平均相互作用势能中展现出依赖能量和时间的振荡特性.

在本节, 只给出了 NO 分子在 Ag(111) 表面的转动非弹性散射, 有关用动力学 Lie 代数处理其他动力学过程, 可参看文献 [9]~[16].

参 考 文 献

[1] Herzbery G. Molecular Spectar and Molecular Structure. New York: John Wiley & Sons Ltd, 1950.

[2] 丁世良, 易希璋, 关大任. 将 A-L 理论推广到无限维李代数. 分子科学学报, 1997, 13: 129

[3] 丁世良, 易希璋, 关大任. 共线散射体系 A+BC 的平–振能量传递 —— 无限维李代数处理方法. 分子科学学报, 1997, 13: 205

[4] Ding S. An application of the dynamical Lie algebraic method to energy transfer of the collinear scattering system AB+CD. J. Math. Chem., 1999, 26: 221

[5] Lee T D. Filed Theory and Particle Physics. Amsterdam: Harwood Academic Pub, 1950

[6] Kac V. Infinite Dimensional Groups with Applications. New York: John Wiley & Sons Ltd, 1985

[7] Alhassid Y, Levine R D. Connection between the maximal entropy and the scattering theoretic analyses of collision processes. Phys Rev. A, 1978, 18: 89

[8] Guan D, Yi X, Zheng Y, et al. Statistical mechanics of rotationally inelastic molecule-surface scattering in the dynamical Lie algebraic method. J. Chem. Phys., 2000, 113: 4424

[9] Guan D, Ding S, Yang B, et al. Lie algebraic approach to the collinear collisions between two diatomic molecules. Int. J. Quantum Chem., 1997, 65: 159

[10] Guan D, Yi X, Ding S, et al. A dynamical Lie algebraic mehtod for quantum reactive scattering. Science in China (B), 1998, 41: 460

[11] Lin S, Yi X, Cai L. Lie algebraic approach to scattering of molecules from a solid surface. Chem. Phys., 1992, 160: 163

[12] Guan D , Yi X, Ding S, et al. Application of the Lie algebraic approach to diffractionally and rotationally inelastic molecule-surface scattering. Int. J. Quant. Chem., 1997, 63: 981

[13] Guan D, Yi X, Ding S, et al. Lie algebraic method for vibrational and rotational transitions in inelastic collisions of a molecule with a solid surface. Chem. Phys., 1998, 218: 1

[14] Guan D, Yi X, Zheng Y. Dynamical Lie algebraic approach to rotationally inelastic scattering of molecule from surface. Chem. Phys., 2000, 252: 179

[15] Zheng Y, Yi X, Guan D. Rotationally statistical dynamics inelastic gas-surface scattering: Dynamical Lie algebraic method. Chem. Phys., 2000, 255: 273

[16] Ding S, Yi X. Lie algebraic approach to the scattering system He + H_2. Int. J. Quantum Chem., 1989, 36: 379

第 10 章　分子振动动力学纠缠: 代数模型

随着对量子计算、量子信息等研究的深入, 人们开始研究以分子振动本征态作为量子计算的可能性. 在分子的电子基态下, 分子的势能面通常认为是精确知道的, 并且对分子的低激发态振动的描述可近似采用正则模理论. 在这种情况下, 正则理论可以较好地描述模内以及模间的非谐性等性质. 人们从各个方面对基于分子本征振动态的分子量子计算机和分子量子计算等进行了研究. 例如, 采用量子最优化控制理论对基于分子振动态以及不同电子态的分子振动态的量子计算以及相关性质的研究等[1~7].并同时进行了有关的实验研究[8]. 对激发分子模拟 Turing 机的逻辑运算也进行了理论上的分析[9], 表明: 随着分子体系的非谐性的增加, 其可靠性也随之增加. 量子分子振动计算 (机) 这一研究领域正成为当前非常活跃的研究领域之一. 其中, 实现量子分子计算机的挑战之一是利用纠缠, 因此, 纠缠被认为是量子信息的重要资源. 量子纠缠是量子力学中所特有的现象, 是量子力学最奇特而且"最不可思议" 的特征之一. 量子纠缠在量子信息的存储、传输等方面扮演着极为重要的角色, 并在量子信息处理的量子隐形传态、量子编码及量子纠错、量子密钥分配和量子计算机中具有重要的应用. 导致量子系统产生纠缠的原因可能是类测量过程或者是系统在幺正演化过程中子系统间的相互作用. 虽然, 纠缠的定义本身并不具有动力学的特性, 但是对上述的后者由于动力学的原因产生的纠缠知道的较少. 显然, 对动力学纠缠的一些重要性质, 如其产生率、与子系统间的相互作用以及子系统间的动力学性质的研究具有重要意义. 量子体系的动力学纠缠与其对应经典系统有着密切的关联[10, 11]. 在这一章, 对实际分子体系的量子纠缠和经典混沌间的内秉关系以及它们的特性进行有关的探讨[12]. 分子的 (高) 振转态作为具有较强相互作用的多体体系, 是研究分子振动纠缠特性的一个困难. 分子的代数理论模型则提供了一种计算分子振–转高激发态能谱, 分子势能曲面以及含时相关研究的简洁而高效的理论方法.

在分子内坐标的描述下, 三原子分子有三种振动模式, 即两键的伸缩振动和键角变化的弯曲振动模式. 理论上, 可以将任意一种振动模式看成是量子比特的载体, 这意味着人们可以利用三原子分子的振动构造出单量子比特、双量子比特或者三量子比特的体系. 因此, 研究分子内部两体或者三体纠缠的性质将有助于进一步理解分子振动的动力学特征及其对于量子信息的影响, 同时也会对更加合理的利用量子纠缠这一重要资源提供一些参考.

在分子体系中, 分子内能量的重新分布 (IVR) 会对分子内纠缠产生很大的影响[13], 而且大量的研究已经证明了分子内能量的流动是可以控制的[14], 因此, 讨论能量流动和纠缠的对应关系对深入的理解纠缠的动力学行为以及进一步的控制分子内纠缠有着深刻的意义. 当考虑三原子分子的其中两种振动模式之间的纠缠时, 则剩余的振动模式则是引起该二体体系退相干的重要来源[15]. 由于量子信息和量子计算是建立在量子态的相干性的基础之上的, 因此研究退相干作用下纠缠的演化问题对于实现量子计算也有着十分重要的意义. 此外, 弯曲振动与两种伸缩振动构成的三体纠缠的动力学性质的研究, 对于三量子比特量子计算也有着重要的指导意义. 因此, 本章对分子振动模式之间的纠缠动力学行为以及分子内能量的流动对于纠缠的影响, 退相干作用下两种伸缩振动模式纠缠的动力学行为以及弯曲振动与两种伸缩振动的三体纠缠动力学行为进行考察.

10.1 量子纠缠

10.1.1 量子纠缠态

对一个 (复合) 量子体系, 可以划分为两个 (及以上) 子系统. 纠缠态描述子系统间的不可分离的特性. 一个典型的例子是由两个自旋为 $\frac{1}{2}$ 粒子组成的系统, 自旋单态和自旋三重态均不能简单地表示为两个粒子各自量子态的直积, 从而显示出非经典的量子关联. 纠缠现象不但存在于纯态中, 而且存在于混合态中.

1. 纯态纠缠态

纯态: 能用单一波函数描述的态. 一般的纯态可表述为

$$|\Psi\rangle = \sum_{i=1}^{N} c_i|\psi_i\rangle, \tag{10.1}$$

其中 $|\psi_i\rangle$ 为正交归一基矢, 则 $\sum\limits_{i=1}^{N}|c_i|^2 = 1$.

考虑体系 A 和 B 组成的二体系: 设 A 的一组力学量完全集的共同本征态记为 $|\alpha\rangle$, α 代表一组完备量子数; B 的一组力学量完全集的共同本征态记为 $|\beta\rangle$, β 代表一组完备量子数. 则 $|\alpha\rangle\otimes|\beta\rangle$ 可以作为复合体系 $A+B$ 的一个完备基, 复合体系的任意量子态 $|\Phi\rangle$ 可以表示为它们的线性叠加:

$$|\Phi\rangle = |\alpha\rangle\otimes|\beta\rangle. \tag{10.2}$$

二体系若不能表示成类似上面子体系直积形式的态, 则称为二体系的纠缠态. 这里, A 和 B 量子纠缠的标志表示它们各自都不处于确定的纯态. 上面的定义是对整个量子系统由两个子系统构成而进行的. 这个定义可以推广到多体系或者是多自由度体系. 对于一个由 N 个子系统构成的复合系统, 如果系统的密度矩阵不能写成各个子系统的密度矩阵的直积的线性和的形式, 则这个复合系统就是纠缠的. 实际上, 多体系的量子态最普遍的情况就是纠缠态, 而能够表示成直积形式的非纠缠态只是一种特殊情况. 对于一个多自由度的体系, 对应于不同的自由度的力学量 (彼此对易) 的本征态的直积, 也称为多自由度体系的一个非纠缠态, 而体系的一般状态则是这种直积形式的量子态的线性叠加, 这就构成纠缠态, 用以描述不同自由度的量子态之间的纠缠.

2. 混合态纠缠态

混合态: 系统若干个纯态的非相干混合, 其状态不能简单地用一个态矢来表示. 通常用密度矩阵来描述:

$$\rho(t)=\sum_{i=1}^{N}p_i|\psi_i\rangle\langle\psi_i|, \tag{10.3}$$

其中 $|\psi_i\rangle$ 并不要求正交性, 但 $\sum\limits_{i=1}^{N}p_i=1$.

基于密度矩阵所具有的统计意义, 如果 $\rho(t)$ 可以写为

$$\rho(t)=\sum_{i=1}^{N}p_i\rho_1'\otimes\rho_2'\otimes\cdots\otimes\rho_m', \tag{10.4}$$

其中 $p_i\geqslant 0$, 且 $\sum\limits_{i=1}^{N}p_i=1$. Werner[16] 定义 m 体混合态 $\rho(t)$ 为经典关联态. 它的物理意义是, $\rho(t)$ 具有某一种可能的分解, 可以表示为直积态的凸和. 由密度矩阵的凸性上式也可以等价的写成

$$\rho(t)=\sum_{i=1}^{N}p_i|\psi_1'\rangle\langle\psi_1'|\otimes|\psi_2'\rangle\langle\psi_2'|\otimes\cdots\otimes|\psi_i'\rangle\langle\psi_i'|. \tag{10.5}$$

Werner 解释因为制备同一个混合态有非常多的不同的方法, 说态 $\rho(t)$ 是经典关联的并不意味着 $\rho(t)$ 是按照式 (10.4) 所述的方案制备的, 而仅仅是说, $\rho(t)$ 的统计性质可以用经典机制来产生, 或者说, $\rho(t)$ 是可以局域制备的. 通常将具有分解式 (10.4) (或式 (10.5)) 的态称为可分离态; 若 $\rho(t)$ 不能写成式 (10.4) (或式 (10.5)) 的形式则称为就是纠缠态 (Werner 称为 EPR 关联). 显然, 混合态的直积态也是可分离态.

3. 量子纠缠态的特性

从量子纠缠态的定义可以大体看出其主要特性: ① 在测量坍缩过程中它们表现出一种非局域的关联, 一种没有经典对应的、超时空的关联; ② 量子系统与环境发生的纠缠就是对量子体系的消相干, 它导致了量子信息的丧失.

10.1.2 几种常见的量子纠缠态

在量子信息研究中应用最广泛的几类纠缠态是 Bell 态, GHZ 态, W 态, Werner 态. 简述如下.

1. Bell 态

在两量子位体系的量子纠缠中, 最重要的是如下四个量子态:

$$|\Psi\rangle_{AB}^{\pm}=\frac{1}{\sqrt{2}}\left(|1\rangle_A|0\rangle_B\pm|0\rangle_A|1\rangle_B\right),\qquad(10.6)$$
$$|\Phi\rangle_{AB}^{\pm}=\frac{1}{\sqrt{2}}\left(|1\rangle_A|1\rangle_B\pm|0\rangle_A|0\rangle_B\right),$$

其中 $|\Psi\rangle_{AB}^{-}$ 称为单重态, 具有粒子交换反对称性, 其他三个态称为三重态, 具有粒子交换对称性. 这四个态构成两量子位系统的四维 Hilbert 空间的一组正交完备基, 称作 Bell 基 (也称为 Bell 态). Bell 态是具有最大纠缠度的两量子位纯态, 常称作最大纠缠态, 即不可能通过任何方式再增大它的纠缠度. 处在纠缠态的系统, 在被测量时表现出一种奇特的关联性质, 以处于 Bell 态的单重态的两粒子体系为例:

$$|\Psi\rangle_{AB}^{-}=\frac{1}{\sqrt{2}}\left(|1\rangle_A|0\rangle_B-|0\rangle_A|1\rangle_B\right).\qquad(10.7)$$

这个态具有以下性质: 当系统处于这个态时,

(1) 无论子系 A 或者子系 B 都没有确定的态.

(2) 当以 $\{|0\rangle,|1\rangle\}$ 基进行测量时, 若测得 A 子系的结果为 $|1\rangle$ 态, 则 B 子系必定处于 $|0\rangle$ 态; 当 A 子系测得的结果为 $|0\rangle$ 态, 则 B 子系必定处于 $|1\rangle$ 态, 反之亦然. 即 A 子系总是处于与 B 子系相反的态中.

(3) 上述结论与这两个子系之间的空间距离无关, 即使 A, B 两系统相隔非常遥远, 上述的关联仍然存在. 这种奇特的关联是没有经典对应的量子现象, 体现了量子力学的非局域性质.

2. GHZ 态和 W 态

纠缠态还可以存在于多体系统中. 在三量子体系中两类重要的纠缠态是 Greenberger-Horner-Zeilinger 态 (GHZ 态) 和 W 态. GHZ 态的形式如下:

$$|\Psi\rangle=\frac{1}{\sqrt{2}}\left(|1\rangle|1\rangle|1\rangle+|0\rangle|0\rangle|0\rangle\right).\qquad(10.8)$$

GHZ 态也具有和 Bell 态类似的关联性质, 即当测的其中一个粒子的态是 $|1\rangle$ 态, 其他两个粒子必定在 $|1\rangle$ 态上, 如果测得其中一个粒子的态为 $|0\rangle$ 态时, 其余两个粒子必定处在 $|0\rangle$ 态上. 这一点使得它与 Bell 态一样成为检验量子力学非局域性质中常用的一个态. 三粒子纠缠态中还有一种不同于 GHZ 态的纠缠形式:

$$|\Psi\rangle = \frac{1}{\sqrt{3}}\left(|1\rangle|0\rangle|0\rangle + |0\rangle|1\rangle|0\rangle + |0\rangle|0\rangle|1\rangle\right). \tag{10.9}$$

称为 W 态. W 态与 GHZ 态不能通过局域操作和经典通信 (LOCC) 相互转换. 在许多方面, GHZ 态可以被看成三粒子的最大纠缠态, 然而, 当三个粒子处于 GHZ 态时, 如果丢失三个粒子中的任何一个, 剩余两个粒子将完全解纠缠, 因此 GHZ 态的纠缠特性对于粒子丢失是非常脆弱的. 相反, W 态和其他任何三粒子态 (无论是纯态还是混合态) 相比, 在对其中任何一个粒子进行处理后, 剩余的密度矩阵内 ρ_{AB}, ρ_{BC} 和 ρ_{CA} 将继续保持最大可能的纠缠数量, 因此对于 W 态来说, 即使丢失其中的一个粒子, 剩余的两个粒子仍然保持纠缠态. 对于多粒子体系, W 态仍然具有这种特性, 甚至当 N 个粒子中的 $N-2$ 个粒子丢失了它们的粒子信息, W 态中剩余的粒子还是保持纠缠的, 这意味着, N 个粒子中的任何 2 个粒子不依赖于另外的 $N-2$ 个粒子, 无论这 $N-2$ 个粒子是否和它们合作, 这两个粒子还是纠缠的.

3. Werner 态

在混合纠缠态中研究得比较多的一类态是 Werner 态[16], 一般可以由 Bell 态通过对称操作形成, 具体形式为

$$\rho_\omega = F|\Psi^-\rangle\langle\Psi^-| + \frac{1-F}{3}|\Psi^+\rangle\langle\Psi^+| + |\Psi^-\rangle\langle\Psi^-||\Psi^+\rangle\langle\Psi^+|, \tag{10.10}$$

其中系数 F 表示 Werner 态的忠实度, 且 $0 < F < 1$, 当 $F > 1/3$ 时, Werner 态存在纠缠. Werner 态在纠缠纯化的研究中有着重要应用.

10.1.3 量子纠缠的度量

量子纠缠不仅可验证量子力学的基本问题, 而且在量子信息中有广泛的应用. 因此, 对量子纠缠定性和定量的描述显得尤为重要. 从量子信息论的观点看, 量子纠缠总是强调不同粒子的量子态之间的纠缠, 而不是指单个粒子不同自由度的波函数之间的耦合. 同时, 量子纠缠又表现为粒子态之间的关联, 但粒子间的关联并不一定等于它们之间存在着纠缠. 为了定量地描述纠缠现象, 引入纠缠度的概念. 所谓纠缠度是指所研究的纠缠态所携带纠缠的量的多少, 对纠缠度的描述, 实质上是对不同纠缠态之间建立定量的可比关系. 由于考察角度的不同, 所引入的纠缠度定义也不唯一, 分别有不同的用途, 也不完全相互吻合. 但是, 作为量子纠缠的定量描述, 不论如何定义, 都应当满足以下几个基本要求[17]:

(1) 可分离态的纠缠度应为 0.

(2) 对任一组分粒子进行的任何局域幺正变换 (LU) 不应改变纠缠度; 亦即 LU 等价的态应有相同的纠缠度.

(3) 在各参加方的各自局域操作以及他们彼此间的经典通信 (LOCC) 以便交换信息调整各自操作这一大类操作之下, 表征整个系统量子特性的纠缠度不应增加.

(4) 对于直积态, 纠缠度应当是可加的.

度量量子纠缠的定义有很多, 如冯・诺伊曼熵 (von Neuman entropy)、线性熵 (linear entropy)、Renyi 熵 (Renyi entropy), 负性纠缠 (negativity), 共生纠缠度 (concurrence), 形成纠缠度 (entanglement of formation)、可提纯纠缠度 (entanglement of distillation)、相对熵纠缠度 (the relative entropy of entanglement) 等[18~25]常用熵表征量子动力学不确定性, 之所以用熵来表征纠缠度, 是因为熵的物理意义是表征系统局域的混乱程度. 态纠缠的越厉害, 从局部看上去 "局部态" 的 "不确定程度" 就越大. 纯态的量子熵为零, 因此纠缠纯态的局部一定比整体更混乱, 这是典型的量子特性. 从态的构成和提纯的观点来看, 熵是两体纯态唯一合理的纠缠度定义[26~29].

在这里介绍几种常见的两体纠缠的度量办法.

1. 约化熵纠缠度

当两体系统处于纯态 ρ_{AB} 时, 约化熵纠缠度 $E_v(\rho_{AB})$ 就可以用其中一个子体系的 von Neumann 熵来定义:

$$E_v(\rho_{AB})=S_v(\rho_A)=S_v(\rho_B), \tag{10.11}$$

$S_v(\rho_A)$ 或者 $S_v(\rho_B)$ 为子体系 A 或 B 的 von Neumann 熵[30]:

$$S_v(\rho_A)=-\mathrm{Tr}_A(\rho_A\ln\rho_A), \tag{10.12}$$

$$\rho_A=\mathrm{Tr}_B(\rho_{AB}).$$

其中 $\mathrm{Tr}_{A(B)}$ 表示对子体系 $A(B)$ 部分求迹. 如果 ρ_A 的本征值是 λ_i, von Neumann 熵可以改写为

$$S_v(\rho_A)=-\sum_i\lambda_i\lg\lambda_i. \tag{10.13}$$

两体混态的情况下, von Neumann 熵可以推广得到互熵, 定义如下:

$$E_I=S_v(\rho_A)+S_v(\rho_B)-S_v(\rho_{AB}). \tag{10.14}$$

线性熵 (linear entropy) 是对于 von Neumann 熵的一种简化表述, 它可以表述为[24]

$$S_l(\rho_A)=1-\mathrm{Tr}_A(\rho_A^2). \tag{10.15}$$

当选择用熵来度量纠缠时, 它还描述子系统局域的混乱程度, 因此, 子体系之间的纠缠程度越高, 从局部上看则表现为子体系的混乱程度越高.

2. 结构纠缠

对于任何一个密度矩阵, 可以把它表示为 $\rho = \sum_i P_i|\psi_i\rangle\langle\psi_i|$. 则, 对于该密度矩阵所有可能的分解方式, 可以将结构纠缠定义为如下的形式[31]:

$$E_F = \min_{P_i|\psi_i\rangle} \sum_i S_v(|\psi_i\rangle). \tag{10.16}$$

其中 S_v 表示单位约化密度矩阵的 von Neumann 熵. 对于纯态时, 结构纠缠就等于 von Neumann 熵.

两体量子态的结构纠缠的计算有一定的难度, 但是在体系维度为 2×2 时, 可以得到解析的结构纠缠[32], 形式如下:

$$E_F(\rho_{AB}) = H\left(\frac{1+\sqrt{1-C^2(\rho_{AB})}}{2}\right). \tag{10.17}$$

其中, H 函数定义如下:

$$H(p) = -p\log_2 p - (1-p)\log_2(1-p). \tag{10.18}$$

而 C 就是通常所说的共生纠缠, 在密度矩阵维度时 2×2 的情况下, C 的解析表达式如下[33]:

$$C(\rho_{AB}) = \max\{0, \lambda_1 - \lambda_2 - \lambda_3 - \lambda_4\}. \tag{10.19}$$

其中, λ_i 是算子 $\rho_{AB}^{1/2}\widetilde{\rho}_{AB}\rho_{AB}^{1/2}$ 的本征值的平方根. 而在高维的情形下, 共生纠缠可以拓展为如下的形式[34]:

$$C_\psi = \sqrt{\langle\psi|\psi\rangle - T_r\rho^2}. \tag{10.20}$$

3. 负性纠缠度

负性纠缠 (negativity) 是一种计算简单且能够应用于混态的一种量子纠缠的度量. 它是 Zyczkowski 等[35] 在 1998 年依据 PPT 判据所引入的, 而 Vidal 和 Werner[36] 将之命名为 negativity. 对于两体体系的密度矩阵 ρ_{AB}, 其负性纠缠可以写为

$$\mathcal{N}_e = \max(0, -\mu_{\min}), \tag{10.21}$$

其中 $\mu_{\min}$ 是 ρ_{AB} 部分转置之后的最小本征值, 密度矩阵 ρ_{AB} 的部分转置为

$$\rho_{i\alpha,j\beta}^{T_2}=\rho_{i\beta,j\alpha},\tag{10.22}$$

其中 T_2 代表了对于第二个子体系部分转置.

在下面的讨论中, 采用线性熵作为纠缠的度量.

10.1.4 可分判据

可分性判据是量子纠缠研究的一个重要组成部分, 它所要解决的问题就是去判断给定的量子态 ρ 是一个纠缠态还是一个可分离态. 例如, Bell 不等式就可以作为一个可分性判据, 在 Werner[16] 的工作中指出可分态应该满足所有的 Bell 不等式. 尽管可分性判据在数学上存在有很大的困难, 但是人们还是取得了很大的进展. 下面介绍几种重要的可分性判据.

1. PPT 判据

PPT (positive partial transpose) 判据, 即所谓的部分转置正定判据, 它被认为是一种具有实际操作性的可分判据. 对一个两体体系 AB, 其密度矩阵用 ρ_{AB} 标记. 对密度矩阵进行部分转置,

$$\sigma_{i\alpha,j\beta}^{T_2}=\rho_{i\beta,j\alpha},\tag{10.23}$$

得到一个新矩阵 σ. 在 A, B 两子体系的密度矩阵均为 2×2 矩阵时, Peres[26] 证明如果 ρ 为可分离态, 则 σ 满足正定要求, 即 σ 也是一个密度矩阵. 因此, 部分转置操作之后的密度矩阵仍是正定的成为量子态可分的一个必要条件. 在之后的工作中, 将这种可分性判据推广到高维度情况[27].

2. 约化判据

Horodecki 和 Cerf[28] 在 1999 年提出了另外一种可分性判据, 称为约化判据: 当一个两体约化密度矩阵 ρ_{AB} 是可分离态时, 则其必然满足

$$\begin{aligned}&\rho_A\otimes I-\rho_{AB}\geqslant 0\\&I\otimes\rho_B-\rho_{AB}\geqslant 0.\end{aligned}\tag{10.24}$$

对于子系统是 2×2 的情况, 约化判据和 PPT 判据是等价的, 但是对于高维的情况, PPT 判据的适用范围更广.

这两种判据之外, 还有很多的可分性判据, 如控制判据[25]、可以识别束缚纠缠态的重排判据[29] 等. 目前这些判据多是针对低维两体体系, 对于高维多体的量子态的可分性研究则还没有很大的进展. 依据这些判据人们能给出纠缠的度量方案.

10.1.5　李雅普诺夫函数

李雅普诺夫方法 (Lyapunov method) 常被用于研究系统的稳定性和计算系统的动力学特性 (收敛速率、稳定区域、可积标准). Pykh[37] 证明了李雅普诺夫函数能被用于研究系统的多样性, 包括:

(1) 估算生物系统的平衡分布, 限制态的变化范围;

(2) 定义非线性系统的性能指标;

(3) 被用于测量在微扰状态下的回复到平衡位置的速度;

(4) 用于描述两个不同种类 (状态) 分布的距离.

关于李雅普诺夫函数的定义有很多, Mirrahimi 等[38] 定义的李雅普诺夫函数是

$$\mathcal{L} = \frac{1}{2}\left\|\langle \Phi | \Psi \rangle\right\|, \tag{10.25}$$

在其基础上定义为

$$\mathcal{L} = 1 - \left|\langle \Phi | \Psi \rangle\right|^2, \tag{10.26}$$

上述定义都是用于研究在线性系统中对目标态的控制. 在此基础上定义:

$$\mathcal{L} = 1 - \left|\langle \Phi(t) | \Phi(0) \rangle\right|^2, \tag{10.27}$$

用于研究随时间演化后的态与初态之间的 “距离”.

10.2　分子振动纠缠动力学

本节介绍所要研究的两个系统的量子体系的动力学纠缠：可积二聚体和实对称小分子.

10.2.1　模型

可积二聚体的 Hamilton 量为

$$\begin{aligned}\mathcal{H} =& \frac{5}{4} + \frac{3}{2}(a_1^\dagger a_1 + a_2^\dagger a_2) \\ &+ \frac{1}{2}\left[(a_1^\dagger a_1)^2 + (a_2^\dagger a_2)^2\right] + c(a_1^\dagger a_2 + a_2^\dagger a_1) \\ \equiv& \mathcal{H}_0 + \mathcal{H}_1,\end{aligned} \tag{10.28}$$

其中

$$\begin{aligned}\mathcal{H}_0 =& \frac{5}{4} + \frac{3}{2}(a_1^\dagger a_1 + a_2^\dagger a_2) \\ &+ \frac{1}{2}[(a_1^\dagger a_1)^2 + (a_2^\dagger a_2)^2 + 2a_1^\dagger a_1 a_2^\dagger a_2], \\ \mathcal{H}_1 =& -a_1^\dagger a_1 a_2^\dagger a_2 + c(a_1^\dagger a_2 + a_2^\dagger a_1).\end{aligned} \tag{10.29}$$

式中 a_i 和 $a_i^\dagger$ $(i=1,2)$ 是玻色子产生算符和湮灭算符. 容易证明 $\mathcal{H}_0$ 和 $\mathcal{H}_1$ 是对易的, 即

$$[\mathcal{H}_0,\mathcal{H}_1]=0. \tag{10.30}$$

Hamilton 量式 (10.28) 表明总的玻色子数 $N=n_1+n_2$ 是守恒的, 其中 $n_i=a_i^\dagger a_i$ $(i=1,2)$ 是键 (site) 上的玻色子数. 量子数 N 可以是凝聚态的总粒子数, 也可以是总的光子数. 同时, 代数 Hamilton 量式 (10.28) 也可以用于描述分子振动态.

用局域模式对 ABA 小分子进行研究[39], 包括具有强耦合相互作用的简正模式小分子体系. 对称小分子体系振动的 Hamilton 量为

$$\begin{aligned}\mathcal{H}=&\omega_0(n_1+n_2+1)\\&+\frac{\alpha}{2}\left[\left(n_1+\frac{1}{2}\right)^2+\left(n_2+\frac{1}{2}\right)^2\right]\\&+\alpha_{12}\left(n_1+\frac{1}{2}\right)\left(n_2+\frac{1}{2}\right)\\&+\frac{1}{2}\left[\beta+\frac{\varepsilon}{2}(n_1+n_2+1)\right](a_1^\dagger a_2+a_2^\dagger a_1)\\&+\delta'(a_1^\dagger a_1^\dagger a_2a_2+a_2^\dagger a_2^\dagger a_1a_1)\\\equiv&\mathcal{H}_0+\mathcal{H}_1,\end{aligned} \tag{10.31}$$

其中定义

$$\mathcal{H}_0=\omega_0(n_1+n_2+1),\quad 并且\quad \mathcal{H}_1=\mathcal{H}-\mathcal{H}_0. \tag{10.32}$$

对于所要研究的 Hamilton 量可以分解成 $\mathcal{H}=\mathcal{H}_0+\mathcal{H}_1$, 并且 $\mathcal{H}_0$ 和 $\mathcal{H}_1$ 是对易, 体系的演化算符可以写成:

$$\begin{aligned}U(t)\equiv&\mathrm{e}^{-\mathrm{i}t\mathcal{H}}=\mathrm{e}^{-\mathrm{i}t\mathcal{H}_0}\mathrm{e}^{-\mathrm{i}t\mathcal{H}_1}\\\equiv&U_0(t)U_1(t).\end{aligned} \tag{10.33}$$

10.2.2　熵的计算

由上面的计算知, 分子体系振动的波函数可以写为

$$\begin{aligned}|\psi(t)\rangle=&\mathrm{e}^{-\mathrm{i}t\mathcal{H}}|\psi(0)\rangle\\=&\mathrm{e}^{-\mathrm{i}t\mathcal{H}_0}\mathrm{e}^{-\mathrm{i}t\mathcal{H}_1}|\psi(0)\rangle\\\equiv&U_0(t)U_1(t)|\psi(0)\rangle,\end{aligned} \tag{10.34}$$

在本节, 考虑分子振动的纠缠动力学, 对 t 时刻, 体系的波函数 $|\psi(t)\rangle$, 则体系的密度矩阵为

$$\rho(t)=|\psi(t)\rangle\langle\psi(t)|. \tag{10.35}$$

相应的约化密度矩阵则可以写成

$$\rho_1(t) = \mathrm{Tr}_2\rho(t) = \mathrm{Tr}_2|\psi(t)\rangle\langle\psi(t)|, \tag{10.36}$$

其中 Tr_2 表示对子系统 2 求部分迹.

表示体系纠缠量度的线形熵 $\mathcal{S}_l(t)$, von Neumann 熵 $\mathcal{S}_n(t)$ 则定义如下:

$$\begin{aligned}\mathcal{S}_l(t) &= 1 - \mathrm{Tr}_1\rho_1(t)^2, \\ \mathcal{S}_n(t) &= -\mathrm{Tr}_1[\rho_1(t)\ln\rho_1(t)].\end{aligned} \tag{10.37}$$

对有关体系稳定性以及相关特性的研究有时会用 Lyapunov 函数的方法. 其中, Lyapunov 函数是被用来表示体系稳定性的一个度量. 在这里, 借用 Lyapunov 函数 $\mathcal{V}(t)$ 描述终态 $|\psi(t)\rangle$ 与初态 $|\psi(0)\rangle$ 在时刻 t 时的 "距离":

$$\mathcal{V}(t) = 1 - |\langle\psi(0)|\psi(t)\rangle|^2. \tag{10.38}$$

从上述定义可以看出, Lyapunov 函数取 0 值的时间表示体系的回归时间.

下面给出可积二聚体和对称小分子在两种不同初态: Fock 态和相干态时的解析结果.

1. *初态为 Fock 态*

此时初态可写为

$$|\psi(0)\rangle = |n_0\rangle \otimes |N - n_0\rangle \equiv |n_0, N - n_0\rangle, \tag{10.39}$$

这里 n_0 可取 0 到 N 间的任意整数.

1) 可积二聚体

考虑到产生和湮灭算符的基本关系:

$$\begin{aligned}a^\dagger|n\rangle &= \sqrt{n+1}|n+1\rangle, \\ a|n\rangle &= \sqrt{n}|n-1\rangle,\end{aligned} \tag{10.40}$$

以及 Hamilton 量 $\mathcal{H}_0$ 和 $\mathcal{H}_1$ 对 Fock 态 $|n_1, n_2\rangle$ 的如下作用:

$$\mathcal{H}_0|n_1, n_2\rangle = \left(\frac{5}{4} + \frac{3}{2}N + \frac{1}{2}N^2\right)|n_1, n_2\rangle, \tag{10.41}$$

$$\begin{aligned}\mathcal{H}_1|n_1, n_2\rangle = &-n_1n_2|n_1, n_2\rangle \\ &+c\sqrt{(n_1+1)n_2}|n_1+1, n_2-1\rangle \\ &+c\sqrt{n_1(n_2+1)}|n_1-1, n_2+1\rangle,\end{aligned} \tag{10.42}$$

可以得到如下的解析结果:

时间演化算符 U_0 作用在 Fock 态 $|n_1,n_2\rangle$

$$U_0|n_1,n_2\rangle = \mathrm{e}^{-\mathrm{i}t\left(\frac{5}{4}+\frac{3}{2}N+\frac{1}{2}N^2\right)}|n_1,n_2\rangle, \tag{10.43}$$

而时间演化算符 U_1 作用在 Fock 态 $|n_1,n_2\rangle$ 上的结果为

$$\begin{aligned} U_1(t)|n_0,N-n_0\rangle &\equiv \mathrm{e}^{-\mathrm{i}t\mathcal{H}_1}|n_0,N-n_0\rangle \\ &= \sum_{k=0}^{\infty}\frac{(-\mathrm{i}t)^k}{k!}\mathcal{H}_1^k|n_0,N-n_0\rangle \\ &= \sum_{k=0}^{\infty}\sum_{l=\zeta}^{\xi}C_k^{(l)}(t)|n_0+l,N-n_0-l\rangle \\ &= \sum_{l=-n_0}^{N-n_0}P^{(l)}(t)|n_0+l,N-n_0-l\rangle, \end{aligned} \tag{10.44}$$

其中 $\zeta=\max\{-k,-n_0\}$, $\xi=\min\{k,N-n_0\}$, $P^{(l)}(t)=\sum\limits_{k=|l|}^{\infty}C_k^{(l)}(t)$. 表达式 $C_k^{(l)}(t)$ 递推关系为

$$\begin{aligned} C_k^{(l)}(t) = -\frac{\mathrm{i}t}{k}\cdot\Big\{&-(n_0+l)(N-n_0-l)C_{k-1}^{(l)}(t) \\ &+c\sqrt{(n_0+l+1)(N-n_0-l)}C_{k-1}^{(l+1)}(t) \\ &+c\sqrt{(n_0+l)(N-n_0-l+1)}C_{k-1}^{(l-1)}(t)\Big\}, \end{aligned} \tag{10.45}$$

其中 $k=0,1,2,\cdots,\infty$, 且对 $k=0$ 有 $C_0^{(l)}(t)=\delta_{0,l}$.

体系波函数可写成

$$|\psi(t)\rangle = \mathrm{e}^{-\mathrm{i}t\left(\frac{5}{4}+\frac{3}{2}N+\frac{1}{2}N^2\right)}\sum_{l=-n_0}^{N-n_0}P^{(l)}(t)|n_0+l,N-n_0-l\rangle. \tag{10.46}$$

2) 对称小分子

对小分子, 可以用与前面研究二聚体相似的过程来获得以 Fock 态为初态的波函数的解析表达式. 波函数可以写成与式 (10.46) 形式一致, 但 $P^{(l)}(t)$ 不同, 其结果如下:

$$P^{(l)}(t) = \sum_{k=|l|}^{\infty}C_k^{(l)}(t), \tag{10.47}$$

其中 $C_k^{(l)}(t)$ 的递推关系如下:

$$
\begin{aligned}
C_k^{(l)}(t)=&\frac{-\mathrm{i}t}{k}\cdot\left\{\left[\frac{\alpha}{2}\left(\left(n_0+l+\frac{1}{2}\right)^2+\left(N-n_0-l+\frac{1}{2}\right)^2\right)\right.\right.\\
&\left.+\alpha_{12}\left(n_0+l+\frac{1}{2}\right)\left(N-n_0-l+\frac{1}{2}\right)\right]C_{k-1}^{(l)}(t)\\
&+c\sqrt{(n_0+l+1)(N-n_0-l)}C_{k-1}^{(l+1)}(t)\\
&+c\sqrt{(n_0+l)(N-n_0-l+1)}C_{k-1}^{(l-1)}(t)\\
&+\delta'\sqrt{(n_0+l+2)(N-n_0-l-1)(n_0+l+1)(N-n_0-l)}C_{k-1}^{(l+2)}(t)\\
&\left.+\delta'\sqrt{(n_0+l-1)(N-n_0-l+2)(n_0+l)(N-n_0-l+1)}C_{k-1}^{(l-2)}(t)\right\},
\end{aligned}
\tag{10.48}
$$

$c=\dfrac{1}{2}\left[\beta+\dfrac{\varepsilon}{2}(N+1)\right]$, $k=0,1,2,\cdots,\infty$, $k=0$ 时 $C_0^{(l)}(t)=\delta_{0,l}$.

上述两个不同体系统一的形式将给计算带来很多方便, 体系的密度矩阵:

$$
\begin{aligned}
\rho(t)=&|\psi(t)\rangle\langle\psi(t)|\\
=&\sum_{l=-n_0}^{N-n_0}\sum_{l'=-n_0}^{N-n_0}P^{(l)}(t)P^{(l')}(t)^*\\
&\cdot|n_0+l,N-n_0-l\rangle\langle n_0+l',N-n_0-l'|.
\end{aligned}
\tag{10.49}
$$

对子系统 (键 2) 的约化密度矩阵为

$$
\begin{aligned}
\rho_1(t)=&\mathrm{Tr}_2\rho(t)\\
=&\sum_{n_2}\langle n_2|\rho(t)|n_2\rangle\\
=&\sum_{l=-n_0}^{N-n_0}\sum_{l'=-n_0}^{N-n_0}P^{(l)}(t)P^{(l')}(t)^*|n_0+l\rangle\langle n_0+l'|\delta_{l,l'}\\
=&\sum_{l=-n_0}^{N-n_0}|P^{(l)}(t)|^2|n_0+l\rangle\langle n_0+l|.
\end{aligned}
\tag{10.50}
$$

此时约化密度矩阵 $\rho_1(t)$ 是对角的. $|P^{(l)}(t)|^2$ 是态 $|n_0+l,N-n_0-l\rangle$ 在时刻 t 的概率, 并有 $\sum_l|P^{(l)}(t)|^2=1$. 线性熵 $\mathcal{S}_l(t)$、von Neumann 熵 $\mathcal{S}_n(t)$ 以及 Lyapunov 函数 $\mathcal{V}(t)$ 可分别计算如下:

$$
\begin{aligned}
\mathcal{S}_l(t)=&1-\mathrm{Tr}_1\rho_1(t)^2\\
=&1-\sum_{l=-n_0}^{N-n_0}|P^{(l)}(t)|^4,
\end{aligned}
\tag{10.51}
$$

$$\begin{aligned}\mathcal{S}_n(t) &= -\mathrm{Tr}_1[\rho_1(t)\ln\rho_1(t)] \\ &= -\sum_{l=-n_0}^{N-n_0}|P^{(l)}(t)|^2\ln|P^{(l)}(t)|^2,\end{aligned} \tag{10.52}$$

和

$$\mathcal{V}(t) = 1 - |\langle\psi(0)|\psi(t)\rangle|^2 = 1 - |P^{(0)}(t)|^2. \tag{10.53}$$

其长时间平均值如下:

$$\begin{aligned}\langle\mathcal{S}_l\rangle &= \frac{1}{T}\int_0^T \mathcal{S}_l(t)\mathrm{d}t, \\ \langle\mathcal{S}_n\rangle &= \frac{1}{T}\int_0^T \mathcal{S}_n(t)\mathrm{d}t, \\ \langle\mathcal{V}\rangle &= \frac{1}{T}\int_0^T \mathcal{V}(t)\mathrm{d}t.\end{aligned} \tag{10.54}$$

2. 初态为相干态

考虑初态为相干态直积形式的非纠缠态的情况, 它的定义为

$$|\psi(0)\rangle = \mathrm{e}^{\frac{-|\alpha|^2-|\beta|^2}{2}}\sum_{n,m}\frac{\alpha^n}{\sqrt{n!}}\frac{\beta^m}{\sqrt{m!}}|n,m\rangle, \tag{10.55}$$

其中 α 和 β 是相干态键上的幅度 (相干幅度), n 和 m 可以是玻色子数 (对可积二聚体) 或者振动量子数 (对小分子体系), $n+m=N$. α 和 β 可以是取任意的复数, 在这里让 $\alpha=\beta$ 并且限定为实数. 这样相干初态可以写为叠加的形式:

$$\begin{aligned}|\psi(0)\rangle &= \mathrm{e}^{-\alpha^2}\sum_{N=0}^{\infty}\sum_{n_1,n_2=0}^{N}\frac{\alpha^N}{\sqrt{n_1!n_2!}}|n_1,n_2\rangle \\ &= \sum_{N=0}^{\infty}\sum_{n_0=0}^{N}\mathcal{A}_{n_0,N-n_0}|n_0,N-n_0\rangle,\end{aligned} \tag{10.56}$$

其中 $\mathcal{A}_{n_0,N-n_0} = \mathrm{e}^{-\alpha^2}\dfrac{\alpha^N}{\sqrt{n_0!(N-n_0)!}}$.

与初态是 Fock 的情形类似, 随时间演化的波函数

$$\begin{aligned}|\psi(t)\rangle &= \mathrm{e}^{-\mathrm{i}t\mathcal{H}}\sum_{N=0}^{\mathcal{N}_{\max}}\sum_{n_0=0}^{N}\mathcal{A}_{n_0,N-n_0}|n_0,N-n_0\rangle \\ &= \mathrm{e}^{-\mathrm{i}t\mathcal{H}_0}\cdot\sum_{N=0}^{\mathcal{N}_{\max}}\sum_{n=0}^{N}P_{n,N-n}(t)|n,N-n\rangle,\end{aligned} \tag{10.57}$$

其中 $P_{n,N-n}(t)=\sum_{k=0}^{\infty}C_k^{n,N-n}(t)$. 对可积二聚体, $C_k^{n,N-n}(t)$ 的递推关系是

$$\begin{aligned}C_k^{n,N-n}(t)=&-\frac{\mathrm{i}t}{k}\cdot\Big\{-n(N-n)C_{k-1}^{n,N-n}(t)\\&+c\sqrt{(n+1)(N-n)}C_{k-1}^{n+1,N-n-1}(t)\\&+c\sqrt{n(N-n+1)}C_{k-1}^{n-1,N-n+1}(t)\Big\}.\end{aligned}\tag{10.58}$$

而对小分子体系, 则是

$$\begin{aligned}C_k^{n,N-n}(t)=&\frac{-\mathrm{i}t}{k}\cdot\left\{\left[\frac{\alpha}{2}\left(\left(n+\frac{1}{2}\right)^2+\left(N-n+\frac{1}{2}\right)^2\right)\right.\right.\\&\left.+\alpha_{12}\left(n+\frac{1}{2}\right)\left(N-n+\frac{1}{2}\right)\right]C_{k-1}^{n,N-n}(t)\\&+c\sqrt{(n+1)(N-n)}C_{k-1}^{n+1,N-n-1}(t)+c\sqrt{n(N-n+1)}C_{k-1}^{n-1,N-n+1}(t)\\&+\delta'\sqrt{(n+2)(N-n-1)(n+1)(N-n)}C_{k-1}^{n+2,N-n-2}(t)\\&\left.+\delta'\sqrt{(n-1)(N-n+2)n(N-n+1)}C_{k-1}^{n-2,N-n+2}(t)\right\},\end{aligned}\tag{10.59}$$

其中 $c=\frac{1}{2}\left[\beta+\frac{\varepsilon}{2}(N+1)\right]$.

在式 (10.58) 和式 (10.59) 中, $k=0,1,2,\cdots,\infty$, $n_0=0,1,2,\cdots,N$. 对 $k=0$ 有 $C_0^{n_0,N-n_0}(t)=\mathcal{A}_{n_0,N-n_0}$.

相应的密度矩阵为

$$\begin{aligned}\rho(t)=&|\psi(t)\rangle\langle\psi(t)|\\=&\sum_{N,N'=0}^{\mathcal{N}_{\max}}\sum_{n=0}^{N}\sum_{n'=0}^{N'}P_{n,N-n}(t)P^*_{n',N'-n'}(t)\\&\cdot|n,N-n\rangle\langle n',N'-n'|,\end{aligned}\tag{10.60}$$

对应子系统 2 的约化密度矩阵是

$$\begin{aligned}\rho_1(t)=&\mathrm{Tr}_2\rho(t)\\=&\sum_{n_2}\langle n_2|\rho(t)|n_2\rangle\\=&\sum_{N,n}\sum_{N',n'}P_{n,N-n}(t)P^*_{n',N'-n'}(t)|n\rangle\langle n'|\delta_{N-n,N'-n'}.\end{aligned}\tag{10.61}$$

此时, 系统的约化密度矩阵不再是对角的, 线性熵 $\mathcal{S}_l(t)$ 和 von Neumann 熵 $\mathcal{S}_n(t)$ 可表示如下:

$$\mathcal{S}_l(t) = 1 - \sum_{k=0}^{\mathcal{N}_{\max}} \left(\lambda_k(t)\right)^2, \tag{10.62}$$

$$\mathcal{S}_n(t) = - \sum_{k=0}^{\mathcal{N}_{\max}} \lambda_k(t) \ln \lambda_k(t).$$

其中 $\lambda_k(t)$ 是约化密度矩阵的本证值.

10.2.3 数值结果

在本节, 对上节所推导的解析公式, 给出数值上的计算并作简单的讨论.

1. Fock 态

1) 可积二聚体

先研究可积二聚体的量子纠缠. 对不同的玻色子数 N、耦合参数 c 以及各种初态 $|n_0, N-n_0\rangle$, 计算线性熵 $(\mathcal{S}_l(t))$、冯・诺伊曼熵 $(\mathcal{S}_n(t))$ 和李雅普诺夫函数 $(\mathcal{V}(t)$). 在图 10.1 和图 10.2 中画出了总玻色子数 $N=10$ 和 $N=15$, 耦合强度为弱耦合 $c=0.5$、中等强度耦合 $c=2$ 和强耦合 $c=12$ 的 $\mathcal{S}_l(t)$, $\mathcal{S}_n(t)$ 和 $\mathcal{V}(t)$.

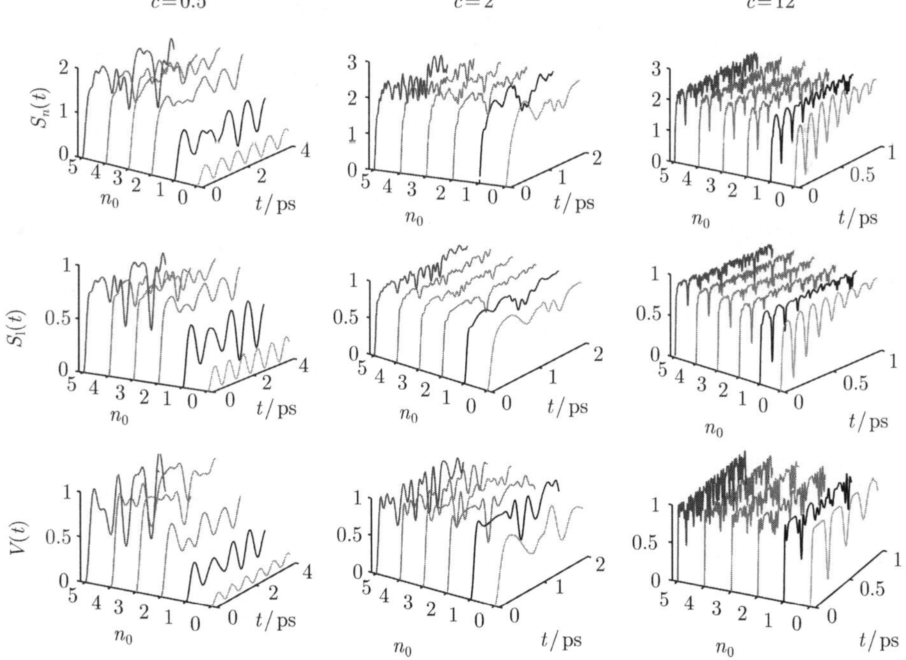

图 10.1 可积二聚体 von Neumann 熵 $\mathcal{S}_n(t)$、线性熵 $\mathcal{S}_l(t)$ 和 Lyapunov 函数 $\mathcal{V}(t)$ 随时间 t 和不同初态 $|n_0, N-n_0\rangle$ 的变化

其中 $N=10$, $n_0=0,1,2,3,4,5$; 耦合参数 $c=0.5$, 2 和 12

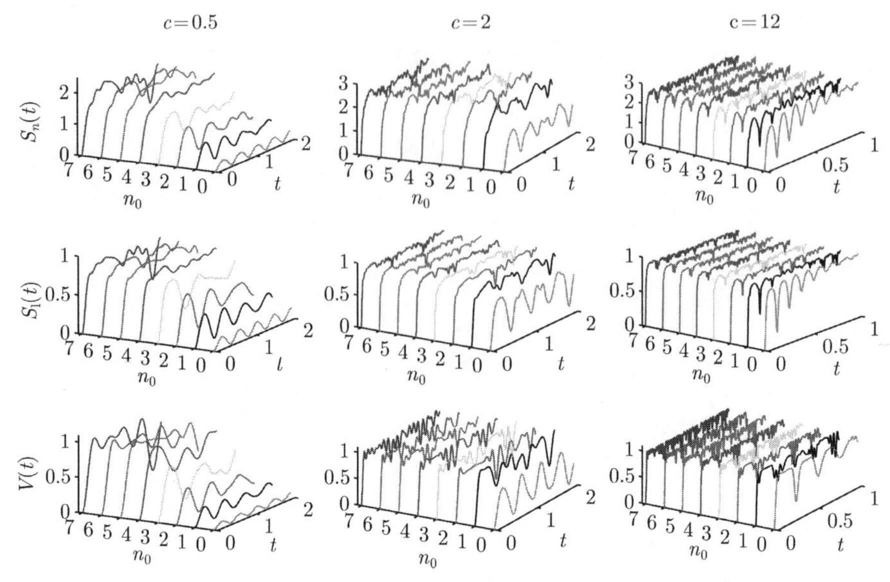

图 10.2　与图 10.1 相同, 但 $N=15$, $n_0=0,1,2,\cdots,7$

由于所研究系统 Hamilton 的对称性, 在所有参数都选定的情况下初态为 $|n_0, N-n_0\rangle$ 和 $|N-n_0, n_0\rangle$ 的纠缠变化情况是完全一样的, 所以只需研究 $n_0=0,1,\cdots,\frac{N}{2}$ 或 $\frac{N-1}{2}$ 就可以知道所有可能的初态的纠缠情况. 从图 10.1 和图 10.2 中可以看出只有当初态为 $|0,N\rangle$ 并且耦合强度相对比较弱的情况下 $\mathcal{S}_l(t)$、$\mathcal{S}_n(t)$ 和 $\mathcal{V}(t)$ 才具有较好的周期性, 并且这时候线性熵和李雅普诺夫函数相似. 这相似性说明初态态矢在随时间变化的波函数中仍然占主要地位, 它们中的不同既有别的态矢微弱概率的原因, 也有表达式中分别是 $|P^{(0)}(t)|^2$ 和 $|P^{(0)}(t)|^4$ 的原因. 可看出别的初态都不具备周期性的规律变化, 尤其是系统处于强耦合的情况. 这说明纠缠的周期性既依赖于耦合强度又依赖于初态的选择. 对固定的总玻色子数 N, 随着耦合强度和的增加熵的最大值逐渐增大并最终趋于一个定值. 李雅普诺夫函数的增加表示末态更加"远离初态", 即在时间演化的过程中初态态矢的概率减小. 可以计算出当 $N=1$ 时的线性熵 $\mathcal{S}_l(t)=\frac{1}{2}\sin^2(2ct)$, 平均线性熵 $\langle\mathcal{S}_l(t)\rangle=\frac{1}{4}-\frac{1}{16cT}\sin(4cT)$. 从这两表达式可以看出线性熵随时间振荡变化, 而对于长时间的平均熵, 因为 $\sin(4cT)\in[0,1]$, 只要 cT 足够大, 平均值最终就将趋于一个定值. 事实上, 冯・诺伊曼熵和李雅普诺夫函数也有这样的性质, 并且它们对所有的振动量子数 N 和初态都有这样的特性. 图 10.3 画出了 $T=3$ 时, 不同初态的熵和李雅普诺夫函数的平均值 ($\mathcal{S}_l(t)$、$\mathcal{S}_n(t)$ 和 $\mathcal{V}(t)$), 发现它们在强耦合的情况下分别近似相等, 在弱耦合时是随着 n_0 的增加而增大并最终也趋于稳定.

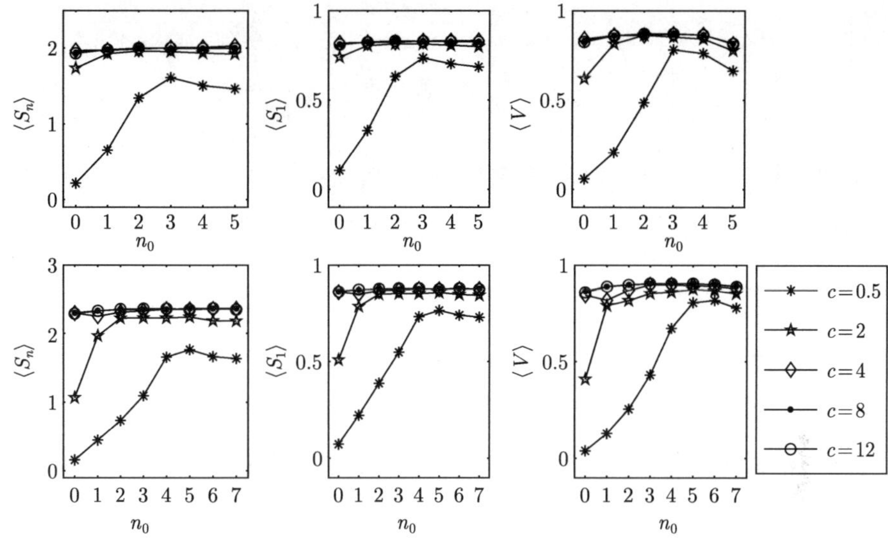

图 10.3 平均值 $\langle\mathcal{S}_n\rangle, \langle\mathcal{S}_l\rangle, \langle\mathcal{V}\rangle$ 随初态 $|n_0, N-n_0\rangle$ 的变化

其中, 偶数 N 有 $n_0 = 0, \cdots, \dfrac{N}{2}\left(\text{奇数 } N \text{ 有 } \dfrac{N-1}{2}\right)$. 上面三个图是 $N=10$, 下面三个图是 $N=15$; 耦合参数取: $c = 0.5, 2, 4, 8$ 及 12

2) 对称小分子

小分子 H_2O、O_3、C_2H_2、C_2D_2、SO_2 的熵和李雅普诺夫函数以及其平均值. 在图 10.4 和图 10.5 中总的振动量子数 $N=10$ 和 15.

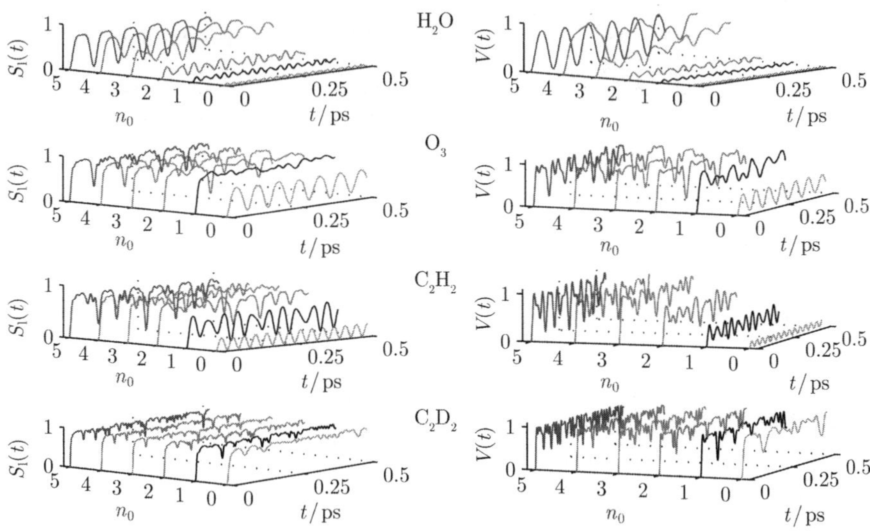

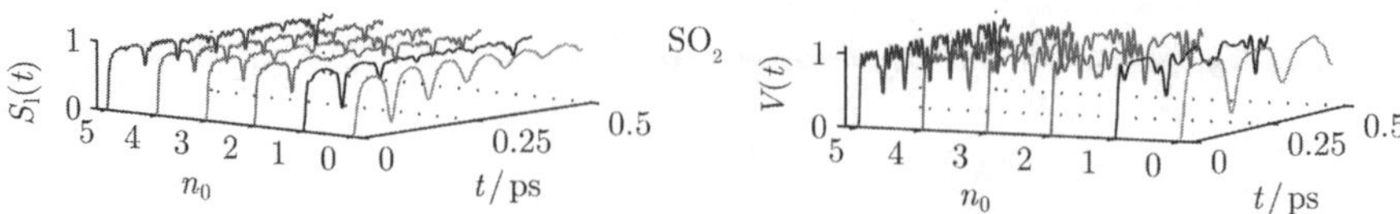

图 10.4 分子 H_2O, O_3, C_2H_2, C_2D_2 和 SO_2 的线性熵 $\mathcal{S}_l(t)$ 和 Lyapunov 函数 $\mathcal{V}(t)$ 在初态 $|n_0, N-n_0\rangle$ 下随时间 t 的演化

其中: $N=10$, $n_0=0,1,2,3,4,5$

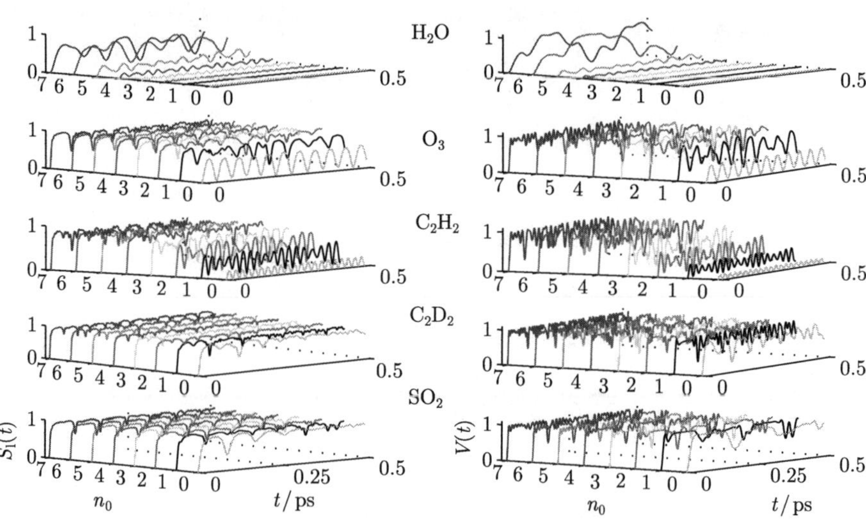

图 10.5 与图 10.4 相同. 这里 $N=15$, $n_0=0,1,2,\cdots,7$

从图中可以看出分子 H_2O、O_3、C_2H_2 的熵的幅度对于不同的初态有着明显的变化, 而分子 C_2D_2、SO_2 对于各种初态熵是类似的, 尤其是熵的最大值, 这是因为 H_2O、O_2、C_2H_2 既有局域模式又有简正模式特性, 而 C_2D_2、SO_2 只有简正模式特性. 能级是局域模式的熵具有近似周期性, 并且幅度都比较欢蛘J 初态的熵是不规律的, 幅度值也要大得多.

熵幅度的明显变化和图 10.6 中平均熵的转折点都表示能级振动模式由局域模式变化到简正模式.

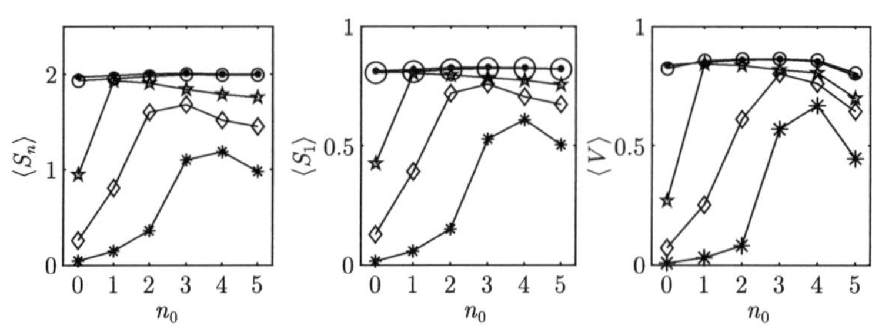

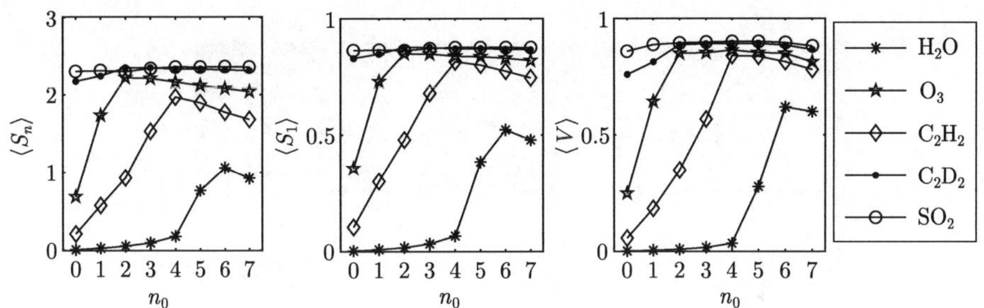

图 10.6 H_2O, O_3, C_2H_2, C_2D_2 和 SO_2 熵平均值和 Lyapunov 函数随初态 $|n_0, N-n_0\rangle$ 的变化

其中：$N=10$(上图) 和 $N=15$(下图). 偶数 N 时, $n_0=0,\cdots,\dfrac{N}{2}$, 奇数 N 时 $\dfrac{N-1}{2}$.

李雅普诺夫函数具有类似于线性熵的变化规律, 表示" 距离" 初态的周期性和幅度也依赖耦合振动模式, 处于局域模式的初态在随时间演化的过程中仍然有完全处于基态的概率 ($v(t)=0$), 处于简正模式的初态在随时间演化的过程中某些时刻初始态矢可以完全不复存在, 即通过耦合作用完全跃迁到其他态 ($v(t)=1$). 在共振作用下, n_1、n_2 不再是体系的守恒量, 然而总量子数是守恒的, 或者说是好量子数, 称为 polyad 数. 对于一个给定的量子数 N, 会有 $N+1$ 个能级, 其中能级低者为局域模, 而能级高者为简正模, 用陪集表示和海森伯对应两个方法所得的局域/简正的过渡所在, 在 $N<10$ 时的情况中略有差别, 而当 N 甚大时就没有不同了, 就显示量子效应在 $N<10$ 还是比较明显的. 振动的模式相当复杂, 与能级的高低、键间耦合的强弱还和守恒量的大小有关. 但一般说来, 在低振动能态中, 如 O_3 分子的两个伸缩键, 键间的耦合较弱, 二者位移之相角差可以为任意值, 显示出局域模的特征; 而在较高的激发态, 由于耦合增强, 二者之相角差会相对固定在 0 或者 π 附近, 因此会是对称和反对称的简正模式 (但这时的简正模式和简谐近似下解本征矩阵所得到的简正模式有所不同!). 另外由于非线性效应, 高激发态也会出现局域模式[40]. 同样, H_2O 的两个 O—H 伸缩运动, 强耦合相当于简正模式, 弱耦合相当于局域模式[40]. 水分子中两个 O—H 键之间伸缩振动耦合 (共振) 的结果中, 靠近分界线的中间能级的相空间中出现混沌轨迹, 而较高或较低能级的相空间中则具有比较规则的轨迹. 这一现象似乎和人们的常识 (能量越大, 运动越不规则) 相反.

2. 态矢的概率

上节分析了两个系统的熵和李雅普诺夫函数的变化, 现在从各态矢概率的角度来探索其贡献. 图 10.7 和图 10.8 给出了可积二聚体的各态矢的变化.

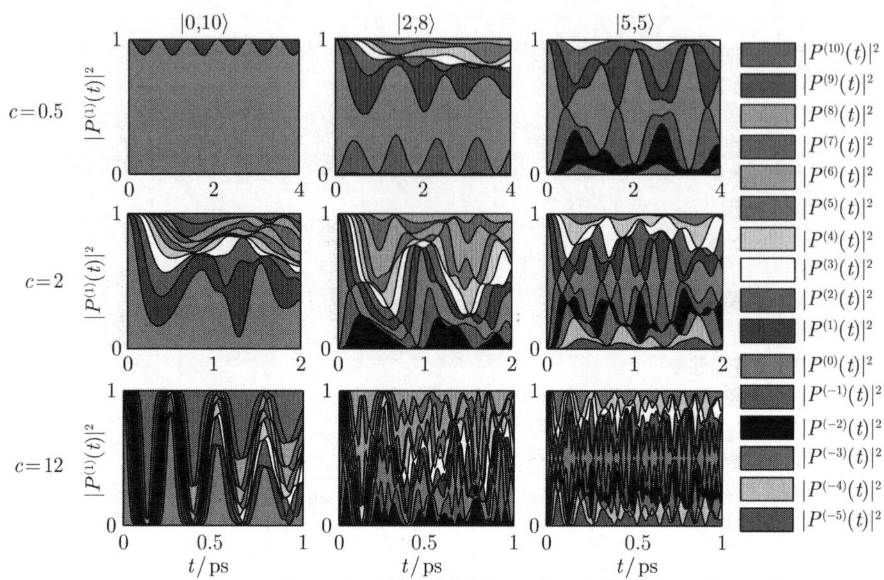

图 10.7　态矢概率 $|\mathcal{P}^{(l)}(t)|^2$ 随时间演化

各初态为 $|n_0, N-n_0\rangle$, $N=10$, $n_0=0$(左栏); $n_0=2$(中间栏) 和 $n_0=5$(右栏). 耦合参数是 $c=0.5$(第一行), $c=2$(第二行), $c=12$(第三行). 各带子高度表示概率大, 从下到上依次为 $|\mathcal{P}^{(l)}(t)|^2$, 不同颜色代表不同的概率 $|\mathcal{P}^{(l)}(t)|^2$. 蓝绿色带表示 $|\mathcal{P}^{(0)}(t)|^2$

在图 10.7 和图 10.8 中, 用带宽 (高度) 来表示两系统中各态矢随时间演化的概率. 图 10.7 对应于图 10.4, 总的量子数 $N=10$, 考虑了三个代表性的初态: $|0,10\rangle$、$|2,8\rangle$、$|5,5\rangle$, 图形显示了三个初态都有随着耦合增强 $(0.5\rightarrow 12)$ 初始态矢的概率减小的规律 (这就是李雅普诺夫函数随着耦合增强而变大的直接的、形象的解释), 别的态矢的概率依次有着增大再减小的过程. 当初态为并且处于弱耦合状态 $(c=0.5)$ 时, 可以很大甚至接近于 1.

为了研究态矢概率与相对耦合 (c/N) 的关系, 在图 10.8 中给出 $c=1.2$, 取 $N=7,10,13,16$, 初态为 $|n_0,N-n_0\rangle$(n_0 取 0, $N/4$, $N/2$ 的整数部分) 时的情况. 它显示三类基态都有 $|\mathcal{P}^{(l)}(t)|^2$ 的振动频率随着 N 的增加而增大, 当初态为 $|0,N\rangle(|N,0\rangle)$ 时, $|\mathcal{P}^{(l)}(t)|^2$ 的值随着 N 的增加 (相对耦合变弱) 而增大, 并且周期性 (振动规律性) 越来越好. 说明初态态矢在演化波函数中存在的概率大小依赖于相对耦合强度和初态的选择. 图 10.7 和图 10.8 都显示 $|\mathcal{P}^{(l)}(t)|^2$ 的数值大小和周期性都依赖于初态和相对耦合强度 (c/N), 这与前面所述熵和李雅普诺夫函数都依赖于初态和相对耦合强度一致. 对研究的三类初态, $|\mathcal{P}^{(l)}(t)|^2$ 的振动频率都是随着 N 和耦合增强而增加, 事实上对所有可能的初态都是这样的性质.

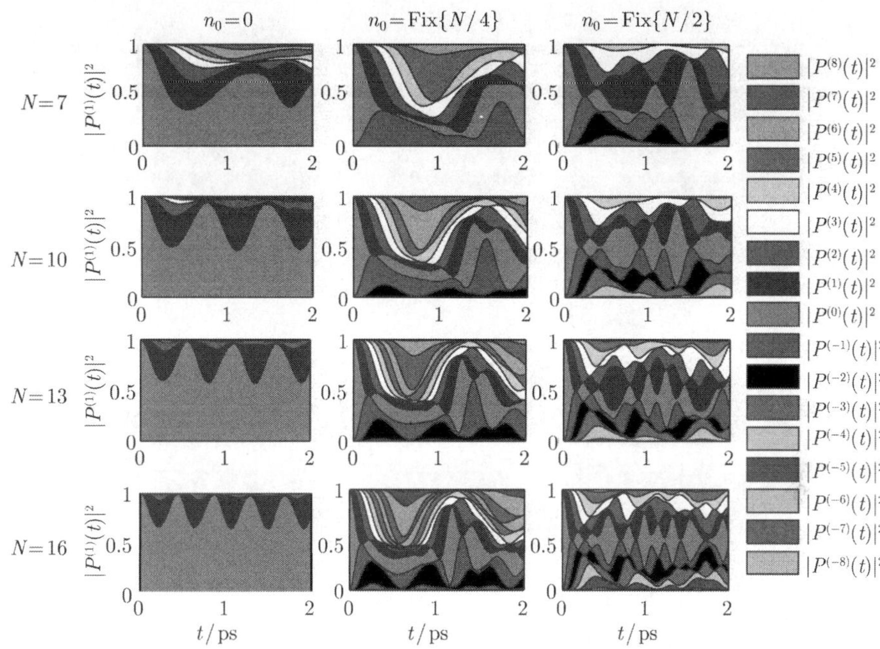

图 10.8 概率 $|\mathcal{P}^{(l)}(t)|^2$ 在不同初态 $|n_0, N-n_0\rangle$ 和 N 时随时间的变化

其中, 耦合系数 $c=1.2$. 第一行是 $N=7$ 时, 不同的初态: $|0,7\rangle$(左栏), $|1,6\rangle$(中间栏) 和 $|3,4\rangle$(右栏); 第二行是 $N=10$ 时, 不同的初态: $|0,10\rangle$(左栏), $|2,8\rangle$(中间栏) 和 $|5,5\rangle$(右栏); 第三行是 $N=13$ 时, 不同初态: $|0,13\rangle$(左栏), $|3,10\rangle$(中间栏) 和 $|6,7\rangle$(右栏); 第四行是 $N=16$ 时, 不同初态: $|0,16\rangle$(左栏), $|4,12\rangle$(中间栏) 和 $|8,8\rangle$ (右栏). 其他参数与图 10.7 相同

图 10.9 是对对称小分子进行研究, 总的振动量子数 $N=10$, 初态是 $|0,10\rangle$、$|2,8\rangle$ 和 $|5,5\rangle$. 发现分子 H_2O、O_3、C_2H_2 的各态的变化规律和可积二聚体中的弱耦合情况是类似的, 而 C_2H_2、SO_2 和可积二聚体中的相对强耦合情况类似. 这是为什么分子 H_2O、O_2、C_2H_2 的熵和可积二聚体中的相对弱耦合情况下类似 —— 对某些初态具有 (近似) 周期性, 并且在所有不同的初态之间幅度值有明显的变化的原因. 特别地, H_2O 对应于极度弱耦合的情况, 对 $N=10$ 的情况所有的初态都显示出 (近似) 周期性, 值的大小随着 n_0 的增加而增大. 对应于图 10.7 中的强耦合 ($c=12$) 情况, 同样各初态的熵都具有差不多大小的幅度值, 并且都不规律. 事实上, 振动模式和耦合强度本身就有着对应关系: 强耦合相当于简正模式, 弱耦合相当于局域模式[40]. 图 10.8 和图 10.9 展示出当取中间态 $\left|\dfrac{N}{2},\dfrac{N}{2}\right\rangle$ 为初态时 $|\mathcal{P}^{(\pm l)}(t)|^2$ 是对称的, 这是因为选取的两个系统都是对称的.

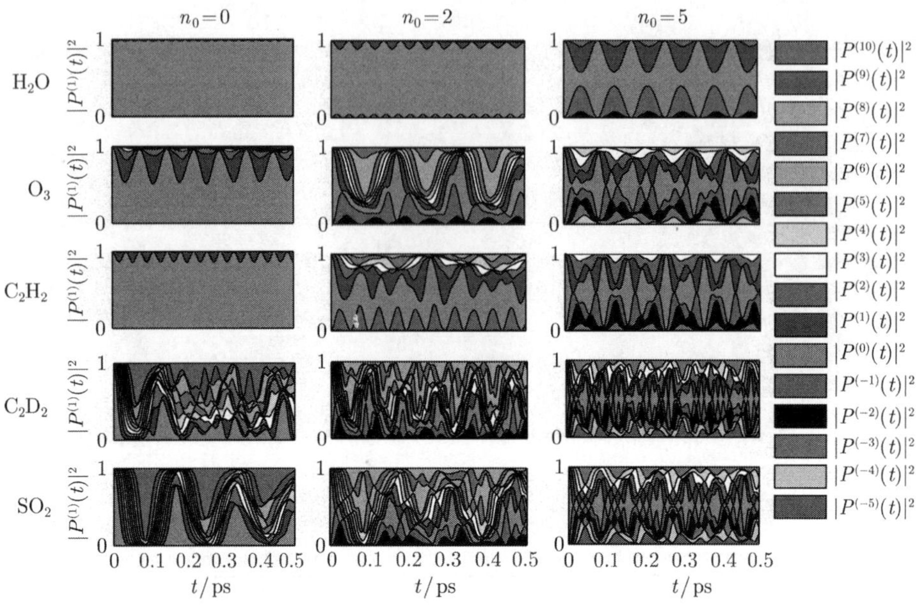

图 10.9　分子 H_2O, O_3, C_2H_2, C_2D_2 和 SO_2 的概率 $|\mathcal{P}^{(l)}(t)|^2$ 在不同初态的分布

其中, 初态选为: $|0,10\rangle$(左栏), $|2,8\rangle$(中间栏) 和 $|5,5\rangle$(右栏). 其他参数与图 10.7 相同

3. 相干态

1) 可积二聚体

如果态中参与的态矢的数目比较多的时候, 在线性熵的最大值 (接近于 1) 附近各态会挤压在一起, 从而影响观察纠缠的细微变化[41], 所以对于以非纠缠相干态为初态的情况, 用冯・诺伊曼熵来研究系统的纠缠变化. 图 10.10 画出了可积二聚体系统在非纠缠相干态为初态的冯・诺伊曼熵.

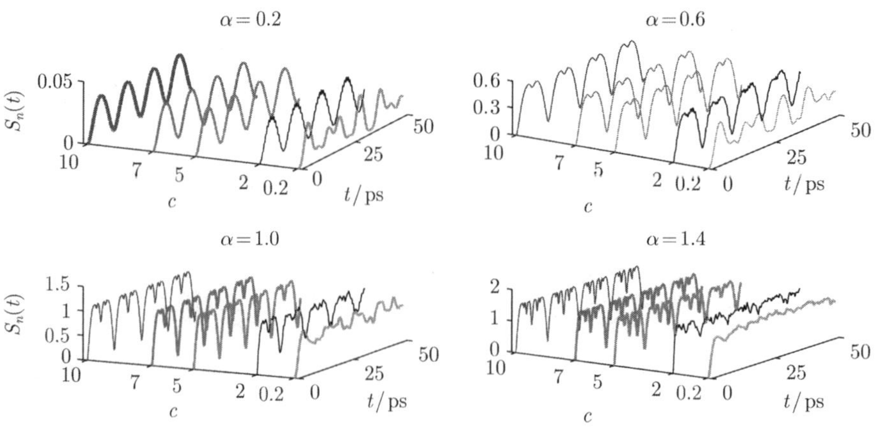

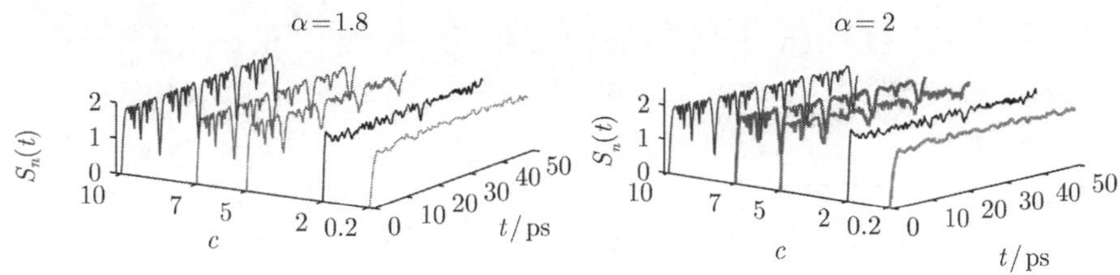

图 10.10 von Neumann 熵 $\mathcal{S}_n(t)$ 作为演化时间 t 的函数

不同耦合参数 c 和相干振幅 α 已在图中标出

在计算中, 改变耦合参数 c 和选取适当的相干幅度 α, 发现随时间演化中系统仍然可以处于非纠缠状态 (也叫纯化时间, purification time) 和接近非纠缠状态. 选取适当的参数, 冯 • 诺伊曼熵可以是 (近似) 周期性的, 从图中可以直接得出这样的参数条件为: 相对强耦合和小的相干幅度. 随着耦合增强和相干幅度减小, 熵的振动频率减小. 而熵的幅度是随着相干幅度的增加而增大, 与耦合参数没有关系.

2) 对称小分子

图 10.11 给出了在非纠缠相干态为初态时的对称小分子体系的 H_2O、O_3、C_2H_2、C_2D_2 和 SO_2.

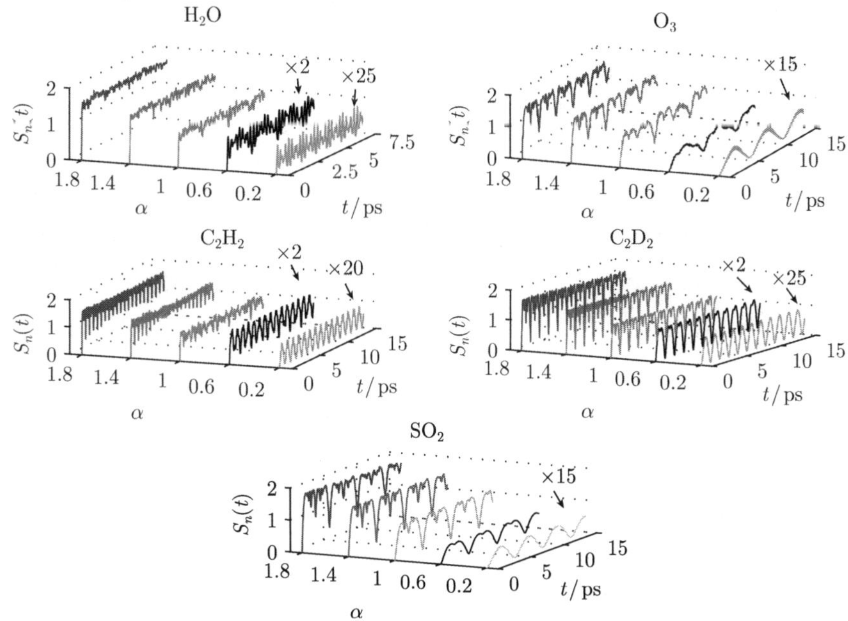

图 10.11 von Neumann 熵 $\mathcal{S}_n(t)$ 作为演化时间 t 的函数

对分子 H_2O、O_3、C_2H_2、C_2D_2 和 SO_2 所取不同相干振幅 α. α 的值在图中标出

从图中可以发现除 H_2O 外所有的分子在相干幅度比较小的情况下都是具有周期性或者说近似周期的, 其中 SO_2 的周期性最好. 分子的熵的振动频率最大, 同时也最不规则, 但是对其长时间进行观察可以观察到 "经典" 拍现象 ("classical" beat phenomena). 这些特性仍然可以从耦合强度的角度进行解释, 因为分子 SO_2 的耦合最强而分子 H_2O 最弱. 在从可积二聚体系统得出的熵的周期性条件: 相对强耦合和小的相干幅度, 对于实对称性小分子系统同样适用. 同时熵的振荡频率也是随着耦合强度的增加而减小.

10.3 分子振动纠缠: $U(4)$ 代数模型

10.3.1 初始态为直积 Fock 态的纠缠动力学

在本节, 研究三原子分子的振动纠缠动力学. 分子的代数 Hamilton 量取式 (4.8).

当初始态为直积 Fock 态时, 系统的初始态可以写为

$$|v_a, N_s - v_a\rangle = |v_a\rangle \otimes |N_s - v_a\rangle, \tag{10.63}$$

其中 v_a 表示分子其中键 1 的振动量子数, N_s 为总的伸缩振动量子数.

在计算中, 考虑不同初始态时能量在两键之间的交换情况, 并寻找纠缠的变化与能量的关系. 两键的能量可以用如下的公式计算:

$$E_i = \mathrm{Tr}\left(\rho_{12}\mathcal{H}_i\right), \quad i = 1, 2. \tag{10.64}$$

其中, $\mathcal{H}_i$ 是单键伸缩振动 Hamilton 量. 在 $U(4)$ 代数模型下, 由于 C_i 是仅与 i 键伸缩振动量子数有关的算符, 所以单键伸缩振动的 Hamilton 量写为

$$\mathcal{H}_i = A_i C_i \quad (i = 1, 2). \tag{10.65}$$

1. 低激发态时的纠缠动力学

这里, 首先讨论两个键的伸缩振动分别处于基态和第一激发态时的纠缠动力学行为, 即系统的初始态为 $|0,1\rangle$ 和 $|1,1\rangle$.

图 10.12 和图 10.13 给出了 H_2S 和 SO_2 分子初始态选择为 $|0,1\rangle$ 和 $|1,1\rangle$ 时的纠缠和两键能量随时间变化的情况.

如图 10.12 和图 10.13 所示, 这两种初始态时能量和纠缠的演化都具有非常好的周期性, 并且能量的变化和纠缠的演化之间表现出了十分明确的对应关系: 对于 $|0,1\rangle$ 态, 能量传递的周期恰好是纠缠演化周期的两倍; 对于 $|1,1\rangle$ 态, H_2S 分子两键能量变化是一致的, 并且能量和纠缠的变化表现为一种十分明确的反关联关系, SO_2 分子也表现出类似的现象.

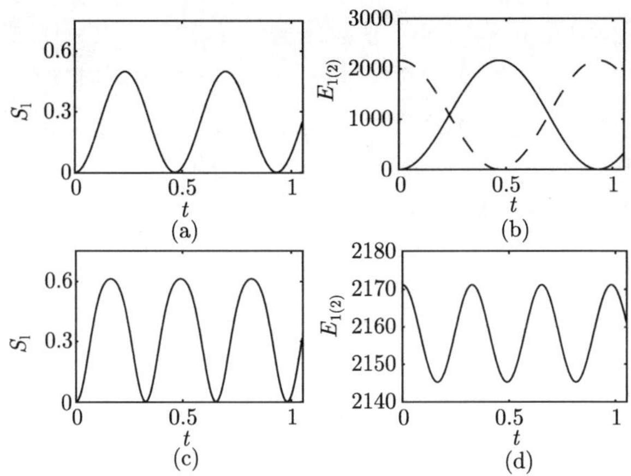

图 10.12 H_2S 分子初始态 $|0,1\rangle$ (a)、(b) 和 $|1,1\rangle$ (c)、(d) 时的线性熵和两键伸缩振动能量随时间的演化

(c) 中短划线表示 $\mathcal{E}_1$, 而实线则表示 $\mathcal{E}_2$

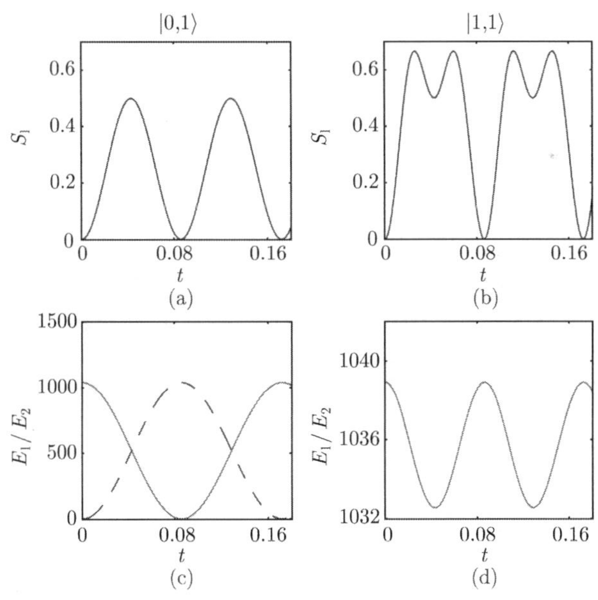

图 10.13 与图 10.12 相同, 但分子为 SO_2

对于能量和纠缠之间的联系, 可以用图 10.14 更加明确的表示出来.

针对 $|0,1\rangle$ 态, 图中给出了 S_l 随 $(E_1 - E_2)$ 变化的曲线, 可以明显地看到当两键的能量相互靠近时纠缠达到其最大值. 而对于的 $|1,1\rangle$ 态, 由于两键能量的变化是一致的, 图中 S_l 随 $E_{1(2)}$ 变化的曲线显示: 对局域模式分子, 单键能量的增加能

使纠缠度很快降低, 而简正模式分子则会出现一个短暂的上升阶段, 但是其总体的趋势也表现为能量的增加能够使纠缠降低. 这两种初始态时能量与纠缠的对应关系也说明伸缩振动模式能量的变化能够对纠缠的动力学行为造成很大的影响. 由于分子内能量的转移已经能够通过外部激光进行人为的调控[14], 因此这种对应也说明两键之间的纠缠度可预以控制.

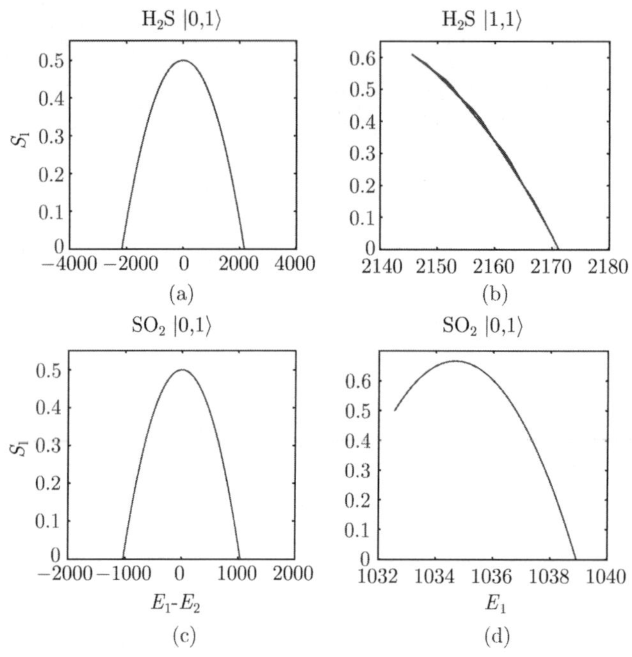

图 10.14 H_2S 和 SO_2 分子初始态为 $|0,1\rangle$ 和 $|1,1\rangle$ 时能量与纠缠的关系

通过计算 O_3、H_2S 和 NO_2 等分子在初始态选择为 $|0,1\rangle$ 和 $|1,1\rangle$ 时的能量流动和纠缠变化情况, 也显示了和图 10.14 中相似的能量和纠缠的对应关系.

图 10.15 给出了这三种分子初始态为 $|0,1\rangle$ 和 $|1,1\rangle$ 的纠缠演化曲线.

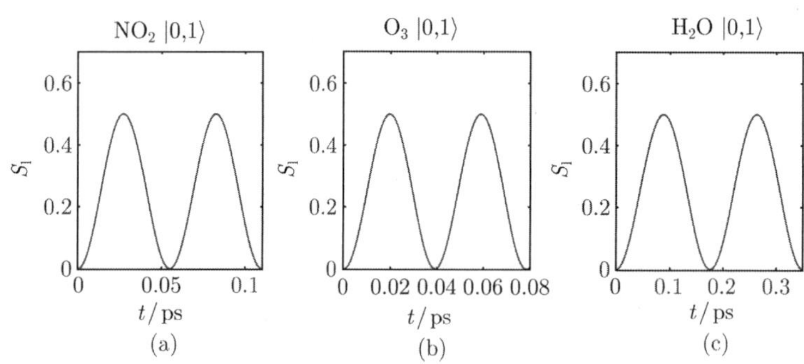

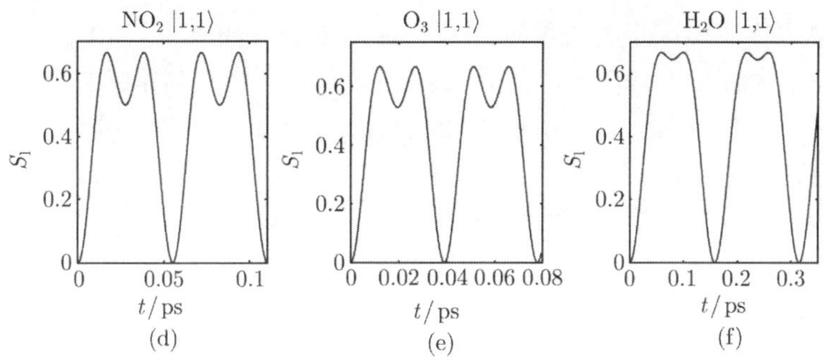

图 10.15 NO_2、O_3 和 H_2O 三种分子初始态选择为 $|0,1\rangle$ 和 $|1,1\rangle$ 时线性熵随时间变化的曲线

这几种分子的纠缠演化行为都是十分的相似, 并且所能取得的最大纠缠度也处在相似的水平. 然而对比这几种分子, 也可以看到局域模式分子的纠缠演化的周期要明显的长于简正模式分子.

分子振动模式的非谐性系数和振动模式之间的耦合参数是选择合适的分子来实现量子计算时必须考虑的两个重要参数. 在利用激光脉冲进行量子逻辑门操作时, 分子振动模式的非谐性系数和振动模式间的耦合参数对于量子保真度的影响.

当分子振动模式具有较高的非谐性系数时能够获得较高的计算保真度, 而振动模式之间的耦合能够破坏这种计算的高保真度. 然而, 定量的研究也发现, 保真度对非谐性系数以及耦合参数的依赖却是一种十分复杂的形式. 而通过线性熵周期角度的考察也能够为选择合适的分子体系来完成量子计算提供一些参考. 线性熵同时也是单体混态程度的度量, 因此线性熵由最低值向最高值演化的过程也是单体体系退相干的过程. 如果将两个伸缩振动模式中的一个看成是一个量子比特, 而另一个振动模式就是引起其退相干的环境. S_l 变化的周期能够反映出伸缩振动量子比特的稳定性, 周期越长说明伸缩振动量子比特的稳定性越好. 从这个角度看, 局域模式分子更适合于来充当分子振动量子计算的物理实现.

2. 高激发态的纠缠动力学

1) 局域模式分子

在低能级时分子的振动多是表现为周期或者准周期的运动状态, 并且可以将体系的振动分解为若干个简正振动模式, 因此, 分子内能量流动和动力学纠缠的演化都表现出很好的周期性. 但是, 分子内的振动状态将会变得十分的复杂, 高激发态振动的非线性现象也将会使两伸缩振动模式之间的纠缠行为变得复杂.

当选择初始态为直积 Fock 态时, 如果将初始能量集中在某一个伸缩振动模式态, 例如, $|0,N_s\rangle$ 态, 称为局域模式初始态; 而初始时能量在两振动模式上平均分布的态称为简正模式初始态, 当总的伸缩振动量子数 N_s 为偶数时, 简正模式初始态

为 $|N_s/2, N_s/2\rangle$, 而当 N_s 为奇数时, 简正模式初始态为 $|(N_s+1)/2, (N_s-1)/2\rangle$.

从分子内能量流动角度来说, 当局域模式分子处于在较高能级的简正模式初始态和局域模式初始态时, 能量在两键之间的流动表现出迥异的性质. 在量子力学的描述中, 局域模式初始态的能量也能够在两键之间实现完全的传递, 但是能量传递的周期要远远大于简正模式初始态; 简正模式初始态时能量的变化和经典时的变化是一样的.

图 10.16 给出了 H_2S 分子局域模式初始态 $|0,4\rangle$ 时两振动模式的能量和线性熵随时间变化的曲线.

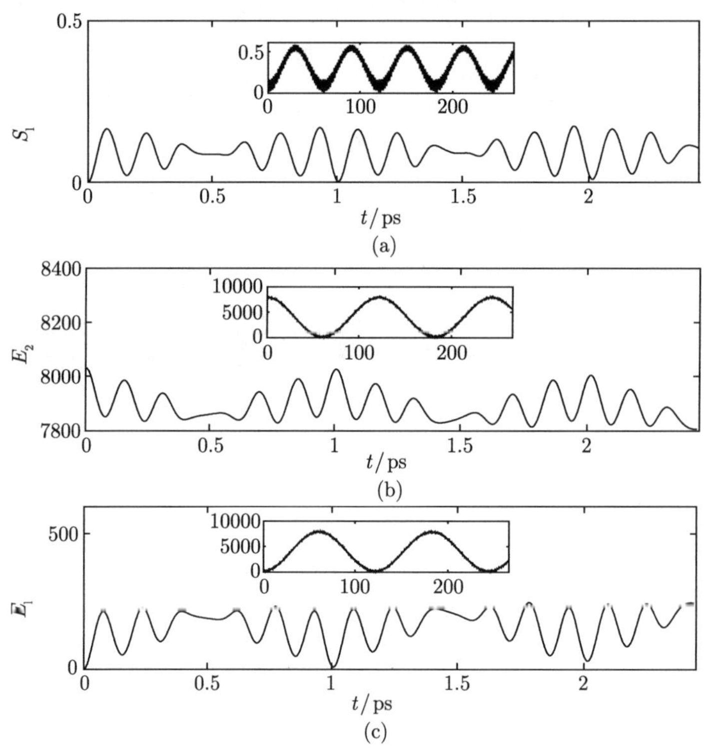

图 10.16　H_2S 分子初始态选择为 $|0,4\rangle$ 时, S_l、$\mathcal{E}_1$ 以及 $\mathcal{E}_2$ 随时间变化的曲线

可以看到在最初的演化时间内, 两键的能量仅在一个很小的范围之内变化, 表现出很好的周期性. 相应的两振动模式之间的纠缠也是处在很低的水平, 并且会形成周期性很好的拍. 此时两键能量的变化和纠缠的演化是同步的. 然而在较长的时间尺度上, 可以看到能量能够在两键之间实现完全的交换, 而线性熵也会形成非常规则的正弦曲线型拍. 此时, 能量交换的周期是纠缠变化周期的两倍. 在直积 Fock 态随时间的演化过程中, N_s 是守恒的好量子数, 因此仅有诸如 $|0,N_s\rangle, |1,N_s-1\rangle, \cdots, |N_s,0\rangle$ 等对应于相同 N_s 值的直积 Fock 态参与到纠缠的演化中. 局域模式初始态

$|0,4\rangle$ 纠缠在早期的演化中形成的拍是由于 $|0,4\rangle$ 和 $|1,3\rangle$ 两态相互作用的结果; 而当最终 $|0,4\rangle$ 和 $|4,0\rangle$ 相互转化时, 纠缠会形成长周期的 "正弦波形". 由于这种局域模式初始态的纠缠具有非常稳定的周期. 因此, 可以利用这种纠缠作为量子信息的载体.

简正模式初始态时的动力学纠缠和两键能量变化则与局域模式初始态时有很大的区别, 图 10.17 给出了 H_2S 分子 $|2,3\rangle$ 初始态时动力学纠缠和两键能量变化的情况.

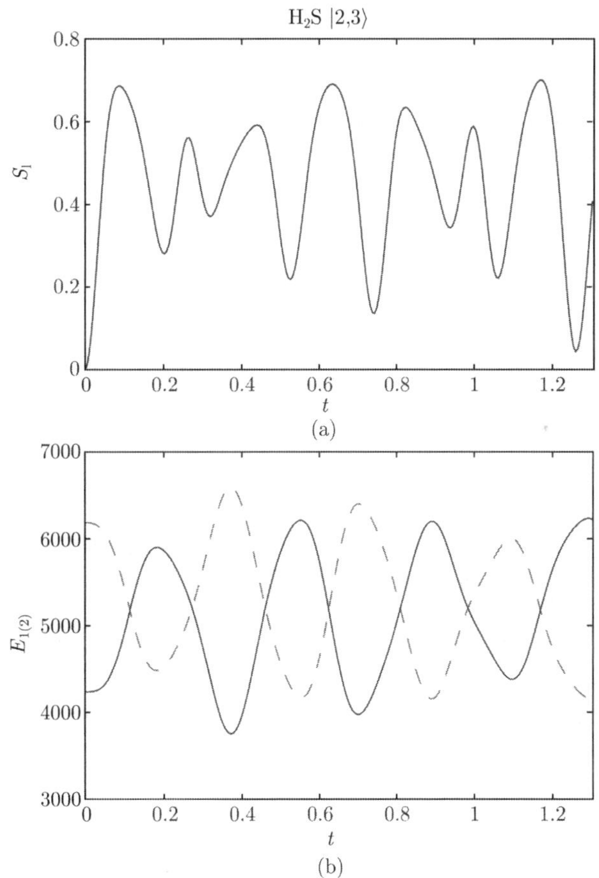

图 10.17 H_2S 分子初始态选择为 $|2,3\rangle$ 时, S_l, $\mathcal{E}_1$(实线) 以及 $\mathcal{E}_2$ (短划线) 随时间变化的曲线

对态 $|2,3\rangle$, 两键能量演化的周期性开始变差. 同时, 伸缩振动模式之间的纠缠能够获得相当高的纠缠度, 并且线性熵随时间的演化也不是周期的. 对于 H_2O 分子, 也具有非常类似的行为.

能量传递是控制分子内过程的一种重要手段. 为了能更好的展现分子振动纠缠与能量传递的关系, 这里给出线性熵 S_l 与能量传递 $\Delta E = E_1 - E_2$ 的关系, 称为 $S_l - \Delta E$ 截面.

下面考察 H_2S 和 H_2O 两种局域模式分子初始态为 $|0,5\rangle$ 和 $|2,3\rangle$ 时 $S_l - \Delta E$ 截面特性. 在图 10.18 给出了它们的 $S_l - \Delta E$ 截面图.

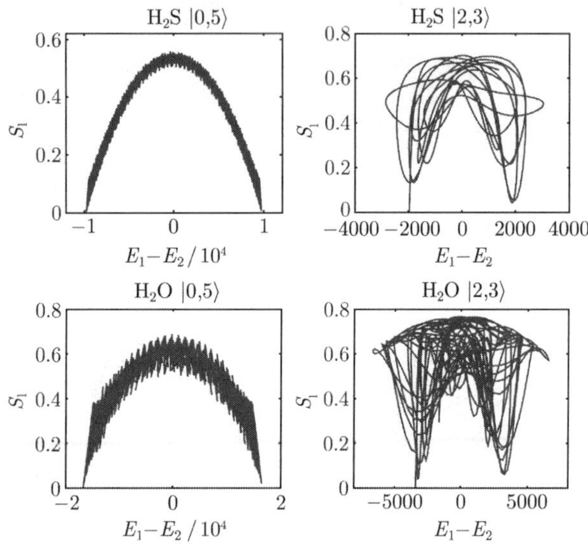

图 10.18　H_2S 和 H_2O 分子初始态选择为 $|0,5\rangle$ 和 $|2,3\rangle$ 时, $S_l \sim \Delta E$ 截面

对局域模式分子 H_2S, 如果初态是局域模式 Fock 态 $|0,5\rangle$, 其 $S_l - \Delta E$ 截面呈现倒 V 形, 表明分子振动纠缠 (这里用线性熵 S_l 表示) 与分子键间的能量转移具有很好的周期性. 同样, H_2O 分了在同样初态时, 也表现出振动纠缠与分子键间的能量转移具有很好的周期性, 但是, 如图 10.18 所示, H_2O 分子的 $S_l - \Delta E$ 截面面积要比 H_2S 分子的 $S_l - \Delta E$ 截面面积大. 这是因为 H_2O 分子的局域模式参数比 H_2S 分子的局域模式参数大. 在 $U(4)$ 代数模型, 分子的局域模式参数的定义是[15]

$$\xi = \frac{2}{\pi}\left|\arctan\left(\frac{8\lambda_{12}}{A_i + B}\right)\right|, \tag{10.66}$$

其中 λ_{12}, A_i, B 是分子代数 Hamilton 量展开系数.

这说明, 在初态是局域模式 Fock 态 $|0,5\rangle$ 时, 纠缠与能量传递有很好的对应关系. 但是, 如果初态是正则模式 Fock 态 $|2,3\rangle$, 分子的 $S_l - \Delta E$ 截面呈现出不规律性, 表明分子振动纠缠与分子能量传递没有周期性关系. 并且, 随分子局域模式参数的增加, $S_l - \Delta E$ 截面面积也随之增加. 由于分子的对称性, 所有 $S_l - \Delta E$ 截面都表现出关于 $\Delta E = 0$ 大体的对称性.

图 10.19 给出了 H_2O 分子, N_s 分别为 6 和 7 时各直积 Fock 态的纠缠随时间演化的曲线. 从图 10.19 可看到, 局域模式初始态时, 线性熵的演化都会形成长周期的拍, 并且随着 N_s 值的升高, 线性熵的周期将会增长很快. 对应于同一 N_s 值的各直积 Fock 态, 当两伸缩振动量子数相互接近时, 线性熵演化的周期性变差, 并且相应的周期也迅速降低.

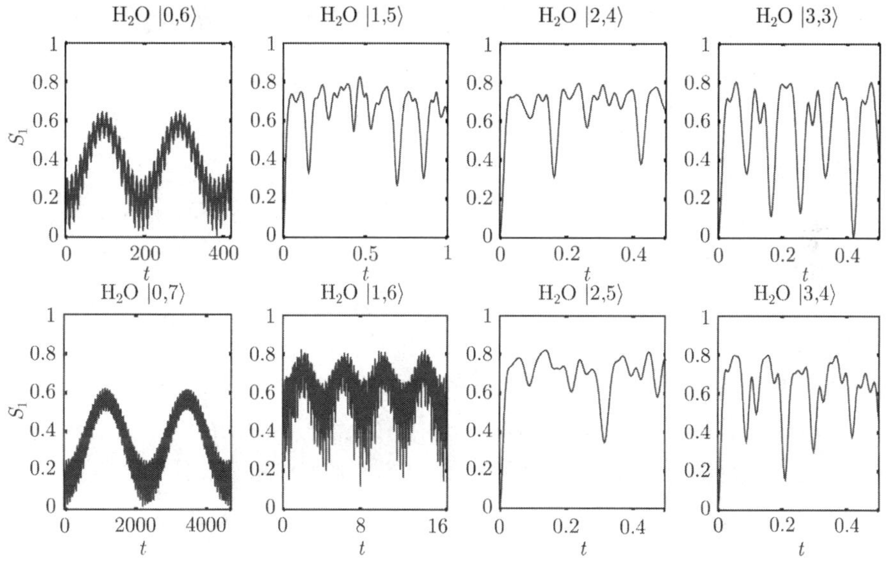

图 10.19　H_2O 分子 N_s 为 6, 7 时各直积 Fock 态的线性熵随时间的演化

同样, 可考察当初始态由局域模式初始态向简正模式初始态转变时, 线性熵的最大值 $S_{l\max}$ 的变化情况, 如图 10.20 所示.

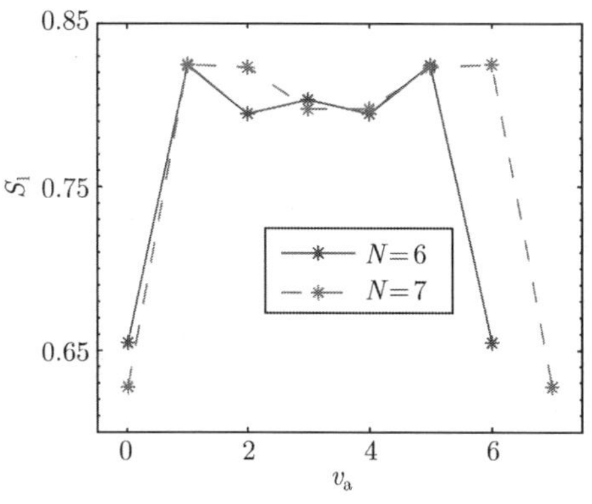

图 10.20　H_2O 分子对应 $N_s=6,7$ 时各直积 Fock 态的线性熵的最大值

可以看到当 N_s 增大时, 局域模式初始态的 $S_{l\max}$ 会减低. 并且, 对应于同一 N_s 的各直积 Fock 态 $S_{l\max}$ 的最大值总是出现在局域模式初始态向简正模式初始态转变的过渡区域. 当量子态对应的波包的中心出现在两种不同振动区域的过渡区域时能够获得最大纠缠.

对于 H_2S 分子的计算也得到类似的现象, 但是 H_2S 分子局域模式初始态形成的拍要远长于 H_2O 分子. 这也是由于 H_2S 分子局域模式性质强于 H_2O 的表现.

2) 简正模式分子

对简正模式分子, 不管是局域模式的初始态还是简正模式初始态, 能量都能够在两伸缩振动模式之间很自由的传递.

图 10.21 给出了 O_3、NO_2 以及 SO_2 分子初始态为 $|0,6\rangle$ 和 $|3,3\rangle$ 时线性熵随时间的演化.

可以看到不管是单键首先被激发的 $|0,6\rangle$ 态或者两键同时被激发的 $|3,3\rangle$ 态, 线性熵都能在很短的时间内上升到一个很高的值. SO_2 及 NO_2 分子两种初始态时的纠缠的演化都表现出一定的周期性, 然而 O_3 分子纠缠的演化则没有明显的周期性. 与局域模式分子相比较, 简正模式分子能够获得较高的纠缠度, 但是局域和简正模式初始态之间的动力学纠缠并没有表现出十分明显的差异.

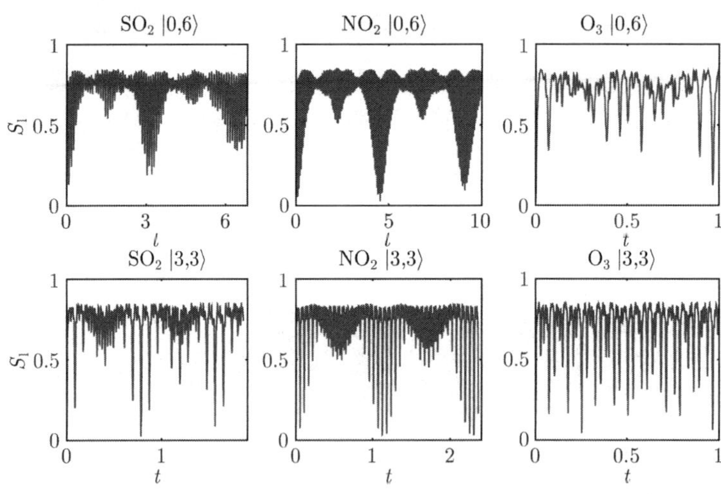

图 10.21　O_3、NO_2 以及 SO_2 分子初始态为 $|0,6\rangle$ 和 $|3,3\rangle$ 时的线性熵随时间的变化, 这三种分子分别用实线 (SO_2), 短划线 (O_3) 和点线 (NO_2) 表示

图 10.22 是 SO_2、NO_2 以及 O_3 分子处于 $|0,5\rangle$ 和 $|2,3\rangle$ 态时 $S_l-\Delta E$ 截面图. 这里对 ΔE 作了约化, 即 $\Delta E=\dfrac{E_1-E_2}{E_0}$, E_0 是相应分子弯曲振动的基态能量.

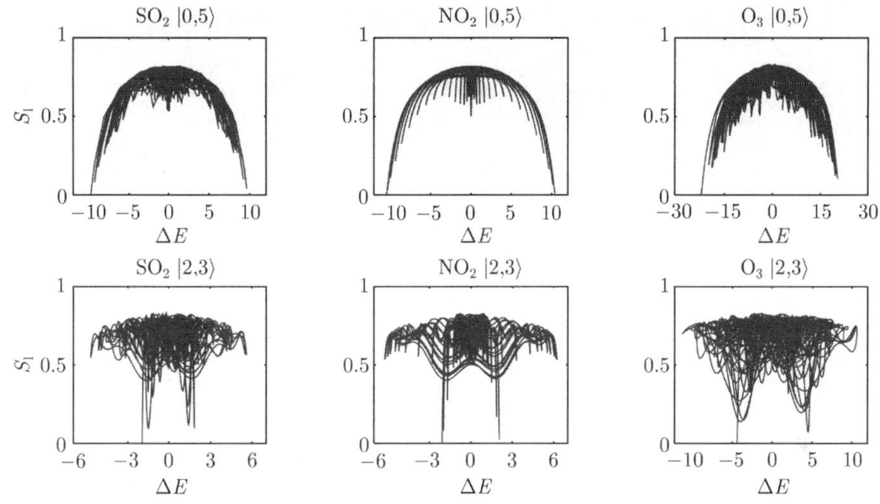

图 10.22 SO_2、NO_2 以及 O_3 分子处于 $|0,5\rangle$ 和 $|2,3\rangle$ 态时 $S_l-\Delta E$ 截面

对分子 SO_2, NO_2, O_3, 在初态是局域 Fock 态 $|0,5\rangle$ 时, 由于它们的局域模式参数 ξ 逐渐变大, 其线性熵和能量传递的周期性变得复杂. 这表现为 $S_l-\Delta E$ 截面面积变大; $S_l-\Delta E$ 截面的倒 V 形状变宽. 当然, 初态是正则 Fock 态 $|2,3\rangle$ 时, $S_l-\Delta E$ 截面呈现出 "混乱" 状态. 此外, 局域模式初始态和简正模式初始态动力学纠缠的演化能够获得十分相近的最大纠缠度 $S_{l\max}$.

O_3 分子具有较高非谐性系数, 在更高的激发态研究时, 如 $|0,9\rangle$ 态, 也显示能量长时间地被一个键所占据的局域模式振动现象, 并且纠缠也出现了相应的整齐的拍现象. 如图 10.23 所示.

10.3.2 初始态为相干态时的纠缠动力学

通过对于直积 Fock 态纠缠的考察, 发现局域模式分子和简正模式分子的动力学纠缠的演化行为存在着很大的差异, 同时这种差异也和两种不同类型分子经典动力学差异存在联系. 相干态是最接近经典行为的一类量子态. 因此, 相干态是考察量子纠缠和经典混沌对应关系的一个重要途径[11]. 由于直积 Fock 态在其动力学演化过程中的总量子数 N_s 是守恒的, 并且考虑到 N_s 所对应的各 Fock 态的能级范围内, 相空间的结构能够保持相对的稳定. 对此相干态考察量子纠缠和经典动力学的联系：

$$|\psi(0)\rangle = \mathrm{e}^{-\frac{|\alpha|^2}{2}} \sum_{n}^{N} \frac{\alpha^n}{\sqrt{n!}} |n, N-n\rangle, \tag{10.67}$$

其中 α 表示相干幅度, 在这里选择 α 为满足 $\langle\psi(0)|\psi(0)\rangle \approx 1$ 最大的实数.

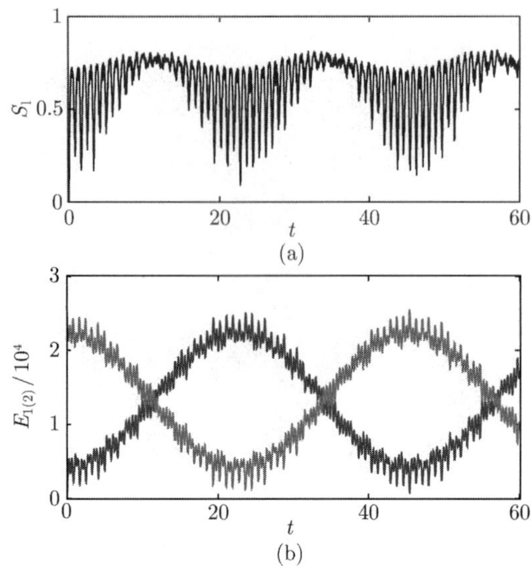

图 10.23　O_3 分子处于 $|0,9\rangle$ 态时 S_l, $\mathcal{E}_1$ 和 $\mathcal{E}_2$ 随时间变化的曲线

考察相干态的线性熵长时间演化的平均值

$$\langle S_l\rangle = \frac{1}{T}\int_0^T S_l(t)\mathrm{d}t \tag{10.68}$$

的物理特性.

图 10.24 给出了 H_2S、H_2O、NO_2、SO_2 以及 O_3 五种分子平均线性熵随总振动量子数 N_s 增加时的变化.

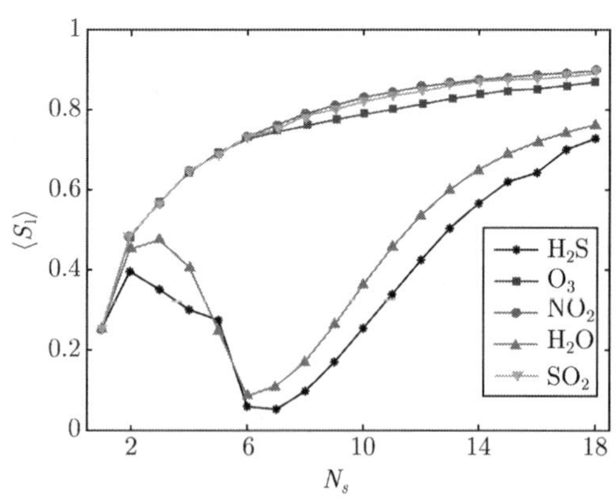

图 10.24　H_2S、H_2O、NO_2、SO_2 以及 O_3 时 $\langle S_l\rangle$ 随总振动量子数 N_s 变化的曲线

五条曲线由上到下依次分别对应于 NO_2、SO_2、O_3、H_2O、H_2S

可以看到, 简正模式分子的平均线性熵要高于局域模式分子, 并且随着 N_s 的升高, $\langle S_l \rangle$ 的值也平滑的升高; 但是对于局域模式分子, $\langle S_l \rangle$ 的变化会出现曲折的变化, 当 N_s 大于 2 时, 可以看到 $\langle S_l \rangle$ 会出现一个明显的下降的过程, 这是由于局域模式轨线在 Poincaré 截面图开始占据了较大的比重的缘故 (参见第 11 章). 而当 $N_s \geqslant 6$ 时, Poincaré 截面图中开始出现非线性的共振岛屿和混沌轨迹, 相应的 $\langle S_l \rangle$ 也开始迅速增加. 此外, 也能看到, $N_s \geqslant 6$ 时, O_3 分子的 $\langle S_l \rangle$ 值也开始低于 NO_2 和 SO_2. 这些结果表明, 局域模式运动能够降低两伸缩模式之间的纠缠度, 并且混沌和非线性共振能够促进纠缠的产生.

10.4 退 相 干

10.4.1 退相干

退相干效应是量子信息发展的主要 "瓶颈" 之一. 在量子计算过程中, 量子比特系统总是会处在一定的环境之中. 这里所谓的环境泛指一切能够与所关心的量子比特系统发生关联的其他自由度. 系统与环境的耦合可能会引起两个方面的问题: 首先, 系统的演化将不再是幺正的, 其次是系统逐渐失去了其原具有的相干性. 量子比特体系量子相干性衰减, 即所谓的 "退相干" 现象. 量子比特从相干状态到失去相干性这段时间叫做 "退相干时间". 而对多量子比特体系而言, 退相干也会使得量子比特之间的纠缠发生衰减, 甚至突然死亡[42]. 由于量子信息和量子计算是建立在量子态的相干性和量子纠缠的基础之上的, 因此克服退相干现象和延长退相干时间是以后必须解决的重要课题. 人们引入了多套方案来抑制退相干对量子计算的影响. 例如, 量子纠错码[43] 的方法是依靠引入额外的量子比特, 通过编码的方法纠正退相干所引起的错误. 然而, 这些方法的实施也同样需要对于体系退相干动力学进行系统的研究.

分子振动量子比特退相干的可能来源有很多种. 首先, 在分子的外部空间, 分子间的碰撞会引起分子振动量子比特体系的退相干. 其次, 由于分子体系包含有多种振动自由度、转动自由度以及电子运动自由度等, 这些额外的自由度与选择表征量子比特的振动模式之间存在的非线性耦合也能够造成体系的退相干. 为了抑制分子振转量子比特的退相干, 一方面, 可以将分子放置在气相环境下, 从而使分子之间的碰撞保持在很低的水平; 而另一方面, 研究者也尝试在量子逻辑门的设计中将额外振转动自由度考虑在内, 通过激光调节来抑制模式之间的退相干行为, 例如, Troppmann 等[44] 在乙炔分子反对称伸缩振动和顺向弯曲振动量子比特体系的量子逻辑门设计中便考虑了反向弯曲振动的影响; 而 Schröder 和 Brown[6] 在氨分子的量子计算中, 采用最优化算法分别设计了包括三种振动模式和六种振动模式在内的量子逻辑门. 这些设计能够在一定程度上修正退相干对量子计算的影响, 但是这些研究也同时发现多余的振动模式被引入到量子逻辑门的设计中能够造成量子计算保真度的降低. 因此, 考察分子体系内剩余振动自由度对于量子比特体系的退相干效应是非常有意义的. 在本节中, 将分子伸缩–伸缩振动体系看成是双量子比特体系, 而弯曲振动则视为环境, 并考察了伸缩–伸缩振动体系的纯度以及纠缠的变化.

10.4.2 弯曲振动对于伸缩–伸缩振动量子比特的退相干

在本节, 将两种伸缩振动模式看作为两个相互作用的双量子比特体系, 选择两伸缩振动的初始态 $|0\rangle$ 和第一激发态 $|1\rangle$ 来表征量子计算的状态. 将弯曲振动纳入到分子振动的讨论之中, 并考虑弯曲振动存在时伸缩–伸缩振动双量子比特体系的纯度的变化, 以及弯曲振动对于两伸缩振动模式之间纠缠的影响. 在本章的讨论中, 以局域模式分子 H_2S 和 H_2O 以及简正模式分子 SO_2、NO_2 和 O_3 等五种分子为模型, 对不同类型分子内的退相干情况进行考察.

1. *伸缩–伸缩振动体系纯度*

环境对量子比特的退相干效应最明显的表现之一就是量子比特态的纯度会降低. 在本节讨论伸缩–伸缩量子比特体系初始态 $|\phi_{ss}\rangle$ 处于直积 Fock 态 $|0,1\rangle$、$|1,1\rangle$ 以及纠缠纯态 $|0,1\rangle \pm |1,0\rangle$ 和 $|0,0\rangle \pm |1,1\rangle$(其中省略了归一化参数) 时, 受弯曲振动影响时体系纯度的变化.

伸缩–伸缩振动体系的纯度定义为

$$p = \mathrm{Tr}(\rho_{ss}^2). \tag{10.69}$$

其中, ρ_{ss} 表示两种伸缩振动模式的约化密度矩阵. 当体系为纯态时, 纯度为 1, 而当体系出于完全混态时, 纯度为 $1/N_s$(N_s 为子体系的希尔伯特空间的维度). 这里假定伸缩–伸缩振动与弯曲振动是处于可分离态上的, 则三种振动模式的初始态为

$$|\psi(t_0)\rangle = |\phi_{ss}(t_0)\rangle \otimes |\phi_{vb}(t_0)\rangle. \tag{10.70}$$

首先讨论 $|0,1\rangle$, $|1,1\rangle$ 以及 $|0,1\rangle \pm |1,0\rangle$ ($N_s = v_a + v_c$ 为确定值) 初始态受弯曲振动影响下纯度的变化. 这五种分子的计算结果如图 10.25 和图 10.26 所示.

对于这几种初始态时纯度的变化, 可以看到伸缩–伸缩振动量子比特体系的纯度均在一个很高的值上周期性的演化. 当初始态选择不同时, 弯曲振动造成的退相干过程也会不同, 并且随 v_b 值的提高, 退相干效应也会变得更加明显. 同样, 对由弯曲振动和一个伸缩振动组成的双量子比特体系的情况作了对比性的考察, 发现剩余的伸缩振动模式能够将该双量子比特体系的纯度降低到一个很低的程度, 这也表明在三原子分子系统中伸缩–伸缩振动更合适于用来表征双量子比特体系.

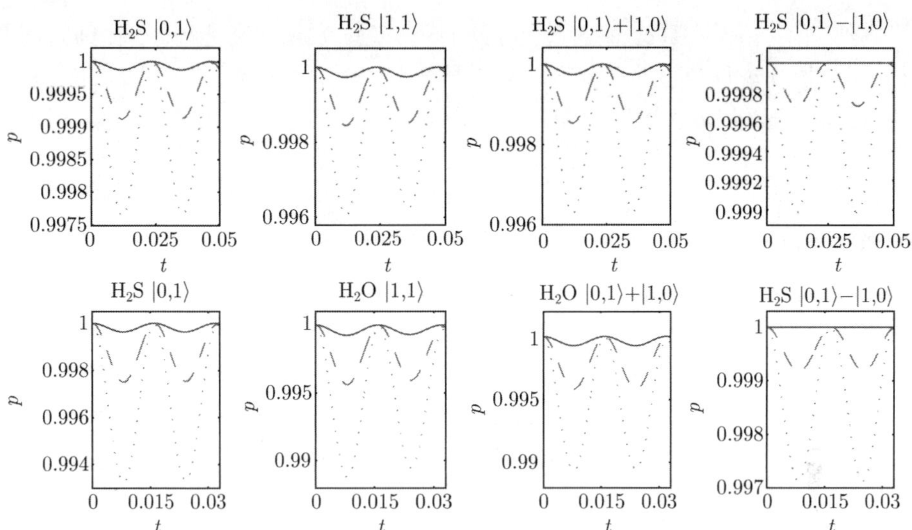

图 10.25 局域模式分子 H_2S, H_2O 分子伸缩–伸缩振动处于 $|0,1\rangle$, $|1,1\rangle$, $|0,1\rangle+|1,0\rangle$ 以及 $|0,1\rangle-|1,0\rangle$ 四种初始态时纯度随时间变化的曲线

弯曲振动的不同激发态分别用实线 ($v_b=0$)、短划线 ($v_b=1$) 以及虚线 ($v_b=2$) 表示

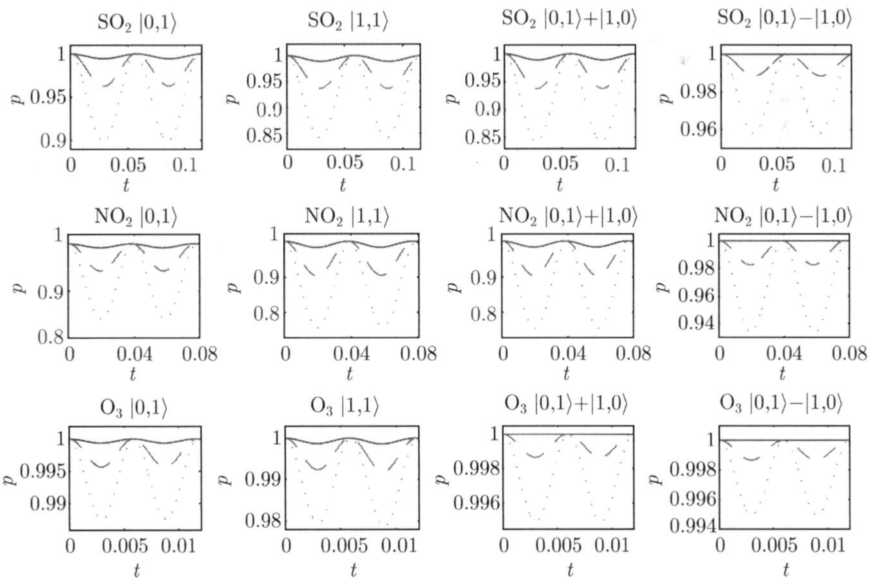

图 10.26 同图 10.25, 但是选择的分子为 SO_2、NO_2 和 O_3 简正模式分子

此外, 值得注意的是伸缩–伸缩振动量子比特体系会在周期性的演化后回归到纯态, 并且这种周期 (提纯时间) 与初始态的选择以及 v_b 的大小是无关的. 对于 N_s

值更高的初始态和更高 v_b 值的情况也进行了计算, 发现在高能级时, 提纯时间会增长, 但是周期也仅与总的伸缩振动量子数 $N_s = v_a + v_c$ 有关, 并且仍然不受 v_b 的影响. 因此, 可以将提纯时间作为分子体系量子比特的一种特征参数, 并且可以在量子计算中有很好的应用.

对于 $|0,0\rangle + |1,1\rangle$ 和 $|0,0\rangle - |1,1\rangle$ 态, 图 10.27 给出了 H_2S、NO_2、O_3 三种分子的纯度变化曲线.

对这两种初始态, 纯度的演化并没有呈现出周期性的行为, 并且较之前的几种初始态的情况退相干效应明显的增强. 随着 v_b 的增加, 三种分子纯度的演化将会变得更加混乱, 退相干效应也会更加明显. H_2O 和 SO_2 分子也存在相似的规律. 如果在较长的时间尺度上考察这种初始态时的纯度演化, 可发现在长时间的演化中, 纯度能够表现出一定的周期性, 但是伸缩–伸缩体系的提纯时间也将趋于无限长.

对比这几种分子在不同初始态上纯度的演化行为, 表明简正模式分子的退相干的速度要明显高于局域模式分子. 从这个层面上讲, 局域模式分子更适合于作为分子振动量子比特的载体.

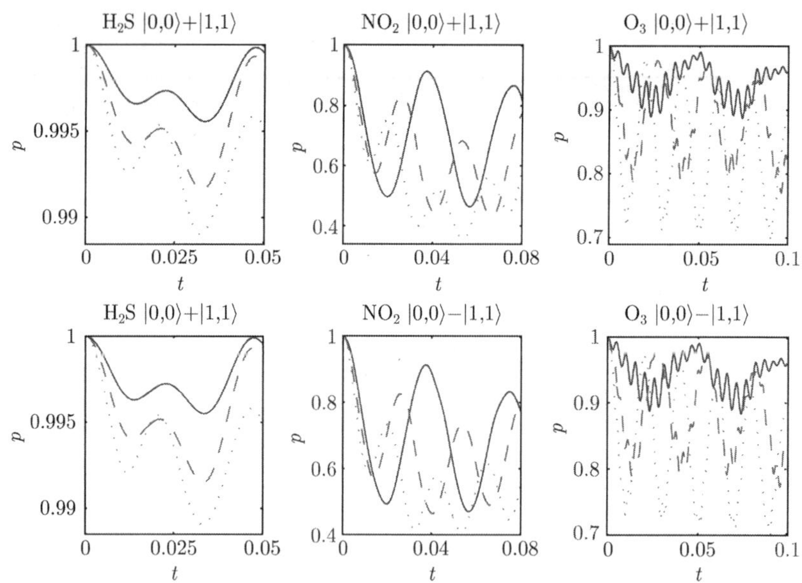

图 10.27　H_2S、NO_2 和 O_3 等分子伸缩–伸缩振动初始态为 $|0,0\rangle + |1,1\rangle$ 及 $|0,0\rangle - |1,1\rangle$ 时纯度随时间的演化

弯曲振动的不同激发态分别用实线 ($v_b = 0$)、短划线 ($v_b = 1$) 以及虚线 ($v_b = 2$) 表示

2. 弯曲振动对于伸缩–伸缩振动纠缠的影响

在第 4 章的讨论中, 发现当两伸缩振动处于较低的能级时, 两振动模式之间的

能量流动与纠缠动力学有很大的关联. 而弯曲振动的加入会对能量流动产生影响, 因此弯曲振动会无可避免地造成两振动模式纠缠的改变.

伸缩–伸缩振动量子比特体系在演化过程中将会处于混态, 由于量子负性 (这里用 N_e 表示) 可以描述体系为纯态或混态时的纠缠, 因此这里采用 N_e 来描述两种伸缩振动之间的纠缠. 用 $\rho(t)$ 来表示三种振动模式 t 时刻的状态, $\rho_{ss}(t)$ 则表示两种伸缩振动模式的约化密度矩阵, 它可以由 $\rho_{ss} = \mathrm{Tr}_{vb}(\rho)$ 计算得到. 而量子负性则可由式 (10.21) 计算得到.

3. 弯曲振动对伸缩振动能量流动以及纠缠的影响

首先讨论伸缩–伸缩振动体系初始态为直积 Fock 态时, 弯曲振动对两伸缩振动之间能量流动以及纠缠产生的影响, 并仍考虑伸缩–伸缩振动与弯曲振动是处于可分离态的情况.

图 10.28 给出了 H_2S 分子伸缩–伸缩量子比特体系的初始态为 $|0,1\rangle$ 和 $|1,1\rangle$ 态时两振动模式能量以及量子负性随时间的变化, v_b 的取值分别为 0, 1, 2.

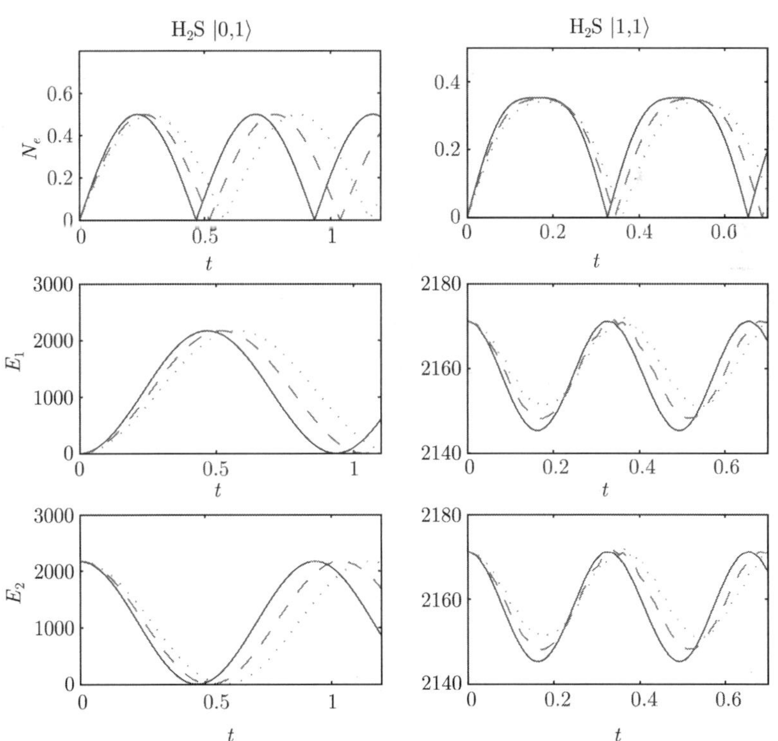

图 10.28 H_2S 分子伸缩–伸缩振动处于 $|0,1\rangle$ 和 $|1,1\rangle$ 态 N_e、$\mathcal{E}_1$ 和 $\mathcal{E}_2$ 随时间变化的曲线

弯曲振动的不同激发态分别用实线 ($v_b = 0$)、短划线 ($v_b = 1$) 以及虚线 ($v_b = 2$) 表示

当初始态为 $|0,1\rangle$, N_e 的演化性质与线性熵相似, 而弯曲振动的引入会使能量在两键之间的传输周期增长, 但是能量和纠缠仍然保持着类似于图 10.14(a) 中的对应关系, 即纠缠的最大值出现在 $\mathcal{E}_1 \approx \mathcal{E}_2$ 时. 对于 $|1,1\rangle$ 态, 对于不同的 v_b, 两键的能量在演化中仍始终保持相等, 并且与 N_e 的周期相同. 当 v_b 增加时, 纠缠和能量演化的周期也同样将增长, 但是纠缠的最大值将会随 v_b 的增加而降低. 结果表明, 弯曲振动的引入并没有促进能量在两键之间的流动, 反而会使得能量交换的周期增长, 并且弯曲振动也没有破坏低能级时能量与纠缠的对应关系.

对于简正模式分子, 图 10.29 给出了 NO_2 分子纠缠和能量随时间的演化.

当伸缩–伸缩振动初始态为 $|0,1\rangle$ 时, 纠缠和能量流动受弯曲振动的影响表现出与局域模式分子相似的性质. 而当 $|1,1\rangle$ 态时, 可以看到纠缠在弯曲振动影响下的变化很小, 反而两键的能量出现了很大的变化. 此时, 弯曲振动能够破坏能量和纠缠的对应关系, 这种现象也表明伸缩–伸缩振动之间的纠缠的强度很高, 能够抵御弯曲振动的影响.

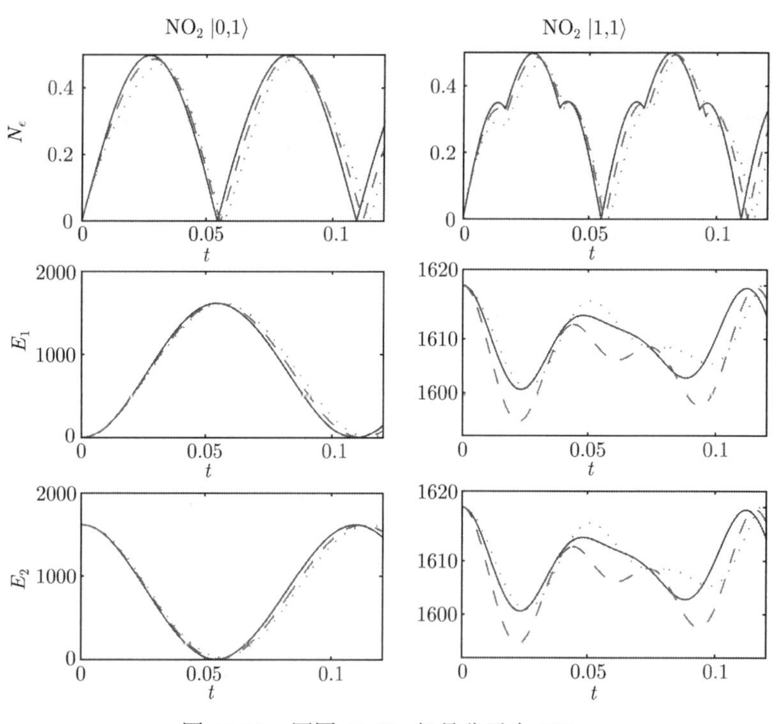

图 10.29 同图 10.28, 但是分子为 NO_2

4. 伸缩–伸缩振动纠缠的鲁棒性

通过之前的讨论, 可知弯曲振动的参与能够改变两伸缩振动模式之间能量交流

的规律, 并且也会对直积 Fock 态的纠缠产生很大的影响. 人们同时也很关心当伸缩–伸缩振动量子比特体系处于初始纠缠态时, 两模式之间的纠缠抵御弯曲振动破坏的鲁棒性. 本小节, 考虑当伸缩–伸缩振动体系处于 $|0,1\rangle \pm |1,0\rangle$ 和 $|0,0\rangle \pm |1,1\rangle$ 纠缠初始态时两振动模式纠缠的演化.

图 10.30 给出了 H_2S、NO_2、O_3 三种分子初始态为 $|0,1\rangle \pm |1,0\rangle$ 以及 $|0,0\rangle \pm |1,1\rangle$ 时, N_e 随时间的演化. 图中, 给出了 $v_b = 0,\ 1,\ 2$ 时的三种情形.

当弯曲振动被限制在其基态时, $|0,1\rangle \pm |1,0\rangle$ 态是两体振动的两个本征态, 因此在其动力学演化过程中, 两伸缩振动之间是没有能量流动的. 相应地, 两键之间的纠缠也维持在其最大值. 而弯曲振动的引入, 会造成能量在两键之间周期性的流动, 同时纠缠也表现出十分整齐的周期演化. 与图 10.25 类似, 在经过一定的周期之后, 两键仍能够恢复至最大的纠缠状态, 并且这种周期不受 v_b 值的影响. 因此, 类似于纯度的提纯时间, 两振动模式重新恢复至最大纠缠状态的周期也同样可以作为量子计算中的一个有意义的参数. 同时, 也看到 $|0,1\rangle - |1,0\rangle$ 较 $|0,1\rangle + |1,0\rangle$ 的纯度变化的幅度更小, 说明 $|0,1\rangle - |1,0\rangle$ 态纠缠的鲁棒性更佳.

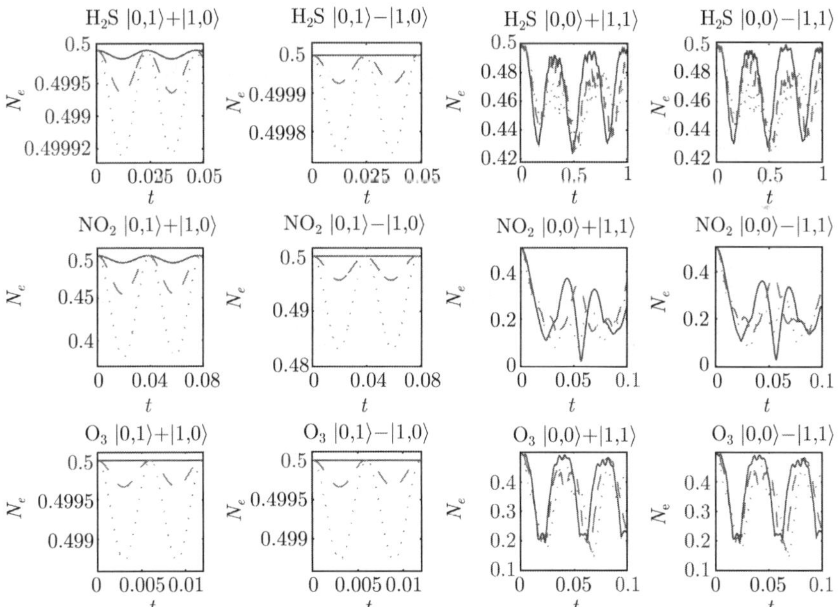

图 10.30 H_2S, NO_2, O_3 三种分子伸缩–伸缩振动初始态为 $|0,1\rangle - |1,0\rangle$, $|0,1\rangle + |1,0\rangle$, $|0,0\rangle + |1,1\rangle$ 和 $|0,0\rangle - |1,1\rangle$ 时, N_e 随时间的变化

对应弯曲振动不同的初始激发态, 曲线分别采用实线 ($v_b = 0$)、短划线 ($v_b = 1$), 以及虚线 ($v_b = 2$) 表示

而对 $|0,0\rangle \pm |1,1\rangle$ 态时, 两振动模式的纠缠的演化在弯曲振动被释放之后开始

变得周期性很差, 并且纠缠退化的速度和幅度都明显地高于 $|0,1\rangle \pm |1,0\rangle$ 态. 对于局域模式分子, 当 v_b 增大时, 纠缠的衰变速度也会增加. 反而对于简正模式分子, v_b 值增大时, 纠缠的改变不甚显著.

对比两种类型分子纠缠的改变, 能够发现简正模式分子的纠缠衰变速度明显要高于局域模式分子, 说明局域模式分子伸缩–伸缩振动量子比特的纠缠更加的“强壮”.

10.5 三体纠缠

10.5.1 三体纠缠的度量

1. 基于两体分割策略的三体纠缠的度量

类似于两体纠缠的度量的定义, 多体纠缠的度量同样需要是一些能够满足重要前提条件的函数. 首先, 多体纠缠度量的一个重要前提就是对于可分离态纠缠应为零, 而另外一个前提就是纠缠的单调性. 而基于两体分割方法获得的多体纠缠的度量方式能够很好地满足上述的两条原则.

Carvalho 等[45] 在 2004 年提出了广义共生纠缠的概念来测量多体的纠缠. 对于一个纯态两体体系 AB, 共生纠缠可以写为

$$C_2(\Psi)=\sqrt{2(\langle\Psi|\Psi\rangle-\mathrm{Tr}\rho_B^2)}. \tag{10.71}$$

其中 $\rho_B=\mathrm{Tr}_A|\psi\rangle\langle\psi|$ 是关于 B 的约化密度矩阵. 然而, 对于一个 N 粒子体系, 根据不同的两体分割的方式总共可以获得 2^N-2 个约化密度矩阵. 因此, 共生纠缠在多体体系中的推广并不是独一无二的. 多体纠缠的度量定义如下:

$$C_N(\Psi)=2^{1-N/2}\sqrt{(2^N-2)\langle\Psi|\Psi\rangle^2-\sum_\alpha \mathrm{Tr}\rho_\alpha^2}. \tag{10.72}$$

其中, $|\Psi\rangle$ 是整个体系的波函数, 而 α 则表示了所有可能的约化密度矩阵的数目. 在体系为可分离态时, 例如 $|\Psi\rangle=\otimes_{i=1}^N|\phi_i\rangle$, $|\phi_i\rangle$ 为每一个子体系的纯态, C_N 的值为零; 而当体系处于 Greenberger-Horne-Zeilinger (GHZ) 态时, C_N 取其最大值. 对于三体纯态纠缠而言, 则式 (10.72) 可以写为

$$C_3=\sqrt{3-\mathrm{Tr}(\rho_1^2+\rho_2^2+\rho_3^2)}. \tag{10.73}$$

其中, $\rho_\alpha,(\alpha=1,2,3)$ 表示 α 子体系的约化密度矩阵. 利用这种定义, Hou 等[46] 研究了 H_2S 分子振动的三体纠缠.

2. **剩余纠缠**

在三个粒子处于纯态的情况下, Coffman 等 [47] 在数学上建立了一个单调匹配的不等式, 即 CKW 不等式:

$$C_{A|BC}^2 \geqslant C_{AB}^2 + C_{AC}^2 \tag{10.74}$$

这里 C_{AB} 和 C_{AC} 分别表示 AB 和 AC 粒子之间的共生纠缠, 而 $C_{A|BC}$ 则表示了粒子 B, C 作为一个整体时和粒子 A 之间的共生纠缠. 依据这个不等式, 剩余纠缠可写为

$$\tau_{ABC} = C_{A|BC}^2 - C_{AB}^2 - C_{AC}^2. \tag{10.75}$$

在最近的研究中, 这种三体纠缠的描述也被推广至 N-qubit 和高维情形.

10.5.2 三原子分子振动的三体纠缠动力学

计算初始态为直积态时的三体纠缠动力学. 直积态写为

$$|v_a, v_b, v_c\rangle = |v_a\rangle \otimes |v_b\rangle \otimes |v_c\rangle. \tag{10.76}$$

其中, v_a, v_c 分别表示三原子分子中两键伸缩振动的振动量子数, 而 v_b 则表示弯曲振动的振动量子数. 在本节的讨论中, 采用广义共生纠缠来度量三种振动模式的三体纠缠.

图 10.31 给出了处于较低的振动能级时 H_2O 和 NO_2 两种分子直积 Fock 态的三体纠缠.

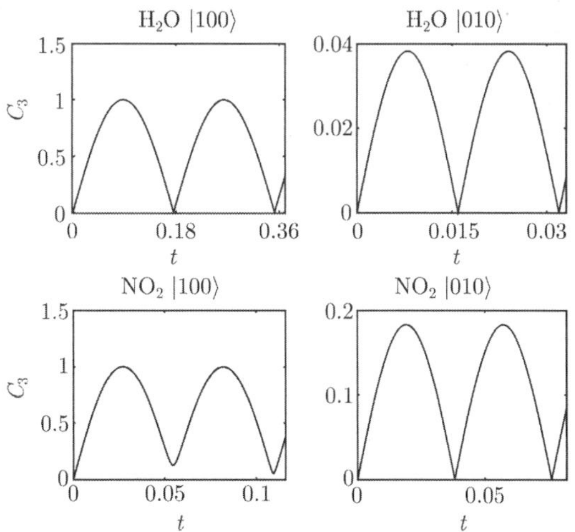

图 10.31 H_2O 和 NO_2 分子初始态为 $|001\rangle$ 和 $|010\rangle$ 时的广义共生纠缠随时间的演化

在低能级时, 纠缠的演化都表现出十分周期的行为. 由于伸缩–伸缩振动模式之间的耦合强度要远远高于伸缩 – 弯曲振动模式, 因此在伸缩振动首先获得激发时, 能量能够在两种伸缩振动模式之间相互交换; 而当弯曲振动首先获得激发时, 两种伸缩振动仅能获得较低的能量, 此时在三体纠缠动力学中占主导地位的是两伸缩振动与弯曲振动之间的纠缠. 因此, 当初始态处于 $|100\rangle$ 时的纠缠度要远高于 $|010\rangle$ 态, 其纠缠演化的周期也是如此. 对比这两种分子, 当初始态为 $|100\rangle$ 时, 由于 NO_2 分子键之间的耦合强度要强于 H_2O 分子, 则其纠缠演化的周期也相应低于局域模式分子; 反而当 $|010\rangle$ 态时, NO_2 的纠缠度和演化周期要大于 H_2O.

在较高的能级时, 伸缩振动局域态 (类似于 $|v_a, 0, 0\rangle$ 或 $|0, 0, v_c\rangle$ 的初始态)、弯曲振动局域态 (类似于 $|0, v_b, 0\rangle$ 的初始态) 以及弯曲和伸缩振动同时获得激发的三种初始态的三体纠缠.

图 10.32 给出了总振动量子数 $N = 4$ 时的部分直积 Fock 态的广义共生纠缠.

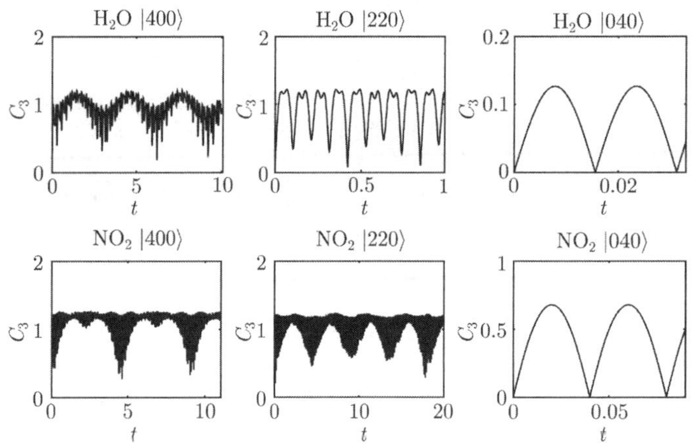

图 10.32　H_2O 和 NO_2 分子初始态为 $|004\rangle$, $|040\rangle$ 和 $|220\rangle$ 时的广义共生纠缠

对于 H_2O 分子, 当处于伸缩振动的局域态时, 广义共生纠缠能够形成类似于两伸缩振动纠缠的拍现象, 而当处于弯曲振动局域态时, 广义共生纠缠仍表现出十分周期的演化, 且纠缠度很低. 而当两种振动模式同时激发时, 三种振动模式则由伸缩–伸缩振动模式之间的纠缠占据了主导地位.

对于简正模式分子 NO_2 分子, 当处于伸缩振动局域态时, 纠缠的演化也能够形成稳定的拍现象, 而弯曲振动局域态时虽然纠缠的演化也表现为周期性行为, 但是与局域模式分子相比较其纠缠度明显的增高, 说明在简正模式分子处于较高激发态时弯曲振动与伸缩振动之间的耦合增强, 并且在三体纠缠中占据了较高的分量.

10.6 小　结

本章讨论了三原子分子内部两伸缩振动模式之间的纠缠动力学行为, 以及能量在两振动模式之间的流动的情况.

在较低的能级时, 简正模式和局域模式分子直积 Fock 初始态的纠缠动力学演化都表现出十分好的周期性. 但是简正模式分子线性熵的周期要远低于局域模式分子, 这表明在简正模式分子单振动模式量子态的稳定性要低于局域模式分子. 同时对于能量和纠缠的关系的考察, 两振动模式之间的纠关系说明分子内部的纠缠也同样可以被控制.

而当分子处于较高的振动能级时, 主要对于初始态为局域和简正模式态时的能量流动和纠缠演化的动力学行为进行了考察. 对于局域模式分子而言, 局域模式初始态纠缠的演化能够形成周期很长的拍. 由于在实验上已经成功地获得了存活时间很长的局域模式振动态, 因此这种长周期的拍也能够被利用来制作长时间存在的纠缠来作为量子信息的载体. 当处于这种局域模式初始态时, 局域模式分子的能量流动和纠缠仍然存在很好的对应关系. 而当简正模式初始态时, 能量的流动和纠缠的演化都是非周期的, 二者也没有很好的对应关系. 但简正模式初始态能够获得较局域模式初始态高很多的最大纠缠度. 简正模式分子在较高能级时, 不管是局域模式还是简正模式的初始态, 能量在两种模式之间的流动以及纠缠的演化均没有表现出很好的周期性, 二者也同样没有表现出很好的对应关系, 但是两种初始态能够获得相近的最大纠缠度.

参 考 文 献

[1] Tesch C M, de Vivie-Riedle R. Quantum computation with vibrationally excited molecules. Phys. Rev. Lett., 2002, 89: 157901

[2] de Vivie-Riedle R, Troppmann U. Femtosecond laser for quantum information technology. Chem. Rev., 2007, 107: 5082

[3] Zhao M Y, Babikov D. Phase control in the vibraional qubit. J. Chem. Phys., 2006, 125: 024105

[4] Shioya K, Yamashita K. Quantum computing using molecular vibrational and rotational modes. Mol. Phys., 2007, 105: 1283

[5] Cheng T W, Brown A, Quantum computing based on vibrational eigenstates: pulse area theorem analysis. J. Chem. Phys., 2006, 124: 034111

[6] Schröder M, Brown A, Realization of the CNOT quantum gate operation in six-dimensional ammonia using the OCT-MCTDH approach. J. Chem. Phys., 2009, 131: 034101

[7] Weidinger D, Gruebele M, Quantum computation with vibrationally excited polyatomic molecules: effects of rotation, level structure, and field gradients. Mol. Phys., 2007, 105: 1999

[8] Vala J, Amitay Z, Zhang B. Experimental implementation of the Deutsch-Jozsa algorithm for three-qubit functions using coherent molecular superpositions. Phys. Rev. A, 2002, 66: 062316

[9] Babikov D. Accuracy of gates in a quantum computer based on vibrational eigenstates. J. Chem. Phys., 2004, 121: 7577

[10] Wang X G, Ghose S, Sanders B, et al. Entanglement as a signature of quantum chaos. Phys. Rev. E, 2004, 70: 016217

[11] Zhang S H, Jie Q L. Quantum-classical correspondence in entanglement production: Entropy and classical tori. Phys. Rev. A, 2008, 77: 012312

[12] Zhai L, Zheng Y, Ding S. Dynamical entanglement and classical chaos in triatomic molecules: Lie algebraic model. Chin. Phys. B, 2012, 21: 070503.

[13] Mishima K, Yamashita K. Decoherence of intramolecular vibrational entanglement in polyatomic molecules. Int. J. Quantum Chem., 2009, 109: 1827

[14] Shapiro M, Brumer P. Principles of the Quantum Control of Molecular Processes. New York: John Wiley & Sons Ltd, 2003

[15] Zhai L, Zheng Y. Intramolecular energy transfer, entanglement and decoherence in molecular systems. Phys. Rev. A, 2013, 88: 012504

[16] Werner R F, Quantum states with Einstein-Podolsky-Rosen correlations admitting a hidden-variable model. Phys. Rev. A, 1989, 40: 4277

[17] Bruss D. Characterizing entanglement. J. Math. Phys., 2002, 43: 4237

[18] Hill S, Wootters W K. Entanglement of a pair of quantum bits. Phys. Rev. Lett., 1997, 78: 5022

[19] Osenda O, Serra P. Scaling of the von Neumann entropy in a two-electron system near the ionization threshold. Phys. Rev. A, 2007, 75: 042331

[20] Malinovsky V S, Sola I R. Phase-controlled collapse and revival of entanglement of two interacting qubits. Phys. Rev. Lett., 2006, 96: 050502

[21] Bennett C H, DiVincenzo D P, Smolin J A, et al. Mixed-state entanglement and quantum error correction. Phys. Rev. A, 1996, 54: 3824

[22] Vedral V, Plenio M B, Rippin M A, et al. Quantifying Entanglement. Phys. Rev. Lett., 1997, 78: 2275

[23] Kraus B, Cirac J I, Karnas S, et al. Separability in $2 \times N$ composite quantum systems. Phys. Rev. A, 2000, 61: 062302

[24] Bose S, Vedral V. Mixedness and teleportation. Phys. Rev. A, 2000, 61: 040101

[25] Nielsen M A, Kempe J. Separable states are more disordered globally than locally. Phys. Rev. Lett., 2001, 86: 5184

[26] Peres A. Separability criterion for density matrices. Phys. Rev. Lett., 1996, 77: 1413

[27] Horodecki M, Horodecki P, Horodecki R. Separability of mixed states: necessary and sufficient conditions. Phys. Lett. A, 1996, 223: 1

[28] Horodecki M, Horodecki P. Reduction criterion of separability and limits for a class of distillation protocols. Phys. Rev. A, 1999, 59: 4206

[29] Chen K, Wu L A. The generalized reduction partial transposition criterion for separablity of multipartite quantum states. Phys. Lett. A, 2002, 306: 14

[30] von Neuman J. Mathematical Foundation of Quantum Mechanics. Princeton: Princeton University Press, 1955

[31] Bennett C H, DiVincenzo D P, Smolin J A, et al. Mixed-state entanglement and quantum error correction. Phys. Rev. A, 1996, 54: 3824

[32] Hill S, Wootters W K. Entanglement of a pair of quantum bits. Phys. Rev. Lett., 1997, 78: 5022

[33] Wootters W K. Entanglement of formation of an arbitrary state of two qubits. Phys. Rev. Lett., 1998, 80: 2245

[34] Rungta P, Buzek V, Caves C M, et al. Universal state inversion and concurrence in arbitrary dimensions. Phys. Rev. A, 2001, 64: 042315

[35] Życzkowski K, Horodecki P, Sanpera A, et al. Volume of the set of separable states. Phys. Rev. A, 1998, 58: 883

[36] Vidal G, Werner R F. Computable measure of entanglement. Phys. Rev. A, 2002, 65: 032314

[37] Pykh Y A. Lyapunov functions as a measure of biodiversity: theoretical background. Ecological Indicators, 2002, 2: 123

[38] Mirrahimi M, Rouchon P, Turinici G. Lyapunov control of bilinear Schrödinger equations. Automatica, 2005, 41: 87

[39] Kellman M E. Algebraic resonance dynamics of the normal/local transition from experimental spectra of ABA triatomics. J. Chem. Phys, 1985, 83: 3843

[40] Wu G Z. Nonlinearity and Chaos in Molecular Vibrations. The Netherlands: Elsevier B.V., 2005

[41] Sanz L, Angelo R M, Furuya K. Entanglement dynamics in a two-mode nonlinear bosonic Hamiltonian. J. Phys. A, 2003, 36: 9737

[42] Yu T, Eberly J H. Sudden death of entanglement. Science, 2009, 323: 598

[43] Shor P W. Scheme for reducing decoherence in quantum computer memory. Phys. Rev. A, 1995, 52: 2493

[44] Troppmann U, Tesch C M, de Vivie-Riedle R. Preparation and addressability of molecular vibrational qubit states in the presence of anharmonic resonance. Chem. Phys. Lett., 2003, 378: 273

[45] Carvalho A R R, Mintert F, Buchleitner A. Decoherence and multipartite entangle-

ment. Phys. Rev. Lett., 2004, 93: 230501

[46] Hou X W, Hung J, Wan M F. Vibrational spectra and tripartite entanglement in hydrogen sulfide. Phys. Rev. A, 2012, 85: 044501

[47] Coffman V, Kundu J, Wootters W K. Distributed entanglement. Phys. Rev. A, 2000, 61: 052306

第 11 章　分子振动混沌动力学: 代数模型

从描写分子振动高激发态的 $U(4)$ 代数 Hamilton 量出发, 用 Gilmore 所建议的扩展玻色子算符把 $U(4)$ 代数 Hamilton 量经典化, 由此, 成功地构造了三原子分子、四原子分子等分子体系的势能面 [1~4].并由代数 Hamilton 量获得分子体系有关动力学特性的物理描述, 如强红外激光场中分子的多光子过程及其控制、分子的气相表面散射等 [5~7].近年来, 随着激光实验技术的不断进展, 人们对分子振动的实验观察已经涉及振动量子数很大的领域, 有关高激发振动态的研究也因此越来越受人们的重视. 分子高激发振动态是一种复杂的多体体系, 振动模式之间的非线性耦合作用使得高激发振动的谱图变得异常的复杂, 它的物理图像及内涵也异常丰富. 在高激发态研究领域中, 胡克定律已不适用, 更高级次的作用 (力常数为位移的三、四乃至五次方的函数), 使得高激发态的分子振动显示了许多低振动态所没有的一些特性, 如振动的局域性、不规则性 (非周期性) 以及振动的混沌性. 在动力学的研究领域, 分子高激发振动态的量子数大, 因此会显现出经典的效应. 同时在非线性及多重耦合作用下, 体系会产生不规则的运动. 经典意义下的不规则运动在量子系统中的对应行为 (如 "量子混沌"quantum chaos), 是分子高激发振动态动力学研究中引人关注的问题之一. 目前, 有关高激发振动态动力学的研究非常活跃. 分子高激发振动态可以近似为多维的非线性体系, 许多当前流行的非线性动力学概念 (如混沌、分形和 Lyapunov 指数等), 可以运用于体系动力学的研究. 分子振动的量子动力学纠缠、经典混沌, 以及量子和经典的对应等特性进行理论上的研究探索, 并帮助人们对这一有关问题作进一步理解. 毕竟, 量子信息和量子计算的最终成功将取决于对量子纠缠在理论上的理解和实验上的控制.

经典系统的混沌是指一种确定的但不可预测的运动状态. 所谓确定是指运动受确定性的运动方程所支配. 而不可预测的是指运动对于初始条件的敏感性, 即初始条件的微小变化在长时间的演化之后会形成很大的误差. 由于初始条件不可能被绝对精确的测定, 对系统长期演化的行为状态无法准确预测, 运动就表现出与随机运动相似的行为.

在量子力学的建立之初, Bohr 指出在量子数很大而改变很小的情况下, 量子理论所得的结果应趋近于经典物理学的结果, 反之亦然. 根据这一对应原理, 人们也开始寻找经典混沌在量子力学中的表现[8]. 而这些研究也正在引导人们将经典力学的思想和方法扩展到量子问题的讨论中去. 在分子振动和分子光谱学领域的长期研究中, 人们在量子力学理论框架下取得了巨大的成功. 高激发振动态的分子体系是一个不可积的体系, 因此, 运用量子力学的方法来处理分子高激发态问题将会遇到较大的困难. 近年来, 借助于经典力学的概念和方法来研究多原子分子振动问题的半经典方法引起了人们浓厚的兴趣. 半经典方法暗示着量子思想和经典的结合, 它在分子振动研究中的应用不仅开拓了分子振动光谱学和非线性动力学之间的联系, 而且大大丰富了人们对于分子振动和分子光谱的理解. 对于分子高激发态的混沌的分析有助于人们辨认高激发态时的振动能谱[9, 10]. 而在分子动力学方面, 半经典方法能够为人们提供分子振动的直观信息[11], 例如, Sibert III 等[12] 从经典的角度考察了局域模式振动和简正模式振动时分子内能量流动的情况, 这种考察能够定性并且形象的说明分子由简正振动模式向局域模式的转变. 从经典的角度去考察分子振动的问题, 不仅丰富了对量子物理的理解, 而且这些新的视角能够揭示被波函数所掩盖的一些重要的物理内涵.

在本章, 首先利用简单的可变参数的耦合 Morse 振子模型构造三原子分子振动的 Poincaré 截面图, 并分析截面图中轨线的动力学特征. 在对于相空间结构认识的基础上, 运用在第 2 章介绍的 $U(4)$ 代数模型的三原子分子振动 Hamilton 的经典极限, 考察实际分子 Poincaré 截面的结构并获得分子体系振动的信息. 在讨论中, 考虑体系的键角固定在平衡位置处时, 两种伸缩振动模式的经典动力学. 选择局域模式分子 H_2O 和 H_2S 以及简正模式分子 SO_2、O_3 和 NO_2 等五种三原子分子, 通过构造其二维 Poincaré 截面图观察并对比了这几种分子由低能级向高能级演化时相空间结构变化的特征.

11.1 Poincaré 截面

Poincaré 截面是观察多维体系 $(q_1, q_2, \cdots, q_N, p_1, p_2, \cdots, p_N)$ 相空间中轨迹特性的一种重要方法. 对于 N 自由度的 Hamilton 系统, 由于能量守恒, 轨迹只能在 $2N-1$ 维的空间中运动. 此时可以选择一个面, 如 $q_1 = q_{10}$, 为截面来作为观察区间, 则轨迹与截面相交时的坐标为

$$X = (q_2, \cdots, q_N, p_1, p_2, \cdots, p_N). \tag{11.1}$$

能够在截面上观察到一系列的 X_n 点, 而通过考察这一系列交点性质就可以获得相空间中轨迹的性质.

对于两自由度的 Hamilton 体系, 由于能量守恒, 轨迹在 3 维的相空间中运动. 因此, 可以选择适当截面来获得直观的二维截面图[13], 如图 11.1 所示.

截面上变量 q_i 和 p_i 的频率之比定义为转动数 α, 当 α 为有理数时, 截面上会得到有限个点, 而当 α 为无理数时, 截面图上会形成闭合的曲线, 这种运动称为准

周期运动. 一般而言, 截面图上的痕迹有如下的特点:

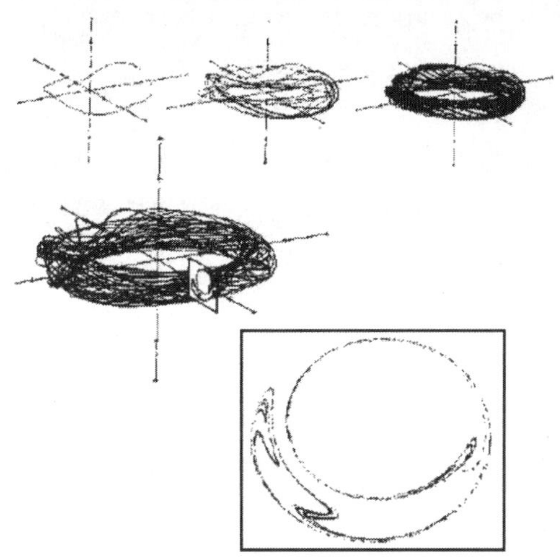

图 11.1 Poincaré 截面图[13]

(1) 当截面上有一个或者少数的离散点时, 相空间中轨迹是周期性轨迹.

(2) 当截面图中出现一条连续闭合曲线或者一系列“岛屿链”时, 相空间中的轨迹为准周期轨迹. 此时, 周期性的轨迹会出现在诸“岛屿”的中心.

(3) 当相空间中的轨迹是混沌轨迹时, 截面图中的痕迹表现为弥散且不规则的点集.

因此, 可以通过观察截面图中轨线的形状来获知体系相空间中轨迹的性质.

为得到体系的加莱截面, 要精确数值求解 Hamilton 正则方程:

$$\frac{\mathrm{d}q_\alpha}{\mathrm{d}t}=\frac{\partial\mathcal{H}}{\partial p_\alpha},\qquad \frac{\mathrm{d}p_\alpha}{\mathrm{d}t}=-\frac{\partial\mathcal{H}}{\partial q_\alpha}. \tag{11.2}$$

对式 (11.2) 进行数值积分能够获得体系的动力学的信息. 在计算中, Poincaré 截面定义为 $r_\alpha=0$, 并观察轨迹与截面相交时 r_α 和 p_α 所形成的痕迹. 考虑到 Hamilton 量是 p_α^2 的函数, 能量守恒并不能够获得唯一的 p_α 的值. 因此, 要使得痕迹为唯一确定的值, 要求截面要同时满足条件 $p_\alpha>0$ 或 $p_\alpha<0$, 即轨迹仅从一个方向穿过截面. 这样能在截面上看到一系列唯一的痕迹, 这些痕迹能够忠实的反映出轨迹的本质.

对于一个 Hamilton 量为 $\mathcal{H}(q_1,p_1,q_2,p_2)$ 的体系, 在计算 $q_2=\text{constant}$ 且 $p_2>0$ 的截面时, $q_2=\text{constant}$ 是不可以精确实现的. 可以采取一些近似的方法处理. 首先, 选取一个在误差允许范围内的一个很小的值 e, 当 $|\,q_2-\text{constant}\,|<\mathrm{e}$ 且 $p_2>0$

时, 就认为 $q_2 = \text{constant}$, 并选取这一时刻 q_1, p_1 的值作为截面上的点. 这样选点可以使计算程序简化, 也能在一定程度上缩短计算所需的时间. 但是这样计算时会忽略去不少满足条件的点, 不能忠实地反应截面的性质. 一般是观察 $q_2 - \text{constant}$ 的值改变正负号的情形, 当发现 $[q_2(t_j) - \text{constant}] * [q_2(t_{j+1}) - \text{constant}] < 0$ 时, 认为轨迹穿过截面一次. 以 $q_2(t_{j+1})$ 为独立变量, 对 $q_1(t_{j+1}), p_1(t_{j+1})$ '倒退' 积分一次, 若能保持能量的守恒, 则所得到的 q_1, p_1 的值就是所需的数值[14]. 具体的表达式是

$$\begin{aligned} q_1 &= \frac{\partial\mathcal{H}/\partial p_1}{\partial\mathcal{H}/\partial p_2}[q_0 - q_2(t_{j+1})] + q_1(t_{j+1}), \\ p_1 &= -\frac{\partial\mathcal{H}/\partial q_1}{\partial\mathcal{H}/\partial p_2}[q_0 - q_2(t_{j+1})] + p_1(t_{j+1}), \end{aligned} \tag{11.3}$$

其中 q_0 表示常数. 这样的取值比直接选取 $q_1(t_j)$ 和 $p_1(t_j)$ 或者 $q_1(t_{j+1})$ 和 $p_1(t_{j+1})$ 作为截面的点要精确很多.

11.2 分子代数 Hamilton 的经典极限

11.2.1 分子振动动能的提取

如前所述, 基于分子的代数 Hamilton 量, 可有几种不同的方法求得其对应的经典极限. 但是, 常用的是两种方法, 即 intensive 平均和复量代换的正则变化.

把对应代数 Hamilton 量的经典极限写成

$$\mathcal{H}_{cl} = \mathcal{H}_{cl}(\boldsymbol{q}_1, \boldsymbol{p}_1; \boldsymbol{q}_2, \boldsymbol{p}_2). \tag{11.4}$$

为了描述分子振动的混沌动力学, 需要获得分子 Hamilton 量式 (11.4) 经典的动能和势能表达式. 在第 5 章求得了分子的势能部分[1, 15]:

$$V(\boldsymbol{q_1}, \boldsymbol{q_2}) = \mathcal{H}_{cl}(\boldsymbol{q_1}, \boldsymbol{p_1} = 0, \boldsymbol{q_2}, \boldsymbol{p_2} = 0). \tag{11.5}$$

具体势能面的表达式由式 (5.49) 给出. 该势能的一般性质, 在第 5 章进行了讨论. 但是, 从表达式 (11.4) 求得分子的动能, 并不是一件容易的事情. 这里, 采用另外一种方法求出分子的动能部分 (基于 Born-Oppenheimer 近似).

分子的动能可以写成[16]

$$T = \sum_{i,j} G_{i,j} p_i p_j \quad (i, j = 1, 2, 3), \tag{11.6}$$

这里 p_1 和 p_2 是分子伸缩振动的动量, 而 p_3 分子弯曲振动的动量. 在本章不考虑

分子的弯曲振动, 即设 $p_3 = 0$. 对三原子分子, 其动能矩阵可写成

$$G_{11} = \frac{1}{2}(\mu_1 + \mu_2), \quad G_{12} = \frac{1}{2}\mu_3 \cos\phi_0, \qquad (11.7)$$
$$G_{21} = \frac{1}{2}\mu_3 \cos\phi_0, \quad G_{22} = \frac{1}{2}(\mu_2 + \mu_3),$$

其中 $\mu_1 = 1/m_1$, $\mu_2 = 1/m_2$, m_1 和 m_2 分别是分子两端原子的质量; $\mu_3 = 1/M$, 而 M 分子中间原子的质量; ϕ_0 分子的平衡键角. 动能式 (11.6) 可重写成

$$T(p_1, p_2) = \frac{1}{2}[(\mu_1 + \mu_3)p_1^2 + (\mu_2 + \mu_3)p_2^2] + \mu_3(\cos\phi_0)p_1 p_2. \qquad (11.8)$$

11.2.2 分子的经典 Hamilton 量

在分子键角冻结的情况下, 其经典 Hamilton 量, 即式 (5.49) 与式 (11.8) 相加, 即

$$\mathcal{H}_{cl}(r_1, r_2, p_1, p_2) = T(p_1, p_2) + V(r_1, r_2). \qquad (11.9)$$

正则坐标 (r_1, r_2) 和正则动量 (p_1, p_2) 满足 Hamilton 正则方程[17~19]

$$\frac{\mathrm{d}r_\alpha}{\mathrm{d}t} = \frac{\partial \mathcal{H}_{cl}}{\partial p_\alpha}, \qquad (11.10)$$
$$\frac{\mathrm{d}p_\alpha}{\mathrm{d}t} = -\frac{\partial \mathcal{H}_{cl}}{\partial r_\alpha} \quad (\alpha = 1, 2).$$

应用上述方程, 可以研究分子振动的混沌动力学.

11.3 局域模分子参数

为了区分局域模与正则模分子, 局域分子参数定义为

$$\xi = -\chi/\lambda_{rr'}, \qquad (11.11)$$

其中 χ 分子的非谐性参数, $\lambda_{rr'}$ 是分子两个键的耦合参数. 对正则模分子 $|\xi| \ll 1$, 而局域模分子则相反. 分子 $U(4)$ 代数模型的非谐性参数是

$$\chi_i = -4(A_i + A_{12}). \qquad (11.12)$$

而, 两个键间的耦合参数是

$$\lambda_{rr'}=\frac{1}{2}\omega_i\left(\frac{g_{rr'}^{(e)}}{g_{rr}}+\frac{f_{rr'}^{(e)}}{f_{rr}}\right) \tag{11.13}$$

$$=\frac{1}{2}\omega_i\left[\frac{\left(\dfrac{\partial^2 T}{\partial p_1\partial p_2}\right)_e}{\left(\dfrac{\partial^2 T}{\partial p_i^2}\right)_e}+\frac{\left(\dfrac{\partial^2 V}{\partial r_1\partial r_2}\right)_e}{\left(\dfrac{\partial^2 V}{\partial r_i^2}\right)_e}\right],$$

其中 $\omega_i=-4(A_i+A_{12})N_i$ 分子键的谐性参数. 这里上 (下) 标 e 表示分子处于平衡位置时的值. 那么, 分子局域参数用分子代数模型参数表示为

$$\xi^{-1}=\frac{N_i\mu_3\cos\phi_0}{\mu_1+\mu_3}+\frac{\lambda N_i^3\beta_i^2}{4(A_i+A_{12})+4A_{12}N_i^2\beta_i^2-\lambda N_i^2\beta_i^2}. \tag{11.14}$$

表 11.1 列出了三个分子的 χ_i, $\lambda_{rr'}$ 和 ξ 参数.

表 11.1 对 H_2S、NO_2 和 O_3 的 χ_i, $\lambda_{rr'}$ 和 ξ

分子	χ_i	$\lambda_{rr'}$	ξ
H_2S	−62.84	−9.3396	−6.7283
NO_2	−7.5988	−122.6529	−0.0620
O_3	34.6432	−82.9153	0.4178

11.4 耦合 Morse 振子体系的混沌动力学

11.4.1 耦合 Morse 振子经典 Hamilton 量

对于一个 N 原子组成的弯曲分子, 其振动自由度为 $3N-6$ 个, 而对于线性分子, 有 $3N-5$ 个振动自由度. 这些振动可以由简正坐标或者局域坐标来描述. 当采用简正坐标描述分子振动时, 多原子分子的振动被分解为一系列的简正振动模. 这些振动模描述了每个原子都以相同的频率, 而以不同的振幅在其平衡位置做简谐振动, 但相位可能相同或者相差 π. 这些振动模相互独立, 可以作谐振子来处理. 简正模式坐标在描述分子低激发态振动时非常有效, 特别是 Hamilton 量中的动能部分数学形式非常简洁. 但是在处理高激发态时, 简正坐标描述的势能项将会失去相应的物理直观意义. 而局域坐标是将分子的每一个键看成为一个孤立的振子体系, 此时分子振动的自由度则是由这些振子的自由度来构成. 以弯曲三原子分子为例, 其三个振动自由度为: 两个振子的伸缩振动自由度以及弯曲振动自由度. 由这两种坐标构建的 Hamilton 量虽然在形式上存在差异, 但是二者对于分子振动问题的描述却是等价的.

基于局域坐标来描述分子振动, 人们发展了许多理论模型, 例如, 谐性耦合的非谐性振子模型 (HCAO)[20] 和非谐性耦合的非谐振子模型 (ACAO)[21] 等. 在讨论

具体分子振动的问题之前, 首先计算非谐性耦合的 Morse 振子模型 (ACAO)[21] 的振动来模拟实济的分子振动. 借助这种模型, 简要给出了三原子分子振动相空间的基本结构.

在采用局域模式坐标时, 非谐性耦合 Morse 体系的经典 Hamilton 量可写为

$$\mathcal{H}=\sum_{i=1}^{2}\mathcal{H}_i+g_{rr'}p_1p_2+f_{rr'}y_1y_2, \tag{11.15}$$

其中单个 Morse 振子 Hamilton 量 $\mathcal{H}_i \quad (i=1,2)$ 一般被用来表示分子中单键伸缩振动 Hamilton 量. $\mathcal{H}_i$ 的具体形式为

$$\mathcal{H}_i=\frac{1}{2\mu_i}p_i^2+D_iy_i^2 \quad (i=1,2), \tag{11.16}$$

其中 $y_i=1-\mathrm{e}^{-\beta_i r_i}$ 是 Morse 变量; r_1, r_2 表示分子键长; D_i 是单键的解离能; β_i 是 Morse 参数; p_1 和 p_2 是与分子键长共轭的振动动量; μ_i 是 Morse 振子的折合质量. $f_{rr'}$ 代表坐标间的耦合, 可以通过分子光谱的拟合得到; 而 $g_{rr'}$ 是动量之间的耦合, 由 G 矩阵可知, $g_{rr'}=\cos\phi_0/m_B$, ϕ_0 是三原子分子的平衡键角.

11.4.2 局域模式参数

局域模式分子和简正模式分子是小分子体系中的两种基本类型的分子, 它们具有截然不同的性质[20~22].在光谱学的研究中发现这两种分子的光谱性质存在着很大的差异, 局域模式分子的光谱会出现局域模式双峰现象[23], 而简正模式分子的振动光谱是随着总振动量子的增加而均匀的增加[24]. 二者的动力学表现也是截然不同. 例如, 局域模式分子会易于形成局域模式的振动, 而简正模式分子的振动则主要由简正模式振动构成.

为计算方便, 体系的参数取值设定为 $\mu=1$ a.u., $\beta_i=1$ $\mathrm{\AA}^{-1}$ 和 $D_i=1$ a.u.. 一旦非谐振子的参数被设定, 则整个体系的动力学性质将由两个振子的耦合参数 $g_{rr'}$ 和 $f_{rr'}$ 决定. 因此, 改变耦合参数的取值就可以模拟不同的体系的振动. 对于局域模式分子体系, 选择耦合参数较低的情况, 即 $g_{rr'}=f_{rr'=}-0.014$. 同时, 选 $f_{rr'}=g_{rr'}=-0.5$ 耦合强度较高的情况来模拟简正模式分子的振动. 对于弱耦合和强耦合两种体系, ξ 的取值分别为 0.0046 和 1.62, 分别属于局域模式分子和简正模式分子的范畴.

11.4.3 Poincaré 截面

对于要讨论的耦合 Morse 振子体系, r_1, r_2 和 p_1, p_2 满足 Hamilton 正则方程:

$$
\begin{aligned}
\frac{\mathrm{d}r_1}{\mathrm{d}t} &= \frac{1}{\mu_1}p_1 + g_{rr'}p_2; \\
\frac{\mathrm{d}p_1}{\mathrm{d}t} &= 2D_1\beta_1\mathrm{e}^{-\beta_1 r_1}(1-\mathrm{e}^{-\beta_1 r_1}) + f_{rr'}\beta_1\mathrm{e}^{-\beta_1 r_1}(1-\mathrm{e}^{-\beta_2 r_2}); \\
\frac{\mathrm{d}r_2}{\mathrm{d}t} &= \frac{1}{\mu_1}p_2 + g_{rr'}p_1; \\
\frac{\mathrm{d}p_2}{\mathrm{d}t} &= 2D_2\beta_2\mathrm{e}^{-\beta_2 r_2}(1-\mathrm{e}^{-\beta_2 r_2}) + f_{rr'}\beta_2\mathrm{e}^{-\beta_2 r_2}(1-\mathrm{e}^{-\beta_1 r_1}).
\end{aligned}
\tag{11.17}
$$

对式 (11.17) 进行数值积分能够获得体系的动力学的信息. 这一节, Poincaré 截面定义为

$$
\begin{cases} r_2 = 0, \\ p_2 > 0, \end{cases}
\tag{11.18}
$$

即轨迹仅从 “正” 方向穿过截面.

11.4.4 弱耦合体系

1. 弱耦合体系低能级时的混沌动力学

图 11.2 给出了弱耦合体系, 即 $g_{rr'} = f_{rr'=} -0.014$ 时, 振动总能量为 0.2a.u. 时的截面图.

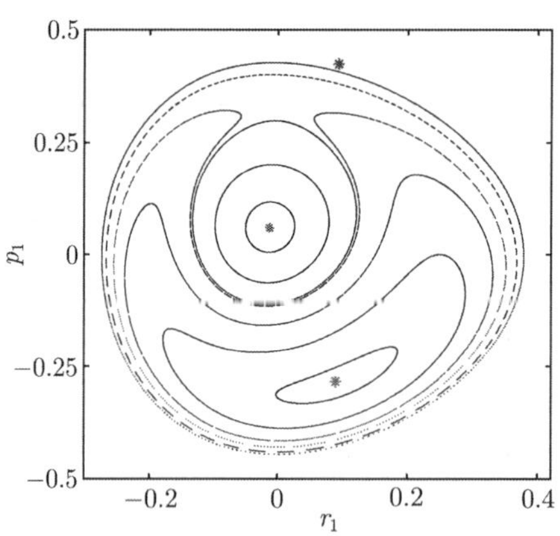

图 11.2 弱耦合 Morse 振子体系振动能量为 0.2a.u. 时的 Poincaré 截面图

图 11.2 中含有三条周期振动的轨迹, 在截面图中用红色 (中)、蓝色 (上) 以及绿色 (下) 周期点来标注. 这三个周期点是整个 Poincaré 截面的骨架, 以这个三个周期点为中心, 将截面图大体的分成三部分, 两个局域模式振动区域和反对称简正振动模式区域. 在之前的研究, Brumer 等[17] 依据这些区域的形状, 曾形象的将它们命名为 “蛋黄”, “外壳” 以及 “月牙” 区域.

蛋黄区域是由一条局域模式的周期轨迹和围绕着它的准周期的轨迹所构成. 通

过对于单键的能量的考察可以发现, 周期轨线对应与体系中的近乎全部振动能量集中于振子 2 上时的局域振动模式, 而键 1 则以很低的能量在振动, 如图 11.3(a) 中所示.

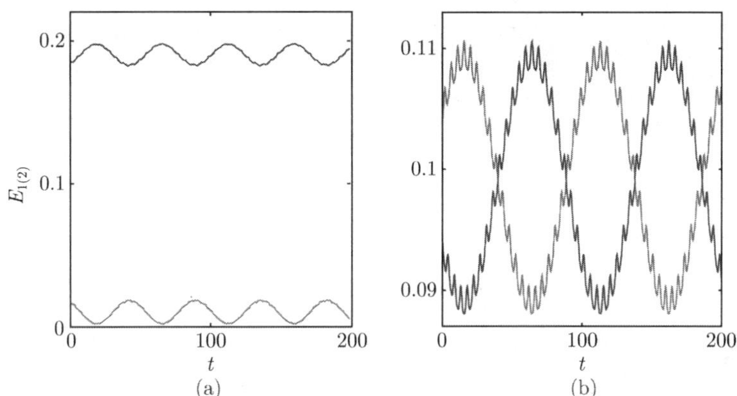

图 11.3 弱耦合 Morse 振子体系局域模式初始态 (a) 和简正模式初始态 (b) 时的能量流动

此时, 两键的能量变化幅度很小, 这意味着能量在键之间流动的程度很低. 而围绕在周期点之外的准周期闭合轨线所代表的不是纯粹的局域模式的振动. 当选择的轨线由中心向外围变化时, 两振子的能量差会逐渐降低. 这个区域命名为局域模式振动区域 1. 相应地, 外壳区域就是振子 2 的能量低于振子 1 能量的区域, 两部分区域中轨线的动力学具有类似的性质, 称这 区域为局域模式区域 2.

月牙区域是反对称振动模式区域, 由中心的反对称简正模式的周期轨迹以及围绕着周期轨道的准周期的闭合轨迹构成. 同样, 在图 11.3(b) 中给出了简正模式区域轨迹能量变化的曲线, 可以看出两个振子以一种周期的形式进行能量的交换, 并且能量变化的幅度也是在一个很小的范围之内进行. 周期轨迹对应于反对称简正模式的振动, 通过对键伸缩的动力学考察发现, 两键具有相同的频率, 并且相位相反. 这是弱耦合体系中简正模式振动的特点. 观察准周期闭合轨道, 由周期点向外选择轨线观察, 发现能量变化的幅度将会增大.

2. 弱耦合体系高振动能级混沌动力学

两振子之间的耦合可以看成对于两孤立振子振动的微扰. KAM 理论认为体系之间的耦合会破坏体系的可积性[25]. 随着能级的提高, 两振子之间的耦合会增强, 则整齐规则的 Poincaré 截面将会受到破坏. 一个 Hamilton 系统的相空间中存在有层层嵌套的无理环面和有理环面. 当系统受到微扰之后, 最先破裂的是有理环面, 有理环面会在原有的位置形成非线性共振岛屿链, 并且这些岛屿链具有很好的自相似结构. 而无理环面受到的影响很小, 它只会出现形变而不会破裂. 但由于耦合强度的增强, 非线性共振岛屿会出现重叠而最终导致混沌轨迹的产生. 在最初的阶段, 混沌只会出现在有理环面周围的小范围区域, 而无理环面则会阻碍这些这些混沌轨迹在相空间中的扩散[25].

图 11.4 给出了弱耦合体系能量为 0.95a.u. 时的 Poincaré 截面图.

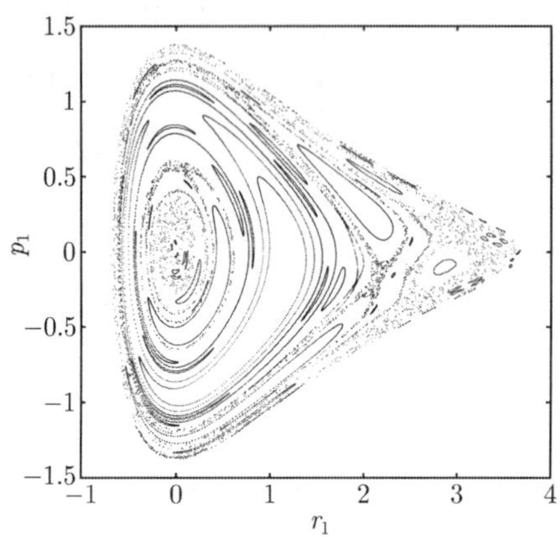

图 11.4 弱耦合 Morse 振子体系能量为 0.95a.u. 时的 Poincaré 截面图

图 11.4 展示了混沌和规则轨道共存时的截面图, 可以看到在局域模式振动的区域出现了很多的共振岛屿, 并且在一些主要的共振岛屿的周围有混沌的轨迹存在. 这些混沌的轨迹是由于较大共振岛屿附近存在着的小共振岛屿的重叠造成的. 可以形象的理解为, 起源于共振重叠区域的轨线, 可以在各个共振区域穿梭, 所以形成了具有很复杂结构的混沌轨迹. 同时, 在每层混沌轨迹之间都存在有闭合的准周期轨线, 这些闭合的轨线最终限制着混沌轨线在整个截面上的扩散.

在分子混沌动力学的研究中, 人们也发现混沌对于分子内能量的转移有着很重要的推动作用. 图 11.5 给出了图 11.4 中局域模式 1 区域中部分轨线对应的两键能量变化的情况.

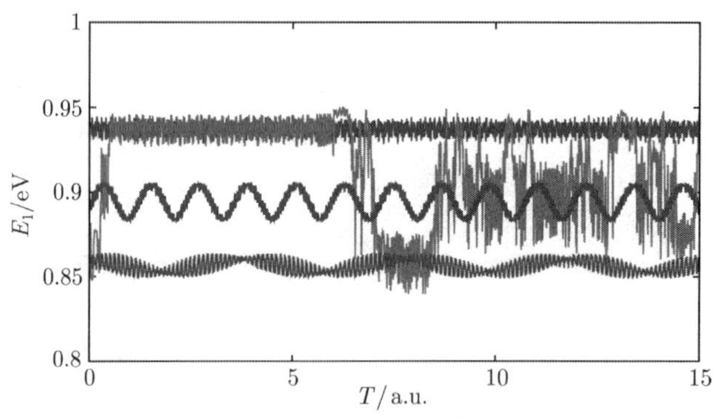

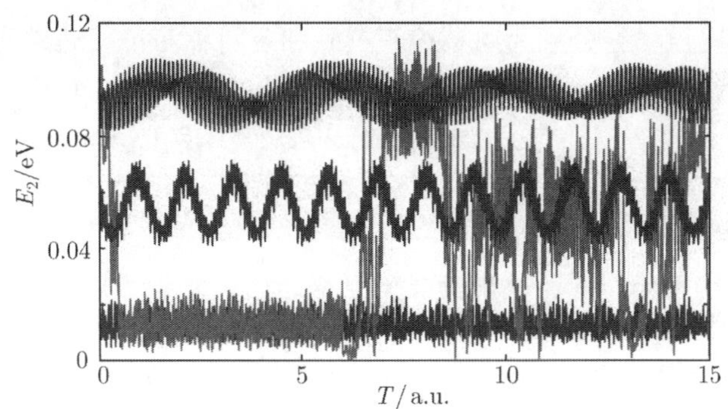

图 11.5 图 11.4 中混沌轨迹及部分共振岛屿对应的能量变化

其中浅灰色的曲线代表了混沌轨迹时能量的变化, 而黑色曲线则代表了混沌轨迹包围下的共振岛屿所对应的能量的变化

可以看到共振岛屿内部的周期性轨迹对应的两键能量的变化和局域模式轨线很类似, 都是在一个很小的范围之内振动. 而混沌轨迹时, 两键能量能够在多个共振能量上变动, 这也说明了混沌轨迹能够在各共振岛屿之间穿梭. 能量的这种变化行为也说明混沌能够促进键之间能量的交流.

11.4.5 强耦合体系

1. 断裂轨线

本节讨论耦合参数为 $g_{rr'} = f_{rr'=} -0.5$ 的强耦合体系的振动性质. 强耦合体系时, 能量在两振子之间的 "自由流动", 这就使两个振子的能量始终在同一个范围之内波动, 因而没有局域模式运动出现. 其动力学性质的不同, 也使得强耦合 Morse 振子体系的截面图与弱耦合时的情况截然不同.

图 11.6 给出了强耦合体系 $E = 0.01$a.u. 时的 Poincaré 截面图. 此时的截面图

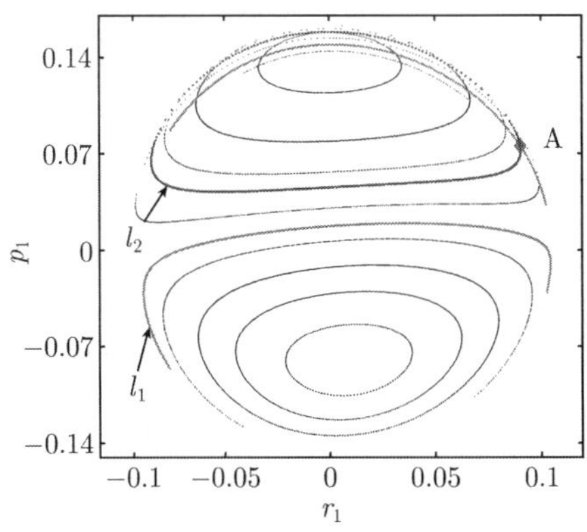

图 11.6 强耦合 Morse 振子体系能量为 0.01a.u. 时的 Poincaré 截面图

是由上下两个半圆组成，分别为对称简正模式和反对称简正振动模式区域. 然而在周期性点和准周期闭合轨线之外，还有很多的不闭合和相交的轨线. 根据之前的讨论知道截面图上通常有周期点、准周期闭合轨线、岛屿链以及混沌轨迹等类型轨线存在，并且通常这些轨线时不相交. 那么，在图上发现的这种貌似很不符合常识的轨线又代表着什么呢？

事实上，轨线不闭合和相交的现象都是由轨线的断裂引起的. 例如，以图 11.6 中的绿色轨线 l_1 为例. 这条轨线是由两部分的线段构成：一部分的 l_1 出现反对称简正振动模式区域的外围；但是另外一部分却出现在了对称简正振动区域的上边缘，并且和该区域内很多的闭合轨线相交，将这种轨线称为“断裂轨线”[26]. 一般而言，截面图上的一个点对应于体系振动的一种状态，因此轨线出现交叉是不允许的. 观察断裂轨线 l_1 与闭合轨线 l_2 的交点 A 如图 11.6 所示，A 对应了两种振动状态. 对于轨线 l_1，交点 A 对应于 $(r_1 = 0.09008, p_1 = 0.07569, r_2 = 0; p_2 = 0.06721)$，而对于轨线 l_2，交点 A 对应的状态是 $(r_1 = 0.09008, p_1 = 0.07569, r_2 = 0; p_2 = 0.00847)$，这两种运动状态均满足 Poincaré 截面的条件.

为了深入理解这些断裂轨线的性质，对图 11.6 中断裂轨线 l_1 对应的两键振动能量进行了考察，如图 11.7 所示.

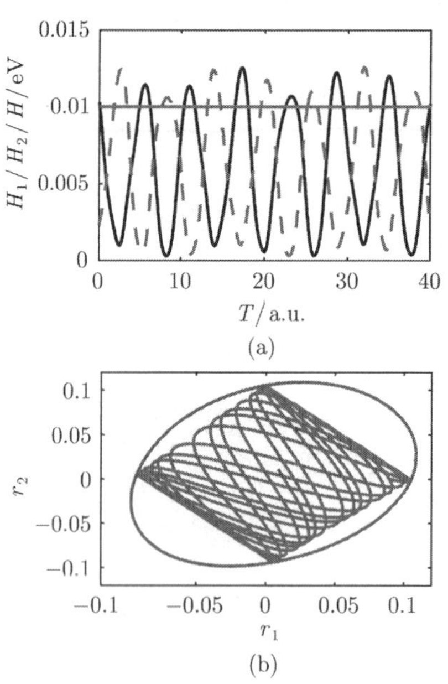

图 11.7　与图 11.6 中轨线 l_1 对应的能量演化 (a)，及两键振动的情况 (b)

这类轨线对应于初始时一个振子占据近全部的能量的振动情况，称之为“局域模式初始态”. 但有趣的是，在 l_1 的能量随时间演化的过程中会不时的出现单个振子的振动能量超越总振动能量的情况. 同时, 考察键振动的情况, 如图 11.7(b) 所示, 发现即便是有单个振子的能量超过体系的总能量的情况出现, 振子的振动仍然在势能曲线 $V = 0.1\text{a.u.}$ 的包络范围之内. 其中, V 是体系的势能, 写为

$$V(r_1,r_2)=D_1\left[1-\mathrm{e}^{-\beta_1 r_1}\right]^2+D_2\left[1-\mathrm{e}^{-\beta_2 r_2}\right]^2 \\ +f_{rr'}\left[1-\mathrm{e}^{-\beta_1 r_1}\right]\left[1-\mathrm{e}^{-\beta_2 r_2}\right]. \tag{11.19}$$

图 11.7(b) 的结果也说明, 局域模式坐标也同样适用于描述简正模式分子振动的, 并且利用式 (11.17) 获得的体系振动信息是准确的.

为了正确的理解这种奇怪的现象, 需要理解由式 (11.16) 获得的单个振子振动能量的意义. 一个孤立的 Morse 振子振动 Hamilton 在笛卡儿坐标系中的形式如下:

$$\mathcal{H}=\frac{1}{2}m_1\dot{x_1}^2+\frac{1}{2}m_2\dot{x_2}^2+D\left[1-\mathrm{e}^{-\beta(x_2-x_1)}\right]^2 \\ =\frac{1}{2m_1}p_1^2+\frac{1}{2m_2}p_2^2+D\left[1-\mathrm{e}^{-\beta(x_2-x_1)}\right]^2. \tag{11.20}$$

其中 m_i、x_i、p_i $(i=1,2)$ 分别表示了构成这个振子的单个粒子的质量、坐标以及动量. 当只考虑振动时, 分子不表现出平动行为, 则其质心守恒

$$m_1x_1+m_2x_2=0, \tag{11.21}$$

对时间求导, 可以得到

$$m_1\dot{x_1}=-m_2\dot{x_2}, \quad 即\ p_1=-p_2. \tag{11.22}$$

则 Hamilton 量式 (11.20) 可以改写为

$$\mathcal{H}=\frac{1}{2}\left(\frac{1}{m_1}+\frac{1}{m_2}\right)p_1^2+D\left[1-\mathrm{e}^{-\beta(x_2-x_1)}\right]^2. \tag{11.23}$$

对比 Hamilton 量式 (11.23) 和式 (11.16), 可以看出: $p_1^2=p_2^2=p_r^2$ 或者 $|p_1|=|p_2|=|p_r|$. 这说明当用式 (11.16) 描述一个振子的动量时, 实际上默认这个振子是孤立的. 构成该振子的两个原子的动量绝对值相同, 并且都等于振子的动量. 显然在考虑整个振子体系时, 如三原子分子体系, 不可能会出现孤立振子的情况, 因此利用式 (11.16) 是不能正确的获得键的实际能量的. 振子 1 的能量和总的振动能量之差表示为

$$\mathcal{H}-\mathcal{H}_1=\mathcal{H}_2+\mathcal{H}_{12}. \tag{11.24}$$

若振子 2 的能量很低, 并且 $\mathcal{H}_{12}$ 为负值且绝对值大于 $\mathcal{H}_2$ 时, 就必然会出现振子 1 的能量大于总能量的情况. 在截面图中, 该条件只能在一个特定的范围之内会出现. 例如, 在对称振动模式区域的上侧, 所以会出现轨线破裂并且相交的情况.

2. 强耦合体系高激发态振动的混沌动力学

当处于高能级激发态时，强耦合体系也会出现共振岛屿和混沌轨迹. 图 11.8 给出了体系总能量为 0.55a.u. 和 0.9a.u. 时的 Poincaré 截面图.

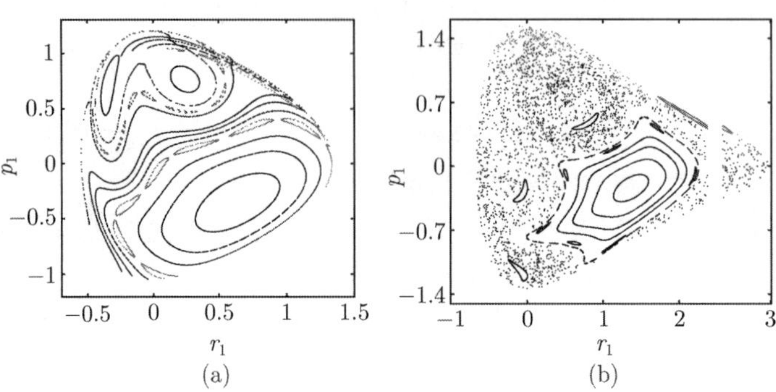

图 11.8　强耦合 Morse 振子体系能量为 0.55a.u. (a) 和 0.9a.u.(b) 的 Poincaré 截面图

此时，截面图依然由对称和反对称的简正模式区域组成. 在图 11.8(a) 中，存在许多断裂的共振岛屿链，这些断裂的岛屿链也同样代表着单个振子的能量高于总能量的情况. 随着能量的提高，截面图中混沌的轨迹开始占据较大的比重. 轨线的断裂和相交的现象也被混沌的轨迹多掩盖. 但是，依旧可以在截面的上边缘发现一部分混沌点稠密的区域，这部分区域对应与单键的能量高于体系总能量的情况也是轨线交叉的区域.

振子之间强烈的耦合相互作用是造成单个振子的能量超越总的振动能量的情况的原因. 在局域模式分子等弱耦合体系中，由于耦合要远远低于单体振动的能量，这种“异常”的情况一般很少会出现. 但是对于强耦合体系，用式 (11.16) 计算所得的单个振子的能量，无法反应体系中一个振子的实际能量. 这里，用式 (11.16) 计算所得的振子能量称之为“伪能量”. 因此对于很多涉及分子内振动能量的动力学问题的进行讨论时，如 IVR、分子的解离等问题，需要对伪能量进行修正以获得一个合适的结果.

对于本节所讨论的 y_1 和 y_2 为线性耦合的情况，可以依据各振子对于耦合部分的贡献将耦合分配到两个振子的能量之中. 那么，单个振子的能量可以重新改写为

$$\mathcal{H}_i' = \mathcal{H}_i + \frac{|p_i|}{|p_1| + |p_2|} g_{rr'} p_1 p_2 + \frac{|y_i|}{|y_1| + |y_1|} f_{rr'} y_1 y_2, \tag{11.25}$$

利用该式对图 11.8 中任意一条混沌轨迹所对应的键的能量的变化进行了计算，结果如图 11.9 所示.

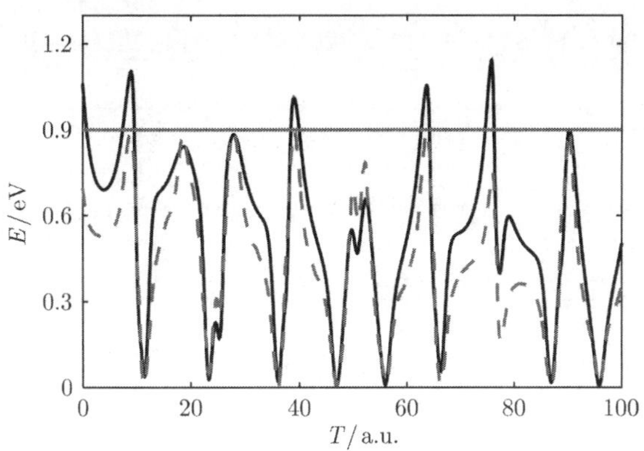

图 11.9 与图 11.8 中混沌轨迹对应的"伪能量"(实线) 以及由式 (11.25) 计算所得的能量 (虚线), 灰线表示振动的总能量

图中实线是用式 (11.16) 计算所得的振子 1 的能量随时间变化的曲线. 可以看到, 振子 1 的伪能量不仅能够不时地超越体系振动的总能量, 而且还会不时地超过单个振子的解离能量 D_i. 然而观察由式 (11.25) 计算所得的能量, 可以发现其变化范围总是在总能量的约束之下. 因此, 用这种方法对振子能量的改进是可行的.

在对于 y_1 和 y_2 为线性耦合的情况, 可以用上述的方法来获得一个耦合体系中单个振子的能量. 但是对于二者为非线性耦合等复杂的情况时, 这种直接提取单个振子能量的方法将会失效. 因此在采用 Lie 代数方法对具体分子的讨论时, 仍然采用单个振子的伪能量来近似地描述分了内能量转移的问题, 在一定的程度上这种方法能够对所要讨论的问题做出合理的解释和说明.

11.5 三原子分子振动混沌动力学

通过前几节的讨论, 已经了解了分子振动相空间的基本结构以及其所蕴涵的动力学的特征. 在此基础之上, 本节对局域模式分子 H_2O、H_2S 和简正模式分子 SO_2, NO_2 以及 O_3 的振动混沌动力学进行讨论.

利用已经获得的经典 Hamilton 量式 (11.9) 构造这些分子的 Poincaré 截面, 其运动方程可通过求解正则方程式 (11.2) 得到. 通过光谱拟合, 文献 [1] ~ [3] 得到了这几种分子 Hamilton 量式 (11.9) 的参数, 如表 11.2 所示.

表 11.2 中参数 A_i 决定了振动模式的非谐性系数, 而 λ 则代表了振动模式之间的耦合强度. 在 Lie 代数模型之下, 分子的局域模式参数 ξ 可以写为

$$\xi = \frac{2}{\pi}\left|\arctan\left(\frac{8\lambda}{A_i + A_{12}}\right)\right|. \tag{11.26}$$

上述分子的局域模式参数在表 11.3 中给出.

表 11.2　H_2O、H_2S、SO_2、NO_2 以及 O_3 分子经典 Hamilton 量参数

分子	N_i	A_i	A_{12}	λ
H_2O	42	−18.2219	−2.85	1.0571
H_2S	40	−13.57	−2.14	0.458
SO_2	163	−1.594397	−0.0585123	0.59870615
NO_2	115	−1.9052	0.0055	−0.6369
O_3	70	−11.6522	2.9914	−3.0782

表 11.3　H_2O、H_2S、SO_2、NO_2 以及 O_3 分子的局域模式参数

分子	H_2O	H_2S	SO_2	NO_2	O_3
ξ	0.2430	0.14	−0.5987	0.7728	0.7847

11.5.1　H_2O 分子

图 11.10 给出了 H_2O 分子在四个能级时 Poincaré 截面图.

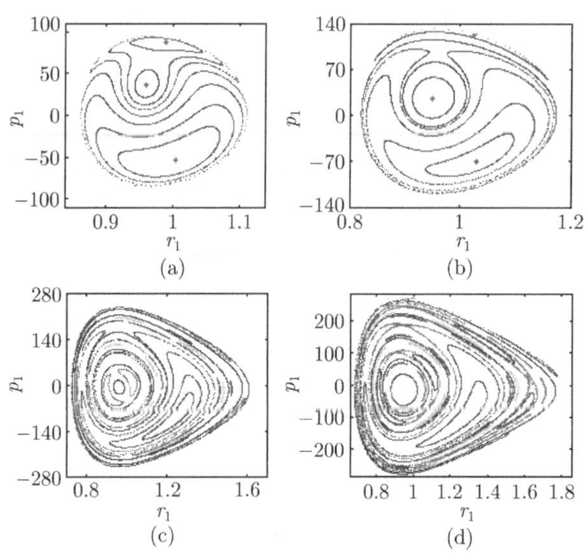

图 11.10　H_2O 分子的 Poincaré 截面图

对应的能级分别为 3660.1cm^{-1}(a), 16907cm^{-1}(b), 27700.4cm^{-1}(c) 以及 33752cm^{-1}(d)

图 11.10(a) 的截面图对应的经典能量为 3660.1cm^{-1}, 其相应的振动能级为 $|0,1\rangle$. 该截面由两部分组成, 上半部分是一个局域模式的区域, 由两个岛屿构成: 靠近截面中心的岛屿表示键 2 的能量高于键 1 的局域模式; 靠近边缘的岛屿是键 1 的能量高于键 2 的局域模式, 而包裹在两部分岛屿之外的轨线却显示出简正模式的特征. 截面图的下半部分是反对称振动模式区域. 所以这一能级可以近似地看成是由简正模式构成的. 图 11.10(b) 是能级为 16907cm^{-1} ($|2,3\rangle$) 的截面图, 可以看

出随着能量的升高, 局域模式的轨线开始在截面上占据越来越多的范围. 此时, 两键的振动仍保持着相同的频率, 所以在较低的能级时用简正模式坐标来描述分子的振动也是适用的.

当振动能量达到 20000cm^{-1} (总振动量子数约为 6) 时, H_2O 分子振动的局域模式特性变得更加明显. 一方面表现为截面上的局域模式区域的范围继续增大; 另一方面, H_2O 分子两键的能量差距导致了两键频率开始出现差异, 各种级次的非线性共振岛屿开始出现在局域模式的区域内. 图 11.10(c) 是振动能量为 27700.4cm^{-1} (相应能级为 $|8,0\rangle$) 的截面图. 可以在图中找到 8 个主要的共振岛屿链, 分别是: 存在于局域模式区域 1 中的 (3 : 2), (4 : 3), (5 : 4) 和 (6 : 5) 共振岛屿链和局域模式区域 2 中的 (6 : 5), (5 : 4), (4 : 3) 和 (3 : 2) 共振岛屿链. 其中 $(n:m)$ 表示两振动频率之比. 随着共振岛屿链继续增多, 混沌就会出现在共振的重叠区域. 在计算中, 当振动的经典能量约为 33000cm^{-1} 时, 混沌的轨迹开始出现在截面图上. 图 11.10(d) 中给出了能级为 33752cm^{-1} 的 H_2O 分子截面图 (相应的能级为 $|10,0\rangle$), 此时在 (2 : 3) 和 (3 : 2) 共振岛屿的周围均出现了微弱的混沌的轨迹.

$U(4)$ 代数 Hamilton 量下, 定义分子单键的键能为

$$\begin{aligned} D_{e1} &= V(r_1 \to \infty, r_2 = r_{1e}) - V(r_1 = r_{1e}, r_2 = r_{2e}) \\ &= -(A_1 + A_{12})N_1^2 + \left(\frac{1}{2}\lambda - 2A_{12}\right) N_1 N_2. \end{aligned} \tag{11.27}$$

对于 H_2O 分子和 H_2S 分子等局域模式分子而言, 键能与孤立双原子分子的解离能能相近, 但是对于简正模式分子二者存在有很大的差异.

H_2O 分子的 D_{e1} 为 47000cm^{-1}, 计算显示振动能量在 D_{e1} 附近时伸缩振动的混沌程度最高. 图 11.11 给出了在键能附近的 Poincaré 截面图.

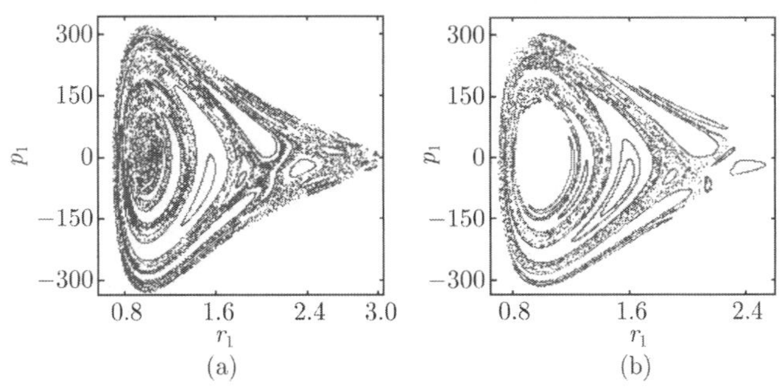

图 11.11 H_2O 分子的 Poincaré 截面图

对应的能级分别为 46123cm^{-1} (a) 和 49671cm^{-1} (b)

图 11.11(a) 是振动能量为 46123cm^{-1} 时的 Poincaré 截面. 这种情况下的 Poincaré 截面图被混沌轨迹所占据, 但是依然有相当多的准周期轨迹和共振岛屿

存在于截面之上. 此时混沌程度最强烈的轨迹出现在局域模式区域 1 的最内层和局域模式区域 2 的最外层. 图 11.11(b) 给出了振动能量为 49671cm^{-1} 时的 Poincaré 截面. 而当能量超越键能时, 局域模式区域 1 的最内层和局域模式区域 2 最外层区域对应着单键能量超过键能的状态, 因此有部分轨迹消失.

11.5.2 H_2S 分子

H_2S 分子的局域模式参数大于 H_2O 分子, 其振动也将表现出更多的局域性特征. 图 11.12 给出了 H_2S 分子在四个典型能级的 Poincaré 截面.

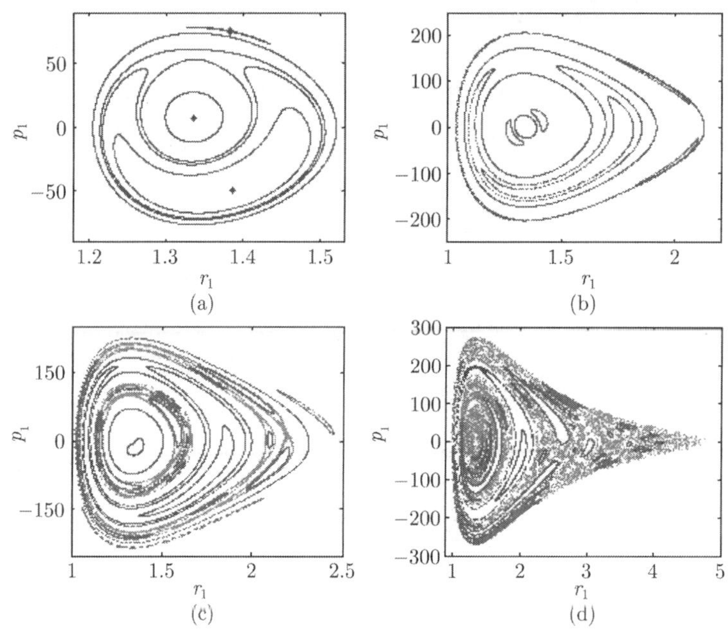

图 11.12 H_2S 分子的 Poincaré 截面图

对应的能级分别为 2164.41cm^{-1} (a), 18276.7cm^{-1} (b), 23571cm^{-1} (c) 以及 31984cm^{-1}(d)

图 11.12(a) 是 H_2S 分子在基态 $|0,1\rangle$ 时的相空间结构, 振动的经典能量为 2164.41cm^{-1}, 此时相空间为标准的局域模式分子的标准结构. 这说明 H_2S 分子基态振动已经展现出了强烈的局域模式的特征, 也是 H_2S 分子的振动局域性要强于 H_2O 分子的表现. 计算发现, H_2S 分子在振动能量大约为 15000cm^{-1} 时截面图中开始出现非线性共振岛屿结构, 相应的振动量子数约为 6. 图 11.12(b) 给出了振动能量为 18276.7cm^{-1} 的 Poincaré 截面图, 可以观察到 (2 : 3) 和 (3 : 2) 共振岛屿出现在了截面中.

H_2S 分子的混沌轨迹同样出现在共振重叠的区域. 能级高于 20000cm^{-1} 时, 在 Poincaré 截面上呈现出混沌轨迹. 图 11.12(c) 给出了 H_2S 分子能级为 23571cm^{-1}

时的 Poincaré 截面图中, 可以发现有微弱的混沌轨迹出现在共振岛屿周围. 在键能 32350cm^{-1} 能量附近, H_2S 分子振动的混沌程度最高. 图 11.12(d) 展示了能量为 31984cm^{-1} 的 Poincaré 截面图, 可以看到截面为混沌的轨迹所占据, 但是仍然少量的共振岛屿和闭合的准周期轨线被混沌的轨迹所包围. 当能量超越 D_{e1} 时, H_2S 的截面图也会和 H_2O 分子一样出现大量的空白区域.

11.5.3 NO_2 分子

图 11.13 给出了 NO_2 分子在四种不同能级时的 Poincaré 截面图.

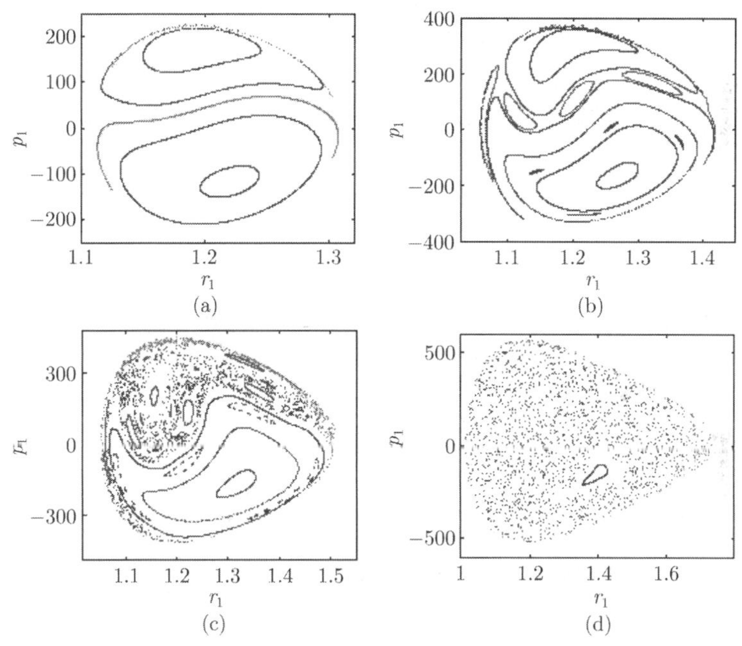

图 11.13 NO_2 分子的 Poincaré 截面图

对应的能级分别为 2627.34cm^{-1} (a), 7228.6cm^{-1} (b), 10152.3cm^{-1} (c) 以及 16311.6cm^{-1} (d)

图 11.13(a) 为基态 $|0,1\rangle$ 时的 Poincaré 截面图. 可以看到图中是由对称和反对称简正模式区域构成, 并且存在大量的断裂的轨线. 在振动能量大约为 7000cm^{-1} 时, 截面图中开始出现大量的共振岛屿, 并且也有断裂的共振岛屿现象出现, 如图 11.13(b) 所示. 图 11.13(c) 给出了混沌轨迹出现时 NO_2 分子的 Poincaré 截面图, 可以看到混沌的轨迹存在于对称振动模式区域, 并且也能够在截面的上边缘发现轨线相交的稠密区域. 在图 11.13(d) 中, 展示了 NO_2 分子振动能量在 D_e 附近的截面图, 可以看到整个相空间为混沌的轨迹所覆盖, 绝大多数的共振岛屿被混沌轨迹吞没, 但是反对称模式区域仍然存在.

11.5.4　SO_2 分子

图 11.14 给出了 SO_2 分子的振动相空间结构随能量的变化趋势.

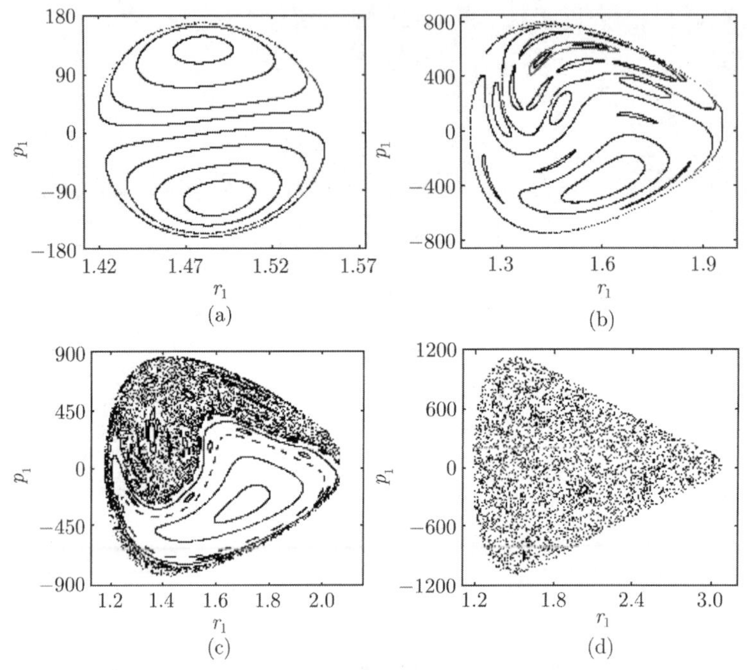

图 11.14　SO_2 分子的 Poincaré 截面图

对应的能级分别为 1154cm^{-1} (a), 13140.9cm^{-1} (b), 25000cm^{-1} (c) 以及 50000cm^{-1} (d)

虽然 SO_2 分子也是简正模式分子, 但是在基态时 SO_2 分子的截面图中并没有出现很多断裂轨线的现象, 如图 11.4(a) 所示. 当振动总能量约为 13000cm^{-1} 时, 对称振动模式区域中开始出现共振岛屿结构. 图 11.4(b) 给出了振动能级为 13140.9cm^{-1} 所对应的截面图, 除在两种振动模式区域的交汇处有少量的不闭合的轨线存在之外, 并没有发现断裂的共振岛屿结构的出现. 当振动能量约为 20000cm^{-1} 时, 混沌的轨迹开始出现在截面上, 如图 11.4(c) 所示. 当振动的能量足够高时, SO_2 分子的截面图中被混沌轨迹所覆盖, 对称振动模式区域中共振结构被破坏, 如图 11.14(d) 所示.

11.5.5　O_3 分子

虽然 O_3 分子的局域模式参数 ($\xi = 0.7847$, 见表 11.3) 显示 O_3 分子是一种简正模式分子, 但是由于 O—O 键振动具有强烈的非谐性, 计算发现 O_3 分子的振动表现出局域模式分子的特点.

图 11.15 给出了 O_3 分子在四个不同能级时的 Poincaré 截面图.

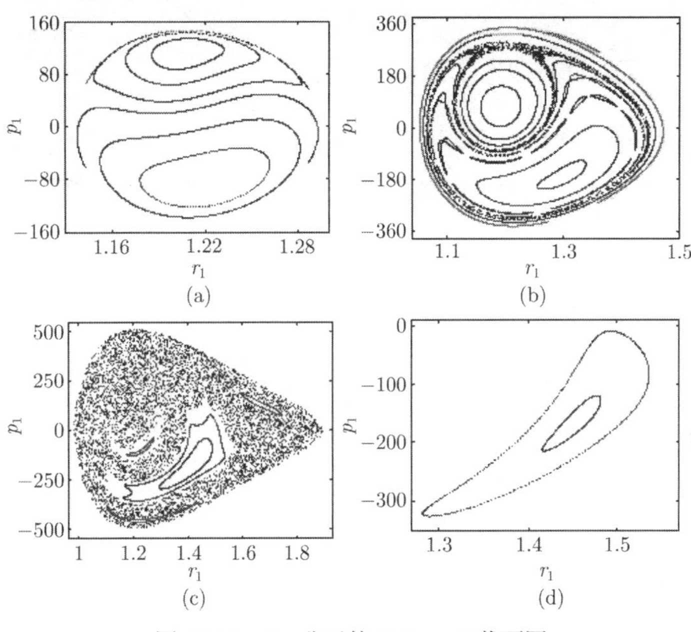

图 11.15 O_3 分子的 Poincaré 截面图

对应的能级分别为 1044.3cm^{-1} (a), 6173.8cm^{-1} (b), 13122cm^{-1} (c) 以及 15000cm^{-1} (d)

在低能级时, 如图 11.15(a) 所示, 截面图是由对称和反对称的简正模式区域组成. 并且能够在对称振动模式区域的边缘存在断裂轨线, 说明此时 O_3 分子的振动表现出简正模式分子的特征. 但是随着振动能量的提高, 在 Poincaré 截面中出现了局域模式的轨迹. 图 11.15(b) 给出了能级为 6173.8cm^{-1} 时的 Poincaré 截面图, 可以看到此时的相空间结构具有局域模式分子的特点. 但是此时也有断裂轨线出现在局域模式区域, 如图 11.15(b) 所示, 这说明仍然会有单键的能量超越解离能的现象出现. 在这个能量范围, 在 Poincaré 截面中出现了混沌和共振岛屿.

O_3 分子的键能 D_{e1} 为 15000cm^{-1}, 图 11.15(c) 给出了振动能量为 13122cm^{-1} 时的 Poincaré 截面图. 此时和 NO_2、SO_2 分子高能级时的相空间结构非常相似, 但是仍然有大量共振岛屿在截面中存在, 这则是局域模式分子相空间结构的特点. 当振动能量超越 D_{e1} 时, 截面图中混沌的轨迹也会消失, 仅有反对称简正模式的区域存在, 如图 11.15(d) 所示.

11.6 几 点 说 明

在本章, 研究了非谐性耦合莫尔斯振子体系的经典动力学, 并对强耦合和弱耦合两种情况的 Poincaré 截面及其对应的动力学性质进行了考察. 结果表明, 在强耦合的体系时, Poincaré 截面上会出现断裂的轨线和轨线交叉的现象, 这些现象对应着伪能量高于振动总能量的情况. 讨论了 H_2O、H_2S、SO_2、NO_2 以及 O_3 等五种三原子分子的伸缩振动的经典动力学. 对于局域模式分子和简正模式分子而言, 它们的相空间结构和经典动力学性质差异主要表现在于以下几个方面:

(1) 局域分子的截面主要由局域模式轨线和反对称振动模式的轨线构成, 而简正模式分子则主要是由对称和反对称区域所组成. 这说明, 在局域模式分子振动时, 分子键之间的能量流动一直处于较低的状态, 而简正模式分子的能量 “自由流动”.

(2) 局域模式分子振动的截面能够出现非线性的共振岛屿, 这些共振岛屿的出现, 说明分子的两个键之间的能量差最终会导致两键振动会出现频率的差异. 而在简正模式分子的截面上也会有共振岛屿出现, 但是这些岛屿并不代表分子两个键的振动频率出现显著的差异.

(3) 局域模式分子时, 共振的岛屿不能够被混沌的轨迹所吞没. 共振区域内两键的能量处于非常稳定的状态, 而混沌的轨迹则对应于能量在键内的流动十分强烈的情况. 这说明在局域模式分子时, 非线性共振有阻碍能量传输的作用, 而混沌能够促进能量在键之间的交换. 但是在简正模分子的截面上混沌的轨迹能够将所有的共振岛屿吞没.

参 考 文 献

[1] Ding S, Zheng Y. Lie algebraic approach to potential energy surface for symmetric triatomic molecules. J. Chem. Phys., 1999, 111: 4466

[2] Zheng Y, Ding S. Algebraic approach to the potential energy surface for the electronic ground state of ozone. Chem. Phys., 2000, 255: 217

[3] Zheng Y, Ding S. Saddle points of potential-energy surface for symmetric triatomic molecules determined by an algebraic approach. Phys. Rev. A, 2001, 64: 032720

[4] Wang X, Ding S. An application of the dynamical Lie algebraic method to potential energy surface of the stable linear asymmetric tetratomic molecules. J. Math. Chem., 2004, 35: 297

[5] Guan D, Yi X, Ding S, et al. Lie algebraic method for vibrational and rotational transitions in inelastic collisions of a molecule with a solid surface. Chem. Phys., 1997, 218: 1

[6] Guan D, Yi X, Zheng Y, et al. Statistical mechanics of rotationally inelastic molecule–surface scattering in the dynamical Lie algebraic method. J. Chem. Phys., 2000, 113: 4424

[7] Feng H, Liu Y, Zheng Y, et al. Analytical control of small molecules by intense laser pulses in an algebraic model. Phys. Rev. A, 2007, 75: 063417

[8] 顾雁. 量子混沌. 上海: 上海科技教育出版社, 2003

[9] Keshavamurthy S, Ezra G S. Eigenstate assignments and the quantum-classical correspondence for highly-excited vibrational states of the Baggot H_2O Hamiltonian. J. Chem. Phys., 1997, 107: 156

[10] Wu G. Semiclassical phase space evolution of three coupled anharmonic oscillators with SU (3) symmetry partially broken. Chem. Phys., 1993, 173: 1

[11] Kellman M E, Vivian T. The dance of molecules? new dynamical perspectives on highly excited molecular vibrations. Acc. Chem. Res., 2007, 40: 243

[12] Sibert III E L, Reinhardt W P, Hynes J T. Classical dynamics of energy transfer between bonds in ABA triatomics. J. Chem. Phys., 1982, 77: 3583

[13] Gleick J. Chaos: Making a New Science. New York: Viking Penguin Inc., 1988

[14] Henon M. On the numerical computation of Poincaré maps. Physica D, 1982, 5: 412

[15] Iachello F, Levine R D. Algebraic Theory of Molecules. New York: Oxford University Press, 1995

[16] Wilson E B J, Decius J C, Cross P C. Molecular Vibrations. New York: Van Nostrand, 1955

[17] Jaffe C, Brumer P. Local and normal modes: a classical perspective. J. Chem. Phys., 1980, 73: 5646

[18] Zhai L, Zheng Y, Ding S. Dynamics of vibrational chaos and entanglement in triatomic molecules: Lie algebraic model. Chin. Phys. B, 2012, 21: 070503

[19] Zhai L, Zheng Y, Ding S. Vibrational chaotic dynamics in triatomic molecules: a comparative study. Front. Phys., 2012, 7: 514

[20] Halonen L. Local mode vibrations in polyatomic molecules. Adv. Chem. Phys., 1998, 104: 41

[21] Child M S, Lawton R T. Local and normal vibrational states: a harmonically coupled anharmonic-oscillator model. Faraday Discuss. Chem. Soc., 1981, 71: 273

[22] Child M S. Local mode overtone spectra. Acc. Chem. Res., 1985, 18: 45

[23] Jensen P, Tashkun S A, Tyuterev V G. A refined potential energy surface for the electronic ground state of the water molecule. J. Mol. Spectrosc., 1994, 168: 271

[24] Ma G, Chen R, Guo H. Quantum calculations of highly excited vibrational spectrum of sulfur dioxide. I. Eigenenergies and assignments up to 15000 cm^{-1}. J. Chem. Phys., 1999, 110: 8408

[25] 徐躬耦. 量子混沌运动. 上海: 上海科学技术出版社, 1995

[26] Zhai L, Zheng Y, Ding S. Chaotic dynamics of triatomic normal mode molecules. Chin. Phys. Lett., 2012, 29: 063301

第 12 章　分子振动的量子计算

12.1　基于分子振动的量子计算

自 20 世纪 80 年代量子计算机的概念被物理学家提出以来[1], 对其研究引起了人们广泛的关注. 与经典计算机不同, 量子计算机依赖于量子力学规律处理信息, 其最重要的优越性体现在量子并行计算上, 这使得量子计算机比经典计算机的计算速度提高几个量级. 而有关基于量子计算 (机) 的量子算法的提出[2, 3], 更使得量子计算可以完成许多经典计算机无法实现的运算. 量子计算 (机) 的这种可能的巨大优越性, 使很多的研究者认为量子计算机和经典计算机之间存在着无法跨越的鸿沟. 然而, 要在实际的物理基础上完整地实现一个量子计算机, 仍然面临着许多的挑战. 例如, 如何选择一个合适的物理体系来实现量子比特; 如何保持量子相干性以及量子逻辑门的构造; 等. 因此, 在理论和实验中, 提出了许多有关量子计算的物理实现方案. 例如, 核磁共振量子计算机[4]、离子阱量子计算机[5, 6] 等. 除此之外, 在最近的理论和实验研究中, 人们提出了采用分子振动、转动激发态作为量子计算物理实现的构想, 并且受到越来越多的关注.

随着电子器件的不断小型化, 人们开始期望利用单个分子来构造电子元件[7]. 近年来国内外的不少研究组都在实验室成功地利用分子的固有性质实现了单分子器件的功能：制作分子导线、分子开关以及分子整流器等. 另外, 在 20 世纪 90 年代初期, 人们就开始尝试利用生物大分子来实现分子计算机. 经过亿万年的演化, 每一个生物大分子本身就是一个非常好的处理信息和解决问题的专家. 生物大分子计算机的研制正是利用了生物分子自身的计算技术和信息处理功能. 例如, 利用 DNA 或者 RNA 分子进行生化反应时不同碱基的配对性质, 可以很方便地进行编码并实现分子逻辑开关. DNA 分子计算机能够实现大规模的并行计算, 并且其运算速度大大超过了传统的电子计算机[8]. 然而生物分子计算机的运行原理依然是属于经典计算机的范畴. 激光场对分子体系振动或者转动模式的控制, 能够帮助人们在分子体系的基础之上实现量子计算. 经过优化整形的激光场和分子之间的相互作用能够控制分子内不同振动或者转动模式之间的能量的转移[9], 而且这种控制仅取决于激光的频率、强度、相位等实验可调的参数. 利用激光对分子振动的相干控制原理, 论证了激光相干控制能够完成某种量子逻辑门的功能[10]. 在这些分子的量子控制的研究基础之上, 人们提出了用分子振动转动激发态构造量子计算机的设想[6, 11]. 在分子振转动量子计算模型中, 多原子分子的不同振动或转动模式振动本征态被选择来表征量子比特, 并且采用经过整形优化的超快激光脉冲来实现量子逻辑门. 通过大量的理论和实验研究, 人们发现分子振动、转动的量子计算机具有很多的优点, 如可以利用分子内部丰富的振动、转动模式很方便地实现多量子比特的运算, 而且这些振动或转动模式之间存在非线性耦合也是进行量子并行计算不可或缺的重要资源. 此外, 大量的研究也表明分子振转动的量子计算能够获得极高的计算保真度. 对基于分子振转量子计算 (机), 已经进行大量的理论和实验的研究. 并且这种计算模型的提出满足了人们对于电子器件小型化的要求, 有理由相信分子振转动的量子计算模型的提出能够有力的推动量子计算 (机) 的发展.

量子纠缠是量子力学最神奇的特性之一[12], 它在量子计算和量子信息科学领域中扮演着十分重要的角色. 在量子信息学中, 信息的储存、表示和提取过程都离不开量子态及其演化, 而在众多的量子态中, 量子纠缠是最重要的一类. 量子纠缠态在量子保密通信、量子纠错、量子光刻以及很多量子算法中都有十分重要的应用. 因此, 对量子纠缠性质的深入研究无论是对量子信息的基本理论还是对未来潜在的实际应用都将产生深远的影响. 虽然纠缠本身并没有动力学的特征, 但是由于纠缠态的制备与传输都是动力学过程, 因此对于不同体系的量子纠缠的动力学特征也是人们研究量子纠缠的重要组成部分. 分子振转动量子计算研究, 同样也激发了理论工作者对分子体系内量子纠缠的动力学性质的研究兴趣[13~20]. 研究分子内部的振动纠缠性质将有助于进一步理解分子内部振动的行为及其对于量子信息的影响, 同时也会对人们更加合理地利用量子纠缠这一重要资源提供一些参考. 在关于分子振动纠缠的一系列研究中, 人们针对不同类型分子的纠缠动力学行为进行了讨论, 并且依据对于不同的量子态的纠缠动力学的研究总结出了很多分子振动纠缠的动力学特征. 这些研究不仅使人们对分子振动有了一个新的认识, 并且也能够给基于分子振动量子计算机的研究和制备提供更多的参考.

要在物理上实现一个量子计算机, 首先需要寻找一个合适的量子体系来作为量子比特的实现基础. 而在此基础之上, 一个完整的量子计算, 一般由以下三个步骤完成：初始态的制备、量子逻辑门的实施以及运算结果的读取. 因此, 对一个量子计算模型进行研究时, 人们往往十分关注于量子比特的构造和量子逻辑门的实施.

12.2 分子振转动量子比特

量子计算和经典计算的重要区别就是比特的形式. 从物理的角度而言, 比特就是一种二状态的体系, 可以用 0 和 1 来描述. 对于经典的计算机, 0 和 1 的状态就可以用电路中有电压和无电压来表述. 而对于量子体系, 一般采用不同的激发态用

来表示 $|0\rangle$ 和 $|1\rangle$ 的状态. 此时, 经典比特和量子比特的区别在于, 量子比特的状态可以选择为 $|0\rangle$ 和 $|1\rangle$ 线性组合的叠加态：

$$|\psi\rangle = \alpha|0\rangle + \beta|1\rangle; \quad |\alpha|^2 + |\beta|^2 = 1; \quad \alpha, \beta \in C. \tag{12.1}$$

因此, 从理论上而言, 量子比特可以有无穷多的态. 但是由于很多的叠加态不能通过一次测量而被识别, 所以实用性不足. 在量子计算中, 仅有 $|\alpha|^2 = |\beta|^2 = 0.5$ 的这一特殊类型的叠加态经常出现.

任何的计算装置都是一个物理系统, 在量子计算的研究中首先要选择一个合适的物理体系来完成量子比特的表征. 在量子信息的研究中, 信息的存储、量子计算的保真度等很多的问题都和表征量子比特的物理体系有着非常密切的联系. 因此, 为了更好地实现高精度的量子计算, 对于做量子计算的物理体系也要满足如下的几个条件[21]：

(1) 有能够表征量子比特状态的能级结构;

(2) 体系能够被初始化到某个特定的状态;

(3) 体系与外界的环境的耦合作用较弱, 即能够保持相当长的退相干时间;

(4) 各量子比特之间应该存在有适当的相互作用, 以使得能够被操作;

(5) 计算结果能够被映射测量.

分子体系具有丰富的振动态, 并且大量的理论和实验研究已经充实论证这些振动的可操作性. 因此在考虑分子振转动量子比特问题时, 更多考虑的是如何从大量的振转态中挑选出合适的振转态以使得分子振动体系既能够保持相当高的独立性, 也能够被很好的操作.

多原子分子体系是一个复杂体系, 含有很多振动、转动的自由度. 除此之外, 电子的运动也使得分子体系更加复杂. 但这也为理论上利用分子体系实现量子计算提供了多种选择. 对于一个 N 原子分子, 其拥有多种的振动转动模式, 振动转动的量子态可以用量子数表示为 $(v_1, v_2, \cdots, v_n; r_1, r_2, \cdots, r_m)$. 其中, v_i 和 r_i 分别代表振动和转动量子数, n 和 m 分别代表振动和转动自由度的数目. 原则上, 可以选择任意一种振动或转动的模式的第 q 激发态作为量子比特的 $|0\rangle$ 态, 相应地, 这种振动或者转动模式的第 $q+1$ 的激发态就可以作为量子比特的 $|1\rangle$ 态. 这种选择的自由性可以方便地寻找无退相干的量子计算的子空间. 而为了满足以上的要求, 被选择作为量子比特的振动或转动模式之间的跃迁频率要有明显的差异以便于被操作, 并且考虑到向高能级跃迁引起的退相干等因素的影响, 初始态一般选择为具有鲜明的跃迁频率的振动模式并处于低能态密度的能级, 如基态与第一激发态多被选择为量子比特的基矢.

2002 年, Tesch 等[6] 提出了以乙炔分子的反对称伸缩振动和反向弯曲振动作为量子比特的量子计算模型. 乙炔分子具有五种简正振动模式, 分别为：两 C—H 键的对称和反对称伸缩振动模式 (分别用量子数 n_1 和 n_3 来表示), C—C 键的对称伸缩振动模式 (用振动量子数 n_2 表示) 以及反向和顺向弯曲振动模式 (分别用量子数 n_4 和 n_5 来分别表示). 此时分子振动状态为 $(n_1n_2n_3n_4n_5)$. 在 Tesch 等的讨论中, C—H 键的反对称伸缩振动模式和反向弯曲振动模式的基态和第一激发态被选择为量子比特的基矢. 此时双量子比特的基矢为

$$\begin{aligned} &(00000) \equiv |00\rangle, \quad (00001) \equiv |01\rangle, \\ &(00100) \equiv |10\rangle, \quad (00101) \equiv |11\rangle. \end{aligned} \tag{12.2}$$

针对这种形式的量子比特, Tesch 等通过最优化控制理论 (optimal control theory) 计算获得了具有极高计算保真度得到了量子逻辑门. 同时也论证了在现有的实验条件下对这些量子比特的操作是可以实现的. 同年, Vala 等[22] 利用 I_2 分子的电子本征态、转动态以及振动态作为三量子比特的模型从实验上实现了 Deutsch-Jozsa 算法. 随后, 人们相继提出了不同量子逻辑门的实现方案. 2005 年, Suzuki 等[23] 选择了 NH_3 分子的弯曲振动和反对陈伸缩振动模式为量子比特进行了分子量子计算的模拟; 2006 年, Zhao 等[24] 选用了双原子分子 OH 为模型对单量子比特的运算进行了模拟; Menzel-Jones 等[25] 采用 Na_2 分子的振动和转动激发态作为量子比特, 利用绝热布局数转移的现象制备了分子振动的量子计算机, 得到了高达 99.99% 计算的保真度, 并且这种方法可以适用于任意的双原子分子及多原子分子系统. 此外, 不同类型的分子, 诸如 CO[26, 27] 分子、$CSCl_2$[28]、$H_3CO - H_2COH$ 异构体[29] 以及偶极 - 偶极相互的耦合的双原子分子[30] 等也被提出作为量子比特的物理实现. 总之, 在分子振转动量子计算问题的研究中, 研究者们尝试了许多种分子的振动转动模式来作为量子比特的物理实现, 这些研究为选择合适的体系来完成量子计算提供了丰富的选择.

12.3 分子振动的量子逻辑门

量子比特是信息的载体, 对量子比特所承载信息的逻辑操作则称为量子逻辑门. 由于量子体系的动力学演化是一个幺正演化过程, 因此基于幺正演化的量子逻辑门也是一个可逆的量子演化过程. 故幺正性是量子逻辑门的唯一要求, 任何满足幺正性的矩阵都能表征一个量子逻辑门. 而所有的量子逻辑门都是可逆操作, 不伴随信息的擦除 (输入信息的丢失), 在理论上也就不存在热耗散的极限, 从而杜绝了经典计算机从根本上就无法解决的热耗散而严重影响器件正常功能的问题. 而在实验上, 量子逻辑门可以通过实施合适的电磁场来完成.

在分子振动转动量子计算中, 量子逻辑门的实施过程实际上就是对于量子振动或转动态的相干控制的过程. 人们尝试利用激光来实现对量子现象的操纵和控制,

希望利用激光技术来选择性的创造或者破坏多原子分子中的某些特定的化学键. 在早期的尝试中, 研究者们凭借科学的直觉和研究的经验将激光光源的频率调整到某个特定化学键的频率上, 并增大激光的强度以实现化学键的断裂. 然而这种做法却很难取得实质性的成功, 因为注入到特定化学键的能量会在皮秒量级的时间尺度内迅速的转移到别的化学键中, 而增强激光的能量也只会使某些解离能较弱的化学键率先破裂, 而不能完成使特定化学键破裂的目的[31, 32]. 在随后的研究中, 化学家们开始意识到可以利用各化学键之间的相干作用来有目的实现对化学键主动的激发和控制. 而利用激光相干性来实现各种控制方案就称为激光的主动控制理论. 在应用中, 激光主动控制理论可以通过很多的渠道来完成, 如量子相干控制理论[9, 33] 以及最优化控制理论[34, 35] 等.

要实现一个量子体系从初态到某个特定末态的量子演化, 我们可以有不同的量子路径的选择, 而量子相干控制就是控制不同量子路径之间的量子干涉以达到系统最终实现到特定末态的演化. 量子相干控制可以看成是传统的双缝干涉在微观世界里的应用. 在相干控制理论的实际应用中, 研究者们通常采用遗传算法 (genetic algorithm) 来获得光场形式[36]. 分子振转激发的最优化控制方法是在优化控制理论的框架之内设计激光场, 并且将控制问题看成是最小化某个目标函数的优化求解问题. 通过这种最优化控制理论目标函数的选择, 可以获得时间最短或者控制场能量最低的激光脉冲形式. 这两种主动控制方法已经在许多领域中得到成功的应用. Shapiro 等[37] 利用频率、强度和相位可调的二束单色激光脉冲在体系中激发了两个反应通道, 并通过调节二束脉冲的相位差引起两个反应通道间相长或相消干涉, 从而控制末态粒子数布居或不同束缚态间粒子数的转移. Zhu 等[38] 利用这种方法成功地控制了 HI 的化学反应产物分支率. 而利用最优化控制理论, Manz 等[39] 控制了 Li_2Na 的光异质化. Tesch 等[40] 用最优化控制理论来详细地说明了分子系统的激发模式的控制方法, 同时也为量子计算打下了基础. 分子振动转动量子计算的提出正是在分子控制思想上的合理延伸, 也标志人们对于分子控制能力迈上了一个新的台阶.

相对于分子振转态量子计算机的初态的制备和计算结果的读取等单向的操作过程而言, 可逆的量子逻辑门则是一个相对复杂的控制过程, 同时也是最近理论研究的一个重点问题. 对于一个特定的量子逻辑门, 需要一束整形激光脉冲要能够实现多重的控制目的. 例如, 对于双量子比特 NOT 门, 其作用的过程表述为

$$\mathrm{NOT}: |0,0\rangle \leftrightarrow |0,1\rangle;\ \ |1,0\rangle \leftrightarrow |1,1\rangle. \tag{12.3}$$

那么一束要完成量子逻辑门操作的整形激光脉冲就要使得上述的各种操作均能被实现, 即当选择初始态为 $|0,0\rangle$ 时, 经过操作之后要获得态 $|0,1\rangle$; 同时, 若初始态为 $|0,1\rangle$ 时, 脉冲作用之后能获得 $|0,0\rangle$; 同样的对于 $|1,0\rangle$ 和 $|1,1\rangle$ 也要有类似的要求.

显然, 考虑到分子具有的复杂的振动和转动模式以及非线性耦合, 能够实现上述的量子逻辑门的操作的整形激光脉冲会具有十分复杂的形式.

最优化控制理论和遗传算法仍是在分子振转量子计算中最常用的两种计算激光脉冲形式的算法. 应用最优化控制理论的方法, 可以很好地处理双原子分子体系的量子计算, 如 OH 分子[24] 的振动量子计算, Shioya 等[27] 也采用最优化控制方法获得了 CO 分子振动–转动的量子计算的激光场形式. 2001 年, Tesch 等以乙炔分子的振动–振动量子计算为例, 采用最优化控制理论的算法详细地介绍了选择多原子分子中部分振转动模式为量子比特时的飞秒激光脉冲机设计方案. 然而, 最初采用这些方法对多原子分子计算时, 多是仅考虑了参与构成量子比特的几种振动模式时的整形脉冲的设计, 而忽略了分子内其余振动模式之间的影响. 例如, 对于乙炔分子的计算时, 仅考虑了反对称伸缩振动以及反向的弯曲振动这两种振动参与时的激光脉冲形式[6]; Suzuki 等[23] 对 NH_3 分子弯曲振动–反对称伸缩振动的量子比特模拟时, 同样采用了最优化控制理论设计了光场, 并且仅考虑了这两种振动模式参与时的二维模型. 这种低维的模型虽然易于计算获得激光脉冲的形式, 但是依然无法完整地考察量子比特之外的振转动模式对于分子振转动量子计算的影响. 在近期的研究中, 研究者们也尝试综合考虑多种振动模式的影响来计算激光脉冲的形式[41], Schröder 等[42] 在对氨分子量子计算进行模拟时, 分别对包含三种振动模式和六种振动模式的激光脉冲形式进行了计算, 发现选择的维度越高时计算的保真度越低. 这些工作同时也表明为了获得更高的计算保真度需要我们对分子振转态的动力学性质有更加深入的研究. 虽然最优化算法在理论模拟中取得很大的成功, 但是这算法也存在一些不足之处, 如计算中会出现一些现在的实验手段无法实现的脉冲. 很多的研究者也尝试利用遗传算法来构造量子逻辑门, 如 Weidinger 等[28] 采用了遗传算法对 $CSCl_2$ 的量子逻辑门进行了计算. 最近的讨论中, Zaari 等[43] 利用遗传算法在中红外脉冲范围之内得到了 CO 分子的振动–转动量子逻辑门的二进制激光脉冲形式, 并且对遗传算法和最优化算法的结果进行了比较[44]. 这两种主要的算法之外, 也有少量的研究者选用了一些不常用的算法, 如蚁群算法 (ant colony optimization)[45] 等.

12.4 分子振转参数对于量子计算的影响

关于分子自身的参数以及激光脉冲的参数对于量子计算的影响的研究是分子振动转动量子计算讨论中的一个重要方面. 激光脉冲设计中的一些参数能够对量子计算的保真度产生很大的影响, 如激光整形器的分辨率、激光的能量以及激光的中心频率等, 这些问题的解决需要寄希望于激光实验技术的进一步发展. 量子比特的选择和激光场构造的研究表明分子自身的振转动参数也会对量子计算的保真度产生很大的影响. 虽然可以通过调节某些激光场的参数, 如延长激光作用的时间和提高光场强度, 来避免一些低保真度计算的出现. 然而, 寻找一个合适的分子系统来完成量子计算, 无疑会避免许多因不必要因素而导致的计算保真度的降低.

在分子振转动的众多参数中, 分子振动的非谐性系数、模式振动的简谐系数、分子振动模式之间的耦合参数以及分子偶极矩均对于量子计算有相当大的影响. 分子振动的非谐性系数、简谐系数以及耦合参数等会对孤立分子振动时的量子态的相干性产生影响, 并且也会对分子量子比特的识别度产生影响. 而分子的偶极矩则是体现了分子与激光之间的相互作用, 反应了利用激光操控分子的能力. Troppmann 等[46] 在双量子比特的研究中发现了保真度对于分子振动的非谐性系数的敏感性. 随后, Babikov[47] 等选择了可变化参数的 Morse 振子模型, 对非谐性系数对于量子计算的影响进行了考察, 发现当非谐性系数增高时, 量子计算的保真度会随之增高, 并且当非谐性系数大于 50 时, 保真度会达到一个相当高的水平. 2006 年, Troppmann 等[48~50]考察了分子振动的非谐性以及耦合作用在量子计算中的作用, 强调了振动模式之间的耦合对于量子计算的保真度也有很大的影响. Gu 等[41] 等在近期的研究中综合考虑了分子振动模式的非谐性系数、分子振动模式谐性系数之差以及耦合参数对于量子计算保真度的影响, 并在研究中提出了一些简单的判据来寻找合适的分子模型来完成量子计算.

双量子比特的模式的量子计算的振动的能级可以用简单的 Dunham 展开获得

$$\begin{aligned}E_{ij} =& \omega_1(i+1) - \Delta_1\left(i+\frac{1}{2}\right)^2 + \omega_2(j+1) \\ &-\Delta_2\left(j+\frac{1}{2}\right)^2 - \Delta_{12}\left(i+\frac{1}{2}\right)\left(j+\frac{1}{2}\right),\end{aligned} \tag{12.4}$$

其中 $\omega_i(i=1,2)$ 代表了两个振动模式的简谐系数, 而 δ_i 则为两个振动模式的非谐性系数. 而 δ_{12} 表示了两个振动模式的耦合. 可以看出, 非谐性系数会影响到分子振动的能级结构, 当非谐性系数比较低时, 分子振动的能级结构类似于简谐振子, 即不同能级之间的跃迁频率没有大的差异, 这就使得激光脉冲作用时使得量子比特基矢之外的高能级激发态得到不同程度的激发, 从而影响量子态的转移概率. 相反, 当非谐性系数很高时, 如趋向于无穷大时, 分子振动就可以看成是一个孤立的二能级体系, 此时易于通过激光脉冲对各态的演化进行调节, 能够获得极高保真度的量子计算并且可以获得有效并相对简单的激光脉冲形式. 分子振动的非谐性能够帮助提高量子逻辑门的可操作性, 但是分子振动模式之间的耦合会阻止这种操作的顺利进行. 选择为多量子比特的振动模式之间的耦合, 如双量子比特的两个振动模式之间的耦合, 会使得振转态的量子布局数在振动或转动模式之间流动, 影响量子计算的保真度. 但是, 从另一个角度来讲, 各量子比特之间的耦合也反映了量子比特系统的纠缠是执行量子并行计算的关键. 在 Gu 等[41] 的研究中也发现耦合参数对于 CNOT 有很重要的作用, 并且对非谐性系数和耦合参数之间的关系做了描述, 给出了适合于做量子比特的分子应具有的特征, 对选择合适的分子来进行量子计算有重要的指导意义.

12.5 分子内纠缠的研究

分子振转动量子计算研究的兴起, 带动了理论研究者们对于分子纠缠动力学行为的研究兴趣. 在 2006 年, Hou 等 [13] 采用 U(2) 代数模型方法讨论了 H_2O 和 SO_2 分子两局域模式键的伸缩振动的动力学纠缠, 用线性熵作为振动纠缠的度量, 对两种分子不同初始态时的纠缠动力学行为进行了研究. Liu 等 [15] 运用 SU(2) 代数方法解析的得到了体系演化的动力学纠缠. 在讨论中, Liu 等采用线性熵、冯诺依曼熵以及李雅普诺夫函数等多种纠缠的度量方式, 并对 C_2H_2、C_2D_2、O_3、H_2O 以及 SO_2 等多种分子的伸缩振动的纠缠动力学进行了考察. 在这些研究中对于三原子或四原子分子选择为简正或者局域模式的初始振动态时的纠缠动力学的差异进行详细的研究, 并得出了丰富的结论.

对于三原子分子或者四原子分子等小分子体系, 可以将它们划分成局域模式和简正模式等两类, 这两种分子不仅在光谱学上表现出很大的差异, 并且其动力学行为也有很大的不同. 在光谱的表现上, 局域模式分子的光谱会出现局域模式双峰现象, 而简正模式分子的振动光谱总是随着总振动量子的增加而均匀的增加[51]. 而这两种分子的动力学行为的差别, 在量子纠缠的动力学研究中得到了很好的体现[14, 52]. 局域模式分子和简正模式分子的动力学纠缠也呈现出不同特点：当局域模式分子选择局域模式初始态时, 其纠缠的演化会出现一种十分整齐的拍的现象; 并且随着能级的升高, 这种拍的周期也会增长. 而选择为简正模式的初始态时, 其纠缠的演化会变得不规则, 但是能够获得较高的纠缠度[15]. 而对于简正模式分子, 在低能级时其简正模式的纠缠表现出很好的周期性, 局域模式的纠缠演化过程也出现了拍的现象; 但是随着能级的提高, 这两种振动均表现出不规则的变化, 并且简正模式分子的最大纠缠度要高于局域模式分子. 通过这些问题的考察, 不仅能够为量子计算中充分的利用纠缠这一重要资源提供指导, 并且也能够反映出分子振动的特性, 如 Fock 态纠缠最大值的变化的特征能够用来说明体系由简正振动模式向局域模式的转化. 在最近的研究中, Zhai 等[52] 通过经典–量子对应的方法对纠缠的这些性质进行了说明. 此外, 人们也对纠缠动力学的不同方面的特征进行了讨论, 发现不同的纠缠度量方式的结果不尽相同, 它们都反应了纠缠演化的不同侧面. 在应用中, 应根据需要选择合适的度量方式.

12.6 小　结

量子计算机的物理实现, 一直以来都是众多研究者十分关心的重要问题. 在本章中, 我们回顾了基于分子振转动激发态的量子计算模型的研究进展和现状. 分子振转动的量子计算机模型在可操作性、可获得的量子比特数目、计算的保真度等很多方面都存在着很大的优势. 在分子振动的量子计算中, 经过优化设计的超快的激光脉冲往往被用来实现分子的相干控制和量子逻辑门. 这种方法特别适用于完成量子信息的操作, 并且它能够提供特别快和更加灵活的量子逻辑门. 另外, 不同的分子体系也为我们提供了很多的实现量子比特的选择.

然而真正的实现分子振转动量子计算机还存在有许多的困难. 首先, 退相干问题是实现分子振转动量子计算机的一个重大阻碍. 现阶段大多数的理论模拟计算均是在无退相干模型下进行的. 造成分子振转动量子计算出现退相干的主要来源为: 分子内部的退相干和外部环境噪声引起的退相干. 分子内部引起的退相干可以通过整形激光脉冲的调节进行一定的抑制, 但是这种抑制也无疑为整形激光脉冲的设计带来更多的困难. 而外部环境所带来的退相干则很难通过这种方法来处理. 另一个会阻碍分子振转动量子计算发展的问题是分子振转动量子比特的可拓展性. 要真正的大规模的量子计算, 需要形成集成的量子线路, 这也是很多量子计算发展所遇到的障碍之一. 理论上而言, 分子振转动量子计算可以使用更大型的分子或者使更多的振动模式参与到量子比特中, 但是这种做法困难在于当很多的振动模式参与到计算时, 振动能谱将会变得稠密, 会使得分子的可控性降低. de Vivie-Riedle 等 [53] 也提出采用将小分子体系的振转动量子比特视作节点, 并通过一些特殊化学键相互连接而形成超大的分子以便进行多量子比特的运算. 总之, 距离分子振转动量子计算机的成熟和应用还有很长的距离, 但是这样一种有效的模型的提出和研究也将会进一步推动量子计算的实现和成熟应用.

分子内部纠缠性质的研究是分子振转动量子计算理论研究的重要组成部分, 它能够为分子振转动量子计算的设计提供理论上的指导. 现阶段分子内纠缠的研究多是集中在小分子体系中两种振动模式的纠缠的动力学行为的研究. 这些研究能够使我们了解各种不同的分子体系内部纠缠的动力学性质, 并对我们合理利用纠缠这样一种十分重要的资源提出一些指导. 此外, 选择为量子比特的振转动模式与其余的振动模式、外部环境以及电子态之间也存在有纠缠, 并且这种纠缠也是导致量子计算出现退相干的成因之一. 部分的研究者也开始了对这种纠缠的行为的研究. Fujisaki[19] 采用了一种非绝热模型考察了分子内电子自由度和振动自由度的纠缠行为, 并且发现了当体系处于非绝热混沌时纠缠会达到最高值. Mishaima 等 [17] 对 H_2O 振动纠缠行为进行了研究, 考虑弯曲振动对于分子伸缩振动的退相干的影响,发现对于局域模式分子采用局域模式坐标描述时会得到很长的退相干时间. 对这些纠缠行为的研究, 能够对避免量子计算中退相干提供指导, 也能为寻找合适的分子体系来完成量子计算提供依据. 分子振动纠缠动力学与分子振动量子计算也是目前人们关注的问题之一[54].

参考文献

[1] Feynman R P. Simulating physics with computers. Inter. J. Theor. Phys., 1982, 21: 467

[2] 龙桂鲁. 量子计算算法介绍. 物理, 2010, 39: 803

[3] Long L. Grover algorithm with zero theoretical failure rate. Phys. Rev. A, 2001, 64: 022307

[4] Gershenfeld N A, Chuang I L. Bulk spin-resonance quantum computation. Science, 1997, 275: 350

[5] Cirac J I, Zoller P. Quantum computations with cold trapped ions. Phys. Rev. Lett., 1995, 74: 4091

[6] Tesch C M, de Vivie-Riedle R. Quantum computation with vibrationally excited molecules. Phys. Rev. Lett., 2002, 89: 157901

[7] 李荣金, 李洪祥, 汤庆鑫, 等. 功能聚合物：从薄膜器件到纳米器件. 物理, 2006, 35: 1003

[8] Adleman L M. Molecular computation of solutions to combinatorial problems. Science, 1994, 266, 1021

[9] Brumer P, Shapiro M. Control of unimolecular reactions using coherent light. Chem. Phys. Lett., 1986, 126: 541

[10] 张登玉. 激光对分子振动态的控制与量子 Fredkin 逻辑门. 光子学报, 2001, 30: 1431

[11] Remacle F, Levine R. Towards a molecular logic machine. J. Chem. Phys., 2001, 114: 10239

[12] Horodecki R, Horodecki P, Horodecki M, et al. Quantum entanglement. Rev. Mod. Phys., 2009, 81: 865

[13] Hou X, Chen J, Ma Z. Dynamical entanglement of vibrations in an algebraic model. Phys. Rev. A, 2006, 74: 062513

[14] Hou X, Chen J, Ma Z. Entanglement of vibrational modes in triatomic molecules. Chem. Phys. Lett., 2006, 426: 469

[15] Liu Y, Zheng Y, Ren W, et al. Dynamical entanglement of vibrations in small molecules through an analytically algebraic approach. Phys. Rev. A, 2008, 78: 032523

[16] Hou X, Wan M, Ma Z. Entropy and negativity of Fermi-resonance coupling vibrations in a spectroscopic Hamiltonian. Phys. Rev. A, 2009, 79: 022308

[17] Mishima K, Yamashita K. Decoherence of intramolecular vibrational entanglement in polyatomic molecules. Int. J. Quan. Chem., 2009, 109: 1827

[18] Feng H, Li P, Zheng Y, et al. Lie algebraic approach to dynamical entanglement of vibrations in triatomic molecules. Prog. Theor. Phys., 2010, 123: 215

[19] Fujisaki H. Preparation and entanglement purification of qubits through Zeno-like measurements. Phy. Rev. A, 2004, 70: 012313

[20] McKemmish L K, McKenzie R H, Hush N S, et al. Quantum entanglement between electronic and vibrational degrees of freedom in molecules. J. Chem. Phys., 2011, 135: 244110

[21] 龙桂鲁, 肖丽. 核磁共振量子计算机与并行量子计算. 物理与工程, 2003, 13: 7

[22] Vala J, Amitay Z, Zhang B. Experimental implementation of the Deutsch-Jozsa algorithm for three-qubit functions using pure coherent molecular superpositions. Phys. Rev. A, 2002, 66: 062316

[23] Suzuki S, Mishima K, Yamashita K, Ab initio study of optimal control of ammonia molecular vibrational wavepackets: towards molecular quantum computing. Chem. Phys. Lett., 2005, 410: 358

[24] Zhao M Y, Babikov D. Phase control in the vibrational qubit. J. Chem. Phys., 2006, 125: 024105

[25] Menzel-Jones C, Shapiro M. Robust operation of a universal set of logic gates for quantum computation using adiabatic population transfer between molecular levels. Phys. Rev. A, 2007, 75: 052308

[26] Shioya K , Mishima K, Yamashita K. Quantum computing using molecular electronic and vibrational states. Chem. Phys., 2008, 343: 61

[27] Shioya K, Mishima K, Yamashita K. Quantum computing using molecular vibrational and rotational modes. Mol. Phys., 2007, 105: 1283

[28] Weidinger D, Gruebele M. Quantum computation with vibrationally excited polyatomic molecules: effects of rotation, level structure, and field gradients. Mol. Phys., 2007, 105: 1999

[29] Ndong M, Lauvergnat D, Chapuisat X, et al. Optimal control simulation of the Deutsch-Jozsa algorithm in a two-dimensional double well coupled to an environment. J. Chem. Phys., 2007, 126: 244505

[30] Mishima K, Yamashita K. Quantum computing using molecular vibrational and rotational modes of the open-shell $^{14}N^{16}O$ molecule. Chem. Phys., 2010, 367: 63

[31] Warren S, Rabitz H, Dahleh M. Coherent control of quantum dynamics: the dream is alive. Science, 1993, 259: 1581

[32] Dudovich N, Oron D, Silberberg Y. Quantum control of the angular momentum distribution in multiphoton absorption processes. Phys. Rev. Lett., 2004, 92: 103003

[33] Lloyd S. Coherent quantum feedback. Phys. Rev. A, 2000, 62: 022108

[34] Peirce A, Dahleh M. Optimal control of quantum-mechanical systems: existence, numerical approximation, and applications. Phys. Rev. A, 1988, 37: 4950

[35] Dahleh M, Peirce A, Rabitz H, et al. Optimal control of uncertain quantum systems. Phys. Rev. A, 1990, 42: 1065

[36] Rabitz H, de Vivie-Riedle R, Motzkus M, et al. Whither the future of controlling quantum phenomena? Science, 2000, 288: 824

[37] Shapiro M, Hepburn J, Brumer P. Simplified laser control of unimolecular reactions: simultaneous (ω_1, ω_3) excitation. Chem. Phys. Lett., 1988, 149: 451

[38] Zhu L , Kleiman V, Li X, et al. Coherent laser control of the product distribution obtained in the photoexcitation of HI. Science, 1995, 270: 77

[39] Manz J, Sundermanna K, de Vivie-Riedle R. Quantum optimal control strategies for photoisomerization via electronically excited states. Chem. Phys. Lett., 1998, 290: 415

[40] Tesch C, Kurtz L, de Vivie-Riedle R. Applying optimal control theory for elements of quantum computation in molecular systems. Chem. Phys. Lett., 2001, 343: 633

[41] Gu Y, Babikov D. A theoretical study of Be_N linear chains: Variational and perturbative approaches J. Chem. Phys., 2009, 131: 034306

[42] Schröder M, Brown A. Realization of the CNOT quantum gate operation in six-dimensional ammonia using the OCT-MCTDH approach. J. Chem. Phys., 2009, 131: 034101

[43] Zaari R, Brown A. Quantum gate operations using midinfrared binary shaped pulses on the rovibrational states of carbon monoxide. J. Chem. Phys., 2010, 132: 014307

[44] Zaari R, Brown A. Effect of diatomic molecular properties on binary laser pulse optimizations of quantum gate operations J.Chem. Phys., 2011, 135: 044317

[45] Gollub C, de Vivie-Riedle R. Modified ant-colony-optimization algorithm as an alternative to genetic algorithms. Phys. Rev. A, 2009, 79: 021401

[46] Troppmann U, Tesch C M, de Vivie-Riedle R.Preparation and addressability of molecular vibrational qubit states in the presence of anharmonic resonance. Chem. Phys. Lett., 2003, 378: 273

[47] Babikov D. Accuracy of gates in a quantum computer based on vibrational eigenstates. J. Chem. Phys., 2004, 121: 7577

[48] Troppmann U, Gollub C, de Vivie-Riedle R. The role of phases and their interplay in molecular vibrational quantum computing with multiple qubits. N. J. Phys., 2006, 8: 100

[49] Troppmann U, de Vivie-Riedle R. Mechanisms of local and global molecular quantum gates and their implementation prospects. J. Chem. Phys., 2005, 122: 154105

[50] Troppmann U, de Vivie-Riedle R. The role of anharmonicity and coupling in quantum computing based on vibrational qubits. N. J. Phys., 2006, 8: 48

[51] Halonen L. Local Mode Vibrations in Polyatomic Molecules. Adv. Chem. Phys., 1998, 104: 41

[52] Zhai L, Zheng Y, Ding S. Dynamics of vibrational chaos and entanglement in triatomic

molecules: Lie algebraic model. Chin. Phys. B, 2012, 21: 070503
[53] de Vivie-Riedle R, Troppmann U. Femtosecond Lasers for Quantum Information Technology. Chem. Rev., 2007, 107, 5082-5100
[54] 翟良君, 郑雨军. 分子振动量子计算及分子振转动纠缠. 科学通报, 2013, 58: 891